林业树木栽培与养护技术研究

裴宝红　王立方　孟宪聪　著

吉林科学技术出版社

图书在版编目（CIP）数据

林业树木栽培与养护技术研究 / 裴宝红，王立方，孟宪聪著. -- 长春 : 吉林科学技术出版社，2024. 6.
ISBN 978-7-5744-1565-2

Ⅰ. S68

中国国家版本馆CIP数据核字第2024DL5618号

林业树木栽培与养护技术研究

著　　者　裴宝红　王立方　孟宪聪
出 版 人　宛　霞
责任编辑　刘　畅
封面设计　南昌德昭文化传媒有限公司
制　　版　南昌德昭文化传媒有限公司
幅面尺寸　185mm × 260mm
开　　本　16
字　　数　300 千字
印　　张　14
印　　数　1~1500 册
版　　次　2024年6月第1版
印　　次　2024年12月第1次印刷

出　　版　吉林科学技术出版社
发　　行　吉林科学技术出版社
地　　址　长春市福祉大路5788 号出版大厦A 座
邮　　编　130118
发行部电话/传真　0431-81629529 81629530 81629531
81629532 81629533 81629534
储运部电话　0431-86059116
编辑部电话　0431-81629510
印　　刷　三河市嵩川印刷有限公司

书　　号　ISBN 978-7-5744-1565-2
定　　价　75.00元

前　言

林业是生态环境的主体，对经济的发展、生态的建设以及推动社会进步具有重要的作用和意义。随着中国政策的不断发展和改革，以及全球经济一体化的发展，生态经济的发展逐渐成为现代化建设的重要标志，面对这种机遇和挑战，林业工作肩负了更加重大的使命：一是实现科学发展，必须把发展林业作为重大举措；二是建设生态文明，必须把发展林业作为重要途径；三是应对气候变化，必须把发展林业作为战略选择；四是解决“三农”问题，必须把发展林业作为重要途径。因此，全面推进现代林业发展进程，加快生态文明建设，是当今时代赋予我们的责任。

本书是林业树木栽培与养护技术方向的著作，从现代林业基础理论入手，针对林木良种生产与苗木培育技术、林业多种植物栽培技术、造林技术、主要林种营造技术进行了分析研究；另外对林业树木养护技术、林业生态修复与保护做了一定的介绍，并通过全面的解读和理论的视角，对现代林业的管理与发展提出了一些建议。本书内容既有知识性，又具实用性，既可供林木栽培与养护人员上岗培训使用，也可供其他转岗人员和林业爱好者自学参考之用，对广大读者群众具有一定的指导意义。

在本书撰写的过程中，得到了很多宝贵的建议，谨在此表示感谢。同时参阅了大量的相关著作和文献，在参考文献中未能一一列出，在此向相关著作和文献的作者表示诚挚的感谢和敬意，也请对撰写工作中的不周之处予以谅解。由于作者水平有限，编写时间仓促，书中难免会有疏漏不妥之处，恳请专家、同行不吝批评指正。

《林业树木栽培与养护技术研究》
审读委员会

目　录

第一章 林业建设基础理论

第一节 林业及林业生产

一、林业的内涵和特征

（一）林业的内涵

林业是指从事培育、保护、利用森林资源，充分发挥森林多种效益，且能持续经营森林资源，促进人口、经济、社会、环境和资源协调发展的基础性产业和社会公益事业。

从林业的基本概念可以反映出林业生产经营的基本对象、目标，林业的基本属性以及林业的重要性。

林业的主要经营对象是森林资源。林业的核心内涵是对森林的合理经营利用和科学管理。林业生产的主要任务是科学地培育经营、管理保护、合理利用现有森林资源，有计划地植树造林，扩大森林面积，提高森林覆盖率，增加木材和其他林产品的生产，并根据林木的自然特性，发挥它在改造自然、调节气候、保持水土、涵养水源、防风固沙、保障农牧业生产、防治污染、净化空气、美化环境、缓解全球温室效应、防止荒漠化、保护生物多样性等多方面的效能和综合效益。林业生产经营活动范围涉及第一、第二、第三产业，表现出高度的综合性。林业在国民经济发展中占有举足轻重的地位。林业经营的目标是促进人口、经济、社会、环境和资源协调发展。林业不只是单纯的一项产业和生产事业，还是具有生态和经济双重意义的社会公益事业。作为公益事业它提供了改善生态环境的各项服务功能；同时作为基础产业，它提供国家经济建设和人民日常生活所必需的各种林产品。

（二）林业的特征

为了正确理解林业，需要深入了解林业的特点，以掌握林业发展的客观规律。林业是一个特殊行业，具有区别于其他行业的显著特点。

1. 林业生产目的的多样性与产业、事业的复合性

林业生产目的是满足社会、经济以及人民生活水平提高的多样要求，不断地培育出更多更好的不同类型的森林资源，通过培育商品林为社会提供木（竹）材以及各种非木质林产品，取得经济效益；通过培育公益林为社会提供良好的生态环境，取得生态社会效益，以满足社会多方面的需求。

林业既是国民经济的基础产业，又是社会公益事业，是以生态环境建设为主体的复合型产业。建立完备的林业生态体系、发达的林业产业体系和繁荣的生态文化体系，是林业发展的总体目标。林业建设既要以生态建设为主体，又要满足经济社会发展对林业的经济需求，同时，要增强生态意识，繁荣生态文化，倡导人与自然和谐的重要价值观。

林业生态体系具有鲜明的公益性，主要体现在林业经营着森林生态系统，对社会产生着巨大的公益效能，因此，社会应按其特点和特殊规律采取特殊手段和办法进行经营管理。

林业产业体系也有许多区别于其他产业的特殊性。从产业顺序上看，是一个主要提供上游产品的基础产业；从竞争力上看，是一个效益较低的弱势产业；从发展特征上看，是一个兼有生态社会效益的资源限制性产业；从发展现状看，是一个严重滞后的薄弱产业；从发展趋势看，是一个越来越被人们重视的、前景广阔的产业。

2. 林业产品的特殊性和多种效益的综合性

林业生产所生产出的森林资源属于可再生资源，因此，林业的主要生产经营对象具有可再生性。早期人们经常会认为森林砍伐之后能够重新生长更新，是取之不尽、用之不竭的能源，正是在这种指导思想下，人们才忽视了森林恢复的生长周期长等特点，对森林的持续利用缺乏认识，导致了中世纪以来的森林资源的危机。20 世纪 80 年代提出的可持续林业就是要在合理经营森林资源的基础上，充分利用森林的可再生性来实现林业的可持续发展。

林业生产所生产出的森林资源具有双重性，森林资源本身是一种可再生的自然资源，同时，它也是一种极其珍贵的环境资源。林业既生产有形的物质产品（如木材、非木质林产品等），又生产无形的非物质产品（环境），产品形态具有双重性。根据林业产品的特殊性，实行分类经营，以便更好地满足经济社会发展对林业的多种需求。

经营森林生态社会系统的林业具有多种效益，既有物质产品效益，又有非物质产品

效益；既有直接效益，又有间接效益；既有经济效益，又有生态、社会等公益效益，并且它们相互交织在一起。经营林业必须坚持多种效益的统一，为社会谋取整体优化的综合效益。

3. 森林培育周期的长期性和成熟期的多样性

林业生产经营活动的基础是森林资源，其各种成果（产品）都来自森林资源中各种不同的生物体中，由于多样的生物都有其各自不同的生产周期，一般来说，森林资源的主体——森林中的林木生产周期较长，需要几年、十几年或几十年，非木质林产品生产周期仅为1～2年，植物及微生物体生产周期为1～3年，木材及其加工产品的生产周期更短。所以，一个完整的森林生产周期具有明显的长期性、层次性、阶段性和复杂性，不同产品的长周期、中周期、短周期紧紧交织在一起。

森林以不同的林种来满足人类社会的多种需求。不同的林种，成熟期不同，即便同一林种，在总的森林自然成熟期内，又以不同类型的工艺成熟来满足各类生产的需要。

4. 生产的地域性和成果的不稳定性

由于各种生物对自然环境条件的要求不同，各个地区的自然条件又千差万别，因而，各地适宜繁衍的生物种类不尽相同，致使林业生产呈现出极强的地域性。同时，由于森林生产周期长，加之林业生产受自然力、各种人为或自然灾害影响大，使其生产成果具有明显的不稳定性。换句话说，林业生产经营具有高风险性。

5. 自然再生产的连续性和经济再生产的间歇性

森林资源产品形成过程中，自然力起着独立的作用，而人的劳动（经济再生产）只在一定时期起补充、完善自然力的作用。具体地说，在产品形成的过程中，自然力每时每刻都连续不断地对产品的形成产生极为重要的影响，而人参与产品形成的劳动时间较之自然力的作用时间则是非常短暂和间歇的，往往只参与了一小部分的生产活动，且与自然力交织在一起。

6. 林业的整体综合性和各环节的多样性

林业所面临的对象是森林生态社会系统，作为一个完整的整体，林业包括了资源、环境、社会与经济等各个部门和环节。同时，在这些环节当中又存在着各式各样的经济结构、所有制形式、经营模式等。

二、林业的作用

（一）林业在国民经济建设中的作用

林业由于能提供木材和其他林产品，从而成为一个国家或地区经济发展的重要基础产业，为人民生活水平提高发挥着重要的作用，林业还为国民经济其他相关产业的发展提供保障，因此林业在国民经济发展中占有举足轻重的地位。

1. 林业是经济发展的重要物质基础

林业提供经济发展所需的木材及其制品，木材是林业最具代表性的产品，是世界公认的四大材料（木材、钢材、水泥、塑料）之一，是可再生的生物资源产品，具有质量轻、强度高、吸音、绝缘、美观、易加工、优质纤维含量高等优良特性。正因如此，木材也成为人类最初开发森林资源的主要目的产品。木材的工业用途主要是在建筑、家具、交通、采矿（坑木）及电力建设等方面。随着科技水平和森林资源利用率的提高，木材的加工制品种类越发丰富，如人造板及其复合制品，纸、纸浆等林化产品都成为经济发展不可或缺的重要物质。

在全球四大材料（木材、钢材、水泥、塑料）中，木材是唯一可再生和循环利用的材料，与国计民生息息相关。经过发展，中国已是全球最大的木业加工、木制品生产基地和最主要的木制品加工出口国，同时是国际上最大的木材采购国之一。

林业还提供大量的非木质林产品，主要包括木本粮食、油料、干鲜果品、饮料、木本饲料、药材、森林蔬菜等产品。这些产品由于来自大自然，纯净无污染，与人们的绿色消费观十分吻合，因此具有广阔的市场空间和发展前景，产品的生产已经或即将成为森林资源丰富地区经济发展的重要支柱或新的经济增长点。

矿物质能源的不可再生性及其大量消耗带来的环境污染问题，促使人们更加关注对可再生能源的开发和利用；用速生高产方式培育出大量木材使之转化为液体或气体燃料，是人类利用可再生能源的又一重要选择，而用人工培育速生丰产林作为发电燃料的产业在一些国家已经开始实行。森林生物质能源的开发与利用在中国占有重要的地位，是中国林业的一项重要内容。

2. 林业是农（牧）业生产的基本保障

森林在改造自然，减免水、旱、风、沙等灾害方面的强大力量，能大大改善农（牧）业生产条件，从而促进农牧业生产的发展。此外，林木的许多果实、种子、树叶，又可作牲畜的饲料，促进农牧业发展。没有林业的保障，就没有农（牧）业生产稳步发展的条件，破坏林业也就破坏了农（牧）业。

3. 林业是林区经济发展的重要力量

在中国，林业生产大都地处自然条件差、经济不发达、交通闭塞的边远地区。林业生产为这些地区带来了道路和通信业，带来了工业，带来了各类技术人员、管理人员和工人，也为乡村和城镇带来了积累，林区的现代经济才随之起步。可以说，林业已成为这些地区的支柱产业，没有林业，其中绝大部分地区的经济将面临困境甚至是停滞。所以林业的兴衰已经不是一个产业部门的发展问题，而是整个区域社会经济生活能否进行和改善的问题。由此也可以看出林业是林区经济发展的重要力量，林业对整个国民经济发展的重要影响作用。

（二）林业在生态建设中的作用

林业是以经营森林生态系统为主的，具有产业和公益事业属性的特殊的综合性行业。林业的主要经营对象是森林，森林具有提供生产资料和发挥公益效能的双重作用。林业与生态系统平衡及环境保护和改善间的关系密切。随着人们对森林生态功能需要的日益提高，林业开始更多地承担起缓解环境压力、减少水旱灾害、保护物种多样性等责任。林业以自己的森林经营活动为人类的生存创造良好的环境，维系生态平衡。

1. 林业是生态环境建设的主体

林业在生态环境建设中发挥着不可替代的作用。森林是陆地上最大的生态系统。地球上植物总生物量约占地球上总生物量的99%，其中森林的总生物量又占植物总生物量的90%。所以，生态环境建设的主体是林业。

2. 林业对生态环境保护发挥着巨大作用

通过合理经营森林能充分发挥森林的巨大生态环境作用。

（1）森林可以涵养水源、保持水土

地表裸露是造成水土流失的主要原因。在有森林覆盖的地方，降雨时，森林通过树冠可以截留雨水；枯枝落叶层和林下植物，可以保护地面不受雨水溅击侵蚀，提高地表吸水和透水性，使大部分水缓缓渗入地下，减少和控制地面径流，加上林木发达的根系对土壤的紧固作用，从而发挥森林涵养水源和保持水土的效益，有效地防止水旱灾害发生。在有森林的地区，林冠可以截留降水量的10% ~ 23%，降水量的50% ~ 80%可以渗入地下，林地内的地面径流一般在1%左右，最多不超过10%。每公顷林地比无林地最少能多蓄水300m^3，34hm^2森林所含的水量相当于一个容量为100m^3 的小型水库；森林可以调节气候、防止风沙灾害，大面积的森林，通过改变太阳辐射和大气流通，对空气的湿度、温度、风速和降水等气象因素，有着不同程度的影响。

（2）森林能增加空气的湿度和降水

在森林区，由于树木能像抽水机一样从土壤中吸取大量水分，通过强大的蒸腾作用散发到空气中，因而森林区的空气湿度通常要比无林地区高10% ~ 25%。森林比同一纬度相同面积的海洋所蒸发的水分还多50%。由于森林从土壤中吸收水分以及森林的强大蒸腾作用消耗大量热能，结果就降低了林内和森林上空的温度。夏季在森林地区上空500m高度范围内，森林地区比无林地区气温低8 ~ 10℃。由于气温降低，湿度又大，空气中水汽容易达到饱和状态而凝结，最后成云致雨，森林地区的雨水比无林地区增加17.5% ~ 26.6%。

在森林地区，日间约有80%的太阳辐射被林木的枝叶截阻，不能直接照射到林地上，而树冠接受的太阳热能又因水分的蒸发和蒸腾作用大部分被消耗掉。夜晚及冬季，则由于林冠遮蔽，林中热量不易很快散失。因此，在气温变化中，森林区呈现出昼低而夜高、冬暖而夏凉的特点。

（3）森林可以防风固沙，保护农田牧场免遭风沙的侵袭，对保障农牧业稳产有重要作用

风经过森林时，一部分进入林内，由于树干和枝叶的阻挡以及气流本身的冲撞摩擦，风力逐渐削弱，风速很快降低，甚至消失，在林内150m深处几乎平静无风；另一部分

被迫沿林缘上升，越过森林，由于林冠起伏不平，激起许多旋涡成为乱流，消耗了一部分能量，结果风经过森林后，风力大为降低。农田防护林带和林网就是根据森林能降低风速的作用设计的，防风效果很明显：一条防护林带，可以使相当于树高 20 ~ 25 倍距离内的风速降低一半。如果林带和林网合理配置，就可以把灾害性大风变成无害的小风。沙是因风而起并产生流动的。由于森林（包括林带、林网）具有防风效益，林木庞大根系又能紧固沙土，所以森林会大大削弱风的挟沙能力，逐渐把流沙变为固定沙。日久天长，风化雨蚀，加上枯枝落叶和其他植被根菌的分化瓦解，沙子能变成具有肥力的土壤。

（4）森林可减少灾害性天气的发生

在寒冷季节，由于林内及其附近温度高于空旷地，因此可以延长生长期，减轻霜害；而在夏季，树林强大的蒸腾作用降低了气温，从而避免气流的急速上升，破坏了产生冰雹的条件，因此有林地区冰雹灾害少。国内外资料显示，当森林占土地面积的30%以上，而且分布均匀时，即具有显著的调节气候作用，可减免水、旱、风、沙、霜、雹等危害。

（5）森林可以净化环境、减轻污染、增进健康，森林还具有净化空气、减少噪声、卫生保健和美化环境的功能

森林是吸碳放氧的“绿色工厂”。在一般情况下，空气中的二氧化碳含量为0.03%。但随着现代工业的发展，空气中的二氧化碳不断增加，大气和水质污染日趋严重，已超出生物圈自然净化的能力，影响人类健康。如果地球上没有森林和其他绿色植物不断吸收二氧化碳放出氧气来维持其平衡，人类就不能生存。

森林是大气的自然“过滤器”。被污染的空气中含有粉尘、飘尘、炭粒、油烟、尘埃以及铅、汞等金属微粒，容易使人体患有多种呼吸道疾病，烟尘还会影响太阳照明度，间接危害人体健康，森林具有庞大的吸附面，$1hm^2$ 高大的森林，其叶面积总和是林地面积的 75 倍。树叶表面不是很平滑，有的有绒毛和皱褶吸尘，或能分泌黏液起到净化作用。$1hm^2$ 森林一昼夜可滞留粉尘 32 ~ 68t。

森林还具有吸收多种有毒物质的作用。虽然污染环境的有毒物质浓度大时树木本身也要受害，但在一定浓度下森林却能把相当多的有毒物质吸收处理掉，而自身不致受害。美国环保局研究结果表明，$1hm^2$ 森林每年可吸收二氧化硫 0.748t、氧化氮 0.38t、一氧化碳 2.2L。不同的树种可以吸收不同的有毒物质。如银杏、刺槐、丁香、核桃、柳杉等有吸收二氧化硫的作用，加拿大杨、栓皮栎、桂香柳等有吸收铅、汞、苯、醛、酮、醚、醇的作用。

森林是天然的“防疫员”。因为森林中有相当数量的臭氧，能氧化和分解有毒气体。许多树木在生长过程中能分泌出大量挥发性的或无挥发性的植物杀菌素。如桦树、柏树、桉树、梧桐、冷杉等能分泌出挥发性植物杀菌素，可以杀死空气中白喉、肺结核、伤寒、痢疾等病原菌，可防止传染病，有益于人们身心健康。

森林是城市噪声的“隔音板”和“消声器”。工业生产和交通工具所发出的噪声，是一种影响人体健康的不良因素。森林能有效地减弱噪声，为人类提供宁静的环境。

森林是不下岗的“监测兵”。环境污染的范围一般比较广泛，若使用理化监测手段，需要大量仪器设备和专业队伍，不易做到。而许多树木对污染十分敏感，在微量污染的

情况下，即可有“症状”反应，人们可根据树木的反应来观测与掌握环境污染的程度、范围以及污染种类和毒性强度，以采取对策。例如，用苹果、油桐、雪松、落叶松、马尾松等监测二氧化硫，用杏、梨、梅、雪松、落叶松等监测氟化物，用糖槭、桃、落叶松、油松等监测氯及氯化氢，用柳树等可检测汞污染，用悬铃木可监测氧化物等。

此外，森林对环境的保护作用，还在于它形态各异的冠型、花果、枝叶能美化人们的生活与工作环境，绿色的森林总给人一种优美、恬静而又柔和的感觉，能使人消除疲劳，调节身心健康。

3. 林业可以能动地改善生态环境

林业通过合理经营森林，调整其总量和结构，不仅能被动地保护生态环境，而且还能能动地改善生态环境，使恶劣、脆弱的生态环境向良好、稳定的方向转化，如缓解全球温室效应、防止荒漠化、建设自然保护区等。

4. 林业建造和发展物种基因库

林业通过合理经营森林，可建造和发展巨大的物种基因库，在保护生物多样性方面具有决定性意义。一个动植物种群全部个体所带有的全部基因的总和就是一个物种基因库。林业可以通过建立和发展生物资源基因库，保护生物多样性，有效保护、合理开发和利用中国生物资源。生物多样性是生物（动物、植物、微生物）与环境形成的生态复合体以及与此相关的各种生态过程的总和，包括生态系统、物种和基因三个层次。生物多样性是人类赖以生存的条件，是经济社会可持续发展的基础，是生态安全和粮食安全的保障。生物多样性保护的方法：一是就地保护；二是迁地保护；三是开展生物多样性保护的科学研究，制定生物多样性保护的法律和政策；四是开展生物多样性保护方面的宣传和教育，其中最主要的是建立自然保护区，比如四川卧龙大熊猫自然保护区、黑龙江凉水的红松原始林自然保护区等。

5. 林业是转换太阳能的“生态产业”

林业是太阳能收集与转换的巨大的“生态产业”，是人类所需物质、能量的最有前途的供给者。林业在生态建设中的作用主要是通过合理经营森林生态系统，充分发挥森林的有益的生态功能实现的。

第二节　林业建设的基本理论

一、中国林业资源功能

（一）中国林业的资源分布

1. 森林资源

林业资源的核心是森林资源，在行政区划的基础上，依据自然条件、历史条件和发展水平，把全国划分为东北地区、华北地区、西北地区、华中地区、华南地区、华东地区和西南地区，进行森林资源的格局特征分析。

东北林区是中国重要的重工业和农林牧生产基地，包括辽宁、吉林和黑龙江省，跨越寒温带、中温带、暖温带，属大陆性季风气候。除长白山部分地段外，地势平缓，分布落叶松、红松林及云杉、冷杉和针阔混交林，是中国森林资源最集中分布区之一。

华北地区包括北京、天津、河北、山西和内蒙古。该区自然条件差异较大，跨越温带、暖温带，以及湿润、半湿润、干旱和半干旱区，属大陆性季风气候。分布有松柏林、松栎林、云杉林、落叶阔叶林，以及内蒙古东部兴安岭落叶松林等多种森林类型，除内蒙古东部的大兴安岭为森林资源集中分布的林区外，其他地区均为少林区。

西北地区包括陕西、甘肃、宁夏、青海和新疆。该区自然条件差，生态环境脆弱，境内大部分为大陆性气候，寒暑变化剧烈，除陕西和甘肃东南部降水丰富外，其他地区降水量稀少，为全国最干旱的地区，森林资源稀少。森林主要分布在秦岭、大巴山、小陇山和白龙江流域、黄河上游、贺兰山、祁连山、天山、阿尔泰山等处，以暖温带落叶阔叶林、北亚热带常绿落叶阔叶混交林以及山地针叶林为主。

华中地区包括安徽、江西、河南、湖北和湖南。该区南北温差大，夏季炎热，冬季比较寒冷，降水量丰富，常年降水量比较稳定，水热条件优越。森林主要分布在神农架、沅江流域、资江流域、湘江流域、赣江流域等处，主要为常绿阔叶林，并混生落叶阔叶林，马尾松、杉木、竹类分布面积也非常广。

华南地区包括广东、广西、海南和福建及港澳台地区。该区气候炎热多雨，无真正的冬季，跨越南亚热带和热带气候区，分布有南亚热带常绿阔叶林、热带雨林和季雨林。

华东地区包括上海、江苏、浙江和山东。该区临近海岸地带，其大部分地区因受台风影响获得降水，降水量丰富，而且四季分配比较均匀。森林类型多样，树种丰富，低山丘陵以常绿阔叶林为主。

西南地区包括重庆、四川、云南、贵州和西藏。该区垂直高差大，气温差异显著，形成明显的垂直气候带与相应的森林植被带，森林类型多样，树种丰富。森林主要分布在岷江上游流域、青衣江流域、大渡河流域、雅碧江流域、金沙江流域、澜沧江和怒江流域、滇南山区、大围山、渠江流域、峨眉山等处全区林业用地。

2. 湿地资源

中国湿地分布较为广泛，几乎各地都有。受自然条件的影响，湿地类型的地理分布有明显的区域差异。

①沼泽分布。中国沼泽以东北三江平原、大兴安岭、小兴安岭、长白山地、四川若尔盖和青藏高原为多，各地河漫滩、湖滨、海滨一带也有沼泽发育，山区多木本沼泽，平原则草本沼泽居多。

②湖泊湿地分布。中国的湖泊湿地主要分布于长江及淮河中下游、黄河及海河下游和大运河沿岸的东部平原地区湖泊、蒙新高原地区湖泊、云贵高原地区湖泊、青藏高原地区湖泊、东北平原地区与山区湖泊。

③河流湿地分布。因受地形、气候影响，河流在地域上的分布很不均匀，绝大多数河流分布在东部气候湿润多雨的季风区；西北内陆气候干旱少雨，河流较少，并有大面积的无流区。

④近海与海岸湿地。中国近海与海岸湿地主要分布于沿海省份，以杭州湾为界。杭州湾以北除山东半岛、辽东半岛的部分地区为岩石性海滩外，多为沙质和淤泥质海滩，由环渤海滨海和江苏滨海湿地组成；杭州湾以南以岩石性海滩为主，主要有钱塘江—杭州湾湿地、晋江口—泉州湾湿地、珠江口河口湾和北部湾湿地等。

⑤库塘湿地。属于人工湿地，主要分布于中国水利资源比较丰富的东北地区、长江中上游地区、黄河中上游地区以及广东等。

（二）中国林业的主要功能

林业资源作为自然资源的组成部分，同样具有调节、供给和文化三大服务功能。调节服务功能包括固碳释氧、调节小气候、保持水土、防风固沙、涵养水源和净化空气等方面；供给服务功能包括提供木材与非木质林产品；文化服务功能包括美学与文学艺术、游憩与保健疗养、科普教育与民俗等方面。

1. 固碳释氧

森林作为陆地生态系统的主体，在稳定和减缓全球气候变化方面起着至关重要的作用。森林植被通过光合作用可以吸收固定二氧化碳，成为陆地生态系统中二氧化碳最大的贮存库和吸收汇。而毁林开荒、土地退化、筑路和城市扩张导致毁林，也导致温室气体向大气排放。以森林保护、造林和减少毁林为主要措施的森林减排已经成为应对气候变化的重要途径。

人类使用化石燃料、进行工业生产以及毁林开荒等活动导致大量的二氧化碳向大气排放，使大气二氧化碳浓度显著增加。陆地生态系统和海洋吸收其中的一部分排放，但全球排放量与吸收量之间仍存在不平衡。这就是被科学界常常提到的二氧化碳失汇现象。

最近几十年来城市化程度不断加快，人口数量不断增长，工业生产逐渐密集，呼吸和燃烧消耗了大量氧气、排放了大量二氧化碳。迄今为止，任何发达的生产技术都不能代替植物的光合作用。地球大气中大约有 1.2 × 1025t 氧气，这是绿色植物经历大约 32 亿年漫长岁月，通过光合作用逐渐积累起来的。

2. 调节小气候

（1）调节温度作用

林带改变气流结构和降低风速作用的结果必然会改变林带附近的热量收支，从而引起温度的变化。但是，这种过程十分复杂，影响防护农田内气温的因素不仅包括林带结构、下垫面性状，而且还涉及风速、湍流交换强弱、昼夜时相、季节、天气类型、地域气候背景等。

在实际蒸散和潜在蒸散接近的湿润地区，防护区内影响温度的主要因素为风速，在风速降低区内，气温会有所增加；在实际蒸散小于潜在蒸散的半湿润地区，由于叶面气孔的调节作用开始产生影响，一部分能量没有被用于土壤蒸发和植物蒸腾而使气温降低，因此这一地区的防护林对农田气温的影响具有正负两种可能性。在半湿润易干旱或比较干旱地区，由于植物蒸腾作用而引起的降温作用比因风速降低而引起的增温作用程度相对显著，因此这一地区防护林具有降低农田气温的作用。中国华北平原属于干旱半干旱季风气候区，该地区的农田防护林对温度影响的总体趋势是夏秋季节和白天具有降温作用，在春冬季节和夜间具有升温及气温变幅减小作用。

（2）调节林内湿度作用

在防护林带作用范围内，风速和乱流交换的减弱，使得植物蒸腾和土壤蒸发的水分在近地层大气中逗留的时间要相对延长。因此，近地面的空气湿度常常高于旷野。

③调节风速。防护林最显著的小气候效应是防风效应或风速减弱效应。人类营造防护林最原始的目的就是借助于防护林减弱风力，减少风害，故防护林素有“防风林”之称。防护林减弱风力的主要原因有：①林带对风起一种阻挡作用，改变风的流动方向，使林带背风面的风力减弱；②林带对风的阻力，从而夺取风的动量，使其在地面逸散，风因失去动量而减弱；③减弱后的风在下风方向不用经过很久即可逐渐恢复风速，这是因为通过湍流作用，有动量从风力较强部分被扩散的缘故。从力学角度而言，防护林防风原理在于气流通过林带时，削弱了气流动能而减弱了风速。动能削弱的原因来自三方面：其一，气流穿过林带内部时，由于与树干及枝叶的摩擦，使部分动能转化为热能部分，与此同时，由于气流受林木类似筛网或栅栏的作用，将气流中的大旋涡分割成若干小旋涡而消耗了动能，这些小旋涡又互相碰撞和摩擦，进一步削弱了气流的大量能量；其二，气流翻越林带时，在林带的抬升和摩擦下，与上空气流汇合，损失部分动能；其三，穿过林带的气流和翻越林带的气流，在背风面一定距离内汇合时，又造成动能损失，致使防护林背风区风速减弱最为明显。

3. 保持水土

（1）森林对降水再分配作用

降水经过森林冠层后发生再分配过程，再分配过程包括三个不同的部分，即穿透降水、茎流水和截留降水。穿透降水是指从植被冠层上滴落下来的或从林冠空隙处直接降落下来的那部分降水；茎流水是指沿着树干流至土壤的那部分水分；截留降水系指雨水以水珠或薄膜形式被保持在植物体表面、树皮裂隙中以及叶片与树枝的角隅等处，截留降水很少达到地面，而是通过物理蒸发返回到大气中。

森林冠层对降水的截留受到众多因素的影响，主要有降水量、降水强度和降水的持续时间以及当地的气候状况，并与森林组成、结构、郁闭度等因素密切相关。

林分郁闭度对林冠截留的影响远大于树种间的影响。森林的覆盖度越高，层次结构越复杂，降水截留的层面越多，截留量也越大。

（2）森林对地表径流的作用

①森林对地表径流的分流阻滞作用。当降雨量超过森林调蓄能力时，通常产生地表径流，但是降水量小于森林调蓄水量时也可能会产生地表径流。分布在不同气候地带的森林都具有减少地表径流的作用。

②森林延缓地表径流历时的作用。森林不但能够有效地削减地表径流量，而且还能延缓地表径流历时。一般情况下，降水持续时间越长，产流过程越长；降水初始与终止时的强度越大，产流前土壤越湿润，产流开始的时间就越快，而结束径流的时间就越迟。这是地表径流与降水过程的一般规律。从森林生态系统的结构和功能分析，森林群落的层次结构越复杂，枯枝落叶层越厚，土壤孔隙越发育，产流开始的时间就越迟，结束径流的时间相对较晚，森林削减和延缓地表径流的效果越明显。但是，发育不良的森林，例如只有乔木层，无灌木、草本层和枯枝落叶层，森林调节径流量和延缓径流过程的作用会大大削弱，甚至可能产生比草坡地更高的径流流量。

③森林对土壤水蚀的控制作用。森林地上和地下部分的防止土壤侵蚀功能，主要有几方面：林冠可以拦截相当数量的降水量，减弱暴雨强度和延长其降落时间；可以保护土壤免受破坏性雨滴的机械破坏作用；可以提高土壤的入渗力，抑制地表径流的形成；可以调节融雪水，使吹雪的程度降到最低；可以减弱土壤冻结深度，延缓融雪，增加地下水贮量；根系和树干可以对土壤起到机械固持作用；林分的生物小循环对土壤的理化性质、抗水蚀、风蚀能力起到改良作用。

4. 防风固沙

（1）固沙作用

森林以其茂密的枝叶和聚积枯落物庇护表层沙粒，避免风的直接作用；同时植被作为沙地上一种具有可塑性结构的障碍物，使地面粗糙度增大，大大降低近地层风速；植被可加速土壤形成过程，提高黏结力，根系也起到固结沙粒作用；植被还能促进地表形成“结皮”，从而提高临界风速值，增强了抗风蚀能力，起到固沙作用，其中植被降低风速作用最为明显也最为重要。植被降低近地层风速作用大小与覆盖度有关，覆盖度越大，风速降低值越大。

（2）阻沙作用

由于风沙流是一种贴近地表的运动现象，因此，不同植被固沙和阻沙能力的大小，主要取决于近地层枝叶分布状况。近地层枝叶浓密，控制范围较大的植物，其固沙和阻沙能力也较强。在乔、灌、草三类植物中，灌木多在近地表处丛状分枝，固沙和阻沙能力较强；乔木只有单一主干，固沙和阻沙能力较小，有些乔木甚至树冠已郁闭，表层沙仍然继续流动；多年生草本植物基部丛生亦具固沙和阻沙能力，但比之灌木植株低矮，固沙范围和积沙数量均较低，加之入冬后地上部分干枯，所积沙堆因重新裸露而遭吹蚀，因此不稳定。这也是在治沙工作中选择植物种时首选灌木的原因之一。而不同灌木，其近地层枝叶分布情况和数量亦不同，固沙和阻沙能力也有差异，因而选择时应进一步分析。

（3）对风沙土的改良作用

植被固定流沙以后，大大加速了风沙土的成土过程。植被对风沙土的改良作用，主要表现在以下几方面：①机械组成发生变化，粉粒、黏粒含量增加；②物理性质发生变化，比重、容重减少，孔隙度增加；③水分性质发生变化，田间持水量增加，透水性减慢；④有机质含量增加；⑤氮、磷、钾三要素含量增加；⑥碳酸钙含量增加，pH 值提高；⑦土壤微生物数量增加；⑧沙层含水率减少，幼年植株耗水量少，对沙层水分影响不大，随着林龄的增加，对沙层水分产生显著影响。

5. 涵养水源

（1）净化水质作用

森林对污水净化能力也极强。从空旷的山坡上流下的水中，污染物的含量为 169g/m^2，而从林中流下来的水中污染物的含量只有 64g/m^2。污水通过 30 ~ 40m 的林带后，水中所含的细菌数量比不经过林带的减少 50%。一些耐水性强的树种对水中有害物质有很强的吸收作用，如柳树对水溶液中的氰化物去除率达 94% ~ 97.8%。湿地生态系统则可以通过沉淀、吸附、离子交换、络合反应、硝化、反硝化、营养元素的生物转化和微生物分解过程处理污水。

（2）削减洪峰

森林通过乔、灌、草及枯落物层的截持含蓄、大量蒸腾、土壤渗透、延缓融雪等过程，使地表径流减少，甚至为零，从而起到削减洪水的作用。这一作用的大小，又受到森林类型、林分结构、林地土壤结构和降水特性等的影响。通常，复层异龄的针阔混交林要比单层同龄纯林的作用大，对短时间降水过程的作用明显，随降水时间的延长，森林的削洪作用也逐渐减弱，甚至到零。因此，森林的削洪作用有一定限度，但不论作用程度如何，各地域的测定分析结果证实，森林的削洪作用是肯定的。

6. 净化空气

（1）滞尘的作用

大气中的尘埃是造成城市能见度低和对人体健康产生严重危害的主要污染物之一。

全国城市中有一半以上大气中的总悬浮颗粒物（TSP）年平均质量浓度超过 310μg/m^3，百万人口以上的大城市的 TSP 浓度更大，一半以上超过 410μg/m^3，超标的大城市占 93%。人们在积极采取措施减少污染源的同时，更加重视增加城市植被覆盖，发挥森林在滞尘方面的重要作用。每公顷云杉林每年可固定尘土 32t，每公顷欧洲山毛榉每年可固定尘土 68t。

（2）杀菌的作用

植物的绿叶，能分泌出如酒精、有机酸和萜类等挥发性物质，可杀死细菌、真菌和原生动物。如香樟、松树等能够减少空气中的细菌数量，1hm^2 松、柏每日能分泌 60kg 杀菌素，可杀死白喉、肺结核、痢疾等病菌。另外，树木的枝叶可以附着大量的尘埃，因而减少了空气中作为有害菌载体的尘埃数量，也就减少了空气中的有害菌数量，净化了空气。绿地不仅能杀灭空气中的细菌，还能杀灭土壤里的细菌。

杀菌能力强的树种有夹竹桃、稠李、高山榕、樟树、桉树、紫荆、木麻黄、银杏、桂花、玉兰、千金榆、银桦、厚皮香、柠檬、合欢、圆柏、核桃、核桃楸、假槟榔、木菠萝、雪松、刺槐、垂柳、落叶松、柳杉、云杉、柑橘、侧柏等。

（3）增加空气中负离子及保健物质含量

森林能增加空气负离子含量。森林的树冠、枝叶的尖端放电以及光合作用过程的光电效应均会促使空气电解，产生大量的空气负离子。空气负离子能吸附、聚集和沉降空气中的污染物和悬浮颗粒，使空气得到净化。空气中正、负离子可与未带电荷的污染物相互作用结合，对工业上难以除去的飘尘有明显的沉降效果。空气负离子同时有抑菌、杀菌和抑制病毒的作用。空气负离子对人体具有保健作用，主要表现在调节神经系统和大脑皮层功能，加强新陈代谢，促进血液循环，改善心、肺、脑等器官的功能等。

植物的花叶、根芽等组织的油腺细胞不断地分泌出一种浓香的挥发性有机物，这种气体能杀死细菌和真菌，有利于净化空气、提高人们的健康水平，被称为植物精气。森林植物精气的主要成分是芳香性碳水化合物，主要包含有香精油、酒精、有机酸、酮等。这些物质有利于人们的身体健康，除杀菌外，对人体有抗炎症、抗风湿、抗肿瘤、促进胆汁分泌等功效。

二、中国现代林业建设的主要任务

发展现代林业，建设生态文明是中国林业发展的方向、旗帜和主题。现代林业建设的主要任务是，按照生态良好、产业发达、文化繁荣、发展和谐的要求，着力构建完善的林业生态体系、发达的林业产业体系和繁荣的生态文化体系，充分发挥森林的多种功能和综合效益，不断满足人类对林业的多种需求。重点实施好天然林资源保护、退耕还林、湿地保护与恢复、城市林业等多项生态工程，建立以森林生态系统为主体的、完备的国土生态安全保障体系，是现代林业建设的基本任务。随着中国经济社会的快速发展，林业产业的外延在不断拓展，内涵在不断丰富，建立以林业资源节约利用、高效利用、综合利用、循环利用为内容的、发达的产业体系是现代林业建设的重要任务。林业产业体系建设重点应包括加快发展以森林资源培育为基础的林业第一产业，全面提升以木竹加工为主的林业第二产业，大力发展以生态服务为主的林业第三产业。建立以生态文明为主要价值取向的、繁荣的林业生态文化体系是现代林业建设的新任务。生态文化体系建设的重点是努力构建生态文化物质载体，促进生态文化产业发展，加大生态文化的传播普及，加强生态文化基础教育，提高生态文化体系建设的保障能力，开展生态文化体系建设的理论研究。

（一）努力构建人与自然和谐的完善的材业生态体系

林业生态体系包括三个系统和一个多样性，即森林生态系统、湿地生态系统、荒漠生态系统和生物多样性。

努力构建人与自然和谐的完善的林业生态体系，必须加强生态建设，充分发挥林业的生态效益，着力建设森林生态系统，大力保护湿地生态系统，不断改善荒漠生态系统，努力维护生物多样性，突出发展，强化保护，提升质量，努力建设布局科学、结构合理、功能完备、效益显著的林业生态体系。

（二）不断完善充满活力的发达的林业产业体系

林业产业体系包括第一产业、第二产业、第三产业三次产业以及一个新兴产业。不断完善充满活力的发达的林业产业体系，必须加快产业发展，充分发挥林业的经济效益，全面提升传统产业，积极发展新兴产业，以兴林富民为宗旨，完善宏观调控，加强市场监管，优化公共服务，坚持低投入、高效益，低消耗、高产出，努力建设品种丰富、优质高效、运行有序、充满活力的林业产业体系。

各类商品林基地建设取得新进展，优质、高产、高效、新兴林业产业迅猛发展，林业经济结构得到优化。

（三）逐步建立丰富多彩的繁荣的生态文化体系

生态文化体系包括植物生态文化、动物生态文化、人文生态文化和环境生态文化等。

逐步建立丰富多彩的繁荣的生态文化体系，必须培育生态文化，充分发挥林业的社会效益，大力繁荣生态文化，普及生态知识，倡导生态道德，增强生态意识，弘扬生态文明，以森林文化、湿地文化、野生动物文化为主体，努力构建主题突出、内涵丰富、形式多样、群众喜闻乐见的生态文化体系。

加快城乡绿化，改善人居环境，发展森林旅游，增进人民健康，提供就业机会，增加农民收入，促进新农村建设。

（四）大力推进优质高效的服务型林业保障体系

林业保障体系包括科学化、信息化、机械化三大支柱和改革、投资两个关键，涉及绿色办公、绿色生产、绿色采购、绿色统计、绿色审计、绿色财政和绿色金融等。

林业保障体系要求林业行政管理部门切实转变职能、理顺关系、优化结构、提高效能，做到权责一致、分工合理、决策科学、执行顺畅、监督有力、成本节约，为现代林业建设提供体制保障。

大力推进优质高效的服务型林业保障体系，坚持和完善林权制度改革，进一步加快构建现代林业体制机制，进一步扩大重点国有林区、国有林场的改革，加大政策调整力度，逐步理顺林业机制，加快林业部门的职能转变，建立和推行生态文明建设绩效考评与问责制度；同时，要建立支持现代林业发展的公共财政制度，完善林业投融资政策，健全林业社会化服务体系，按照服务型政府的要求建设林业保障体系。

三、现代林业建设的总体布局

（一）总体布局

1. 构建点、线、面相结合的森林生态网络

良好的生态环境，应该建立在总量保证、布局均衡、结构合理、运行通畅的植被系统基础上。森林生态网络是这一系统的主体。当前中国生态环境不良的根本原因是植被系统不健全，而要改变这种状况的根本措施就是建立一个合理的森林生态网络。

建立合理的森林生态网络应该充分考虑下述因素。一是森林资源总量要达到一定面积，即要有相应的森林覆盖率。按照科学测算，森林覆盖率至少要达到26%以上。二是做到合理布局。从生态建设需要和中国国情、林情出发，今后恢复和建设植被的重点区域应该是生态问题突出、有林业用地但又植被稀少的地区，如西部的无林少林地区、大江大河源头及流域、各种道路两侧及城市、平原等；三是提高森林植被的质量，做到林种、树种、林龄及森林与其他植被的结构搭配合理；四是有效保护好现有的天然森林植被，充分发挥森林天然群落特有的生态效能。从这些要求出发，以林为主，因地制宜，实行乔、灌、草立体开发，是从微观的角度解决环境发展的时间与空间、技术与经济、质量与效益结合的问题；而点、线、面协调配套，则是从宏观发展战略的角度，以整个国土生态环境为全局，提出森林生态网络工程总体结构与布局的问题。

“点”是指以人口相对密集的中心城市为主体，辐射周围若干城镇所形成的具有一定规模的森林生态网络点状分布区。它包括城市森林公园、城市园林、城市绿地、城郊接合部以及远郊大环境绿化区（森林风景区、自然保护区等）。

城市是一个特殊的生态系统，是以人为主体并与周围的其他生物和非生物建立相互联系，受自然生命保障系统所供养的“社会—经济—自然复合生态系统”。随着经济的持续高速增长，中国城市化发展趋势加快，已经成为世界上城市最多的国家之一，虽然城市化极大地推动了中国社会进步和经济繁荣，但在没有强有力的控制条件下，城市化不可避免地导致城市地区生态的退化，各种环境困扰和城市病愈演愈烈。因此，以绿色植物为主体的城市生态环境建设已成为中国森林生态网络系统工程建设不可缺少的一个重要组成部分，引起了全社会和有关部门的高度重视。根据国际上对城市森林的研究和中国有关专家的认识，现代城市的总体规划必须以相应规模的绿地比例为基础。同时，按照城市的自然、地理、经济和社会状况已用城市规划、城市性质等确定城市绿化指标体系，并制定城市“三废”（废气、废水、废渣）排放以及噪声、粉尘等综合治理措施

和专项防护标准。城市森林建设是国家生态环境建设的重要组成部分，必须把城市森林建设作为国家生态环境建设的重要组成部分。城市森林建设是城市有生命的基础设施建设，人们向往居住在空气清新、环境优美的城市环境里的愿望越来越迫切，这种需求已成为中国城市林业发展和城市森林建设的原动力。近年来，在国家有关部门提出的建设森林城市、生态城市及园林城市、文明卫生城市的评定标准中，均把绿化达标列为重要依据，表明中国城市建设正逐步进入法制化、标准化、规范化轨道。

“线”是指以中国主要公路、铁路交通干线两侧、主要大江与大河两岸、海岸线以及平原农田生态防护林带（林网）为主体，按不同地区的等级、层次标准以及防护目的和效益指标，在特定条件下，通过不同组合建成乔、灌、草立体防护林带。这些林带应达到一定规模，并发挥防风、防沙、防浪、护路、护岸、护堤、护田等作用。

“面”是指以中国林业区划的东北区、西北区、华北区、南方区、西南区、热带区、青藏高原区等为主体，以大江、大河、流域或山脉为核心，根据不同自然状况所形成的森林生态网络系统的块状分布区。它包括西北森林草原生态区、各种类型的野生动植物自然保护区以及正在建设中的全国重点防护林体系工程建设区等，形成以涵养水源、水土保持、生物多样化、基因保护、防风固沙以及用材等为经营目的、集中连片的生态公益林网络体系。

中国森林生态网络体系工程点、线、面相结合，从总体布局上是一个相互依存、相互补充，共同发挥社会公益效益，维护国土生态安全的有机整体。

2. 实行分区指导

根据不同地区对林业发展的要求和影响生产力发展的主导因素，按照“东扩、西治、南用、北休”的总体布局和区域发展战略，实行分区指导。

东扩：发展城乡林业，扩展林业产业链，主要指中国中东部地区和沿海地区。

主攻方向：通过完善政策机制，拓展林业发展空间，延伸林业产业链，积极发展城乡林业，推动城乡绿化美化一体化，建设高效农田防护林体系，大力改善农业生产条件，兼顾木材加工业原料需求以及城乡绿化美化的种苗需求，把这一区域作为中国木材供应的战略支撑点之一，促进林业向农区、城区和下游产业延伸，扩展林业发展的领域和空间。

西治：加速生态修复，实行综合治理，主要指中国西部的“三北”地区、西南峡谷和青藏高原地区，是林业生态建设的主战场，也是今后提高中国森林覆盖率的重点地区。

主攻方向：在优先保护好现有森林植被的同时，通过加大西部生态治理工程的投入力度，加快对风沙源区、黄土高原区、大江大河源区和高寒地区的生态治理，尽快增加林草植被，有效地治理风沙危害，努力减轻水土流失，切实改善西部地区的生态状况，保障中国的生态安全。

南用：发展产业基地，提高森林质量和水平，主要指中国南方的集体林区和沿海热带地区，是今后一个时期中国林业产业发展的重点区域。

主攻方向：在积极保护生态的前提下，充分发挥地域和政策机制的优势，通过强化科技支撑，提高发展质量，加速推进用材林、工业原料林和经济林等商品林基地建设，大力发展林纸林板一体化、木材加工、林产化工等林业产业，满足经济建设和社会发展对林产品的多样化需求。

北休：强化天然林保育，继续休养生息，主要指中国东北林区。

主攻方向：通过深化改革和加快调整，进一步休养生息，加强森林经营。在保护生态前提下，建设中国用材林资源战略储备基地，把东北国有林区建设成为资源稳步增长、自然生态良好、经济持续发展、生活明显改善、社会全面进步的社会主义新林区。

（二）区域布局

1. 东北林区

以实施东北内蒙古重点国有林区天然林保护工程为契机，促进林区由采伐森林为主向管护森林为主转变，通过休养生息恢复森林植被。

这一地区主要具有原料的指向性（且可以来自俄罗斯东部森林），兼有部分市场指向（且可以出售国外），应重点发展人工用材林，大力发展非国境线上的山区林业和平原林业；应提高林产工业科技水平，减少初级产品产量，提高精深加工产品产量，从而用较少的资源消耗获得较大的经济产出。

2. 西北、华北北部和东北西部干旱半干旱地区

实行以保护为前提、全面治理为主的发展策略。在战略措施上应以实施防沙治沙工程和退耕还林工程为核心，并对现有森林植被实行严格保护。

一是在沙源和干旱区全面遏制沙化土地扩展的趋势，特别是对直接影响京津生态安全的两大沙尘暴多发地区，进行重点治理。在沙漠仍在推进的边缘地带，以种植耐旱灌木为主，建立起能遏制沙漠推进的生态屏障；对已经沙化的地区进行大规模的治理，扩大人类的生存空间；对沙漠中人们集居形成的绿洲，在巩固的基础上不断扩大绿洲范围。二是对水土流失严重的黄土高原和黄河中上游地区、林草交错带上的风沙地等实行大规模退耕还林还草，按照“退耕还林、封山绿化、以粮代赈、个体承包”的思路将退化耕地和风沙地的还林还草和防沙治沙、水土治理紧密结合起来，大力恢复林草植被，以灌草养地。为了考虑农民的长远生计和地区木材等林产品供应，在林、灌草、的防护作用下，适当种植用材林和特有经济树种，发展经济果品及其深加工产品。三是对仅存的少量天然林资源实行停伐保护，国有林场职工逐步分流。

3. 华北及中原平原地区

在策略上适宜发展混农林业或种植林业。一方面，建立完善的农田防护林网，保护基本耕地；另一方面，由于农田防护林生长迅速，应引导农民科学合理地利用沟渠路旁、农田网带、滩涂植树造林，通过集约经营培育平原速生丰产林，从而不断地产出用材，满足木材加工企业的部分需求，实现生态效益和经济效益的双增长。同时，在靠近城市的地区，发展高投入、高产出的种苗花卉店业，满足城市发展和人们生活水平逐渐提高的需要。

4. 南方集体林地区

南方集体林地区的主要任务是有效提高森林资源质量，建设优质高效用材林基地，集约化生产经济林，大力发展水果产业，加大林业产业的经济回收力度，调整森林资源结构和林业产业结构，提高森林综合效益。

在策略上首先应搞好分类经营，明确生态公益林和商品林的建设区域。结合退耕还林工程加快对尚未造林的荒山荒地绿化、陡坡耕地还林和灌木林的改造，利用先进的营造林技术对难利用土地进行改造，尽量扩大林业规模，强化森林经营管理，缩短森林资源的培育周期，提高集体林质量和单位面积的木材产量。另外，通过发展集团型林企合成体，对森林资源初级产品深加工，提高精深加工产品的产出。

5. 东南沿海热带林地区

东南沿海热带林地区的主要任务是在保护好热带雨林和沿海红树林资源的前提下，发展具有热带特色的商品林业。

在策略上主要实施天然林资源保护工程、沿海防护林工程和速生丰产用材林基地建设工程。在适宜的山区和丘陵地带大力发展集约化速生丰产用材林、热带地区珍稀树种大径材培育林、热带水果经济林、短伐期工业原料林，尤其是热带珍稀木材和果品，发展木材精深加工和林化产品。

6. 西南高山峡谷地区

西南高山峡谷地区的主要任务是建设生态公益林，改善生态环境，确保大江大河生态安全。在发展策略上应以保护天然林、建设江河沿线防护林为重点，以实施天然林资源保护工程和退耕还林工程为契机，将天然林停伐保护同退耕还林、治理荒山荒地结合进行。在地势平缓、不会形成水土流失的适宜区域，可发展一些经济林和速生丰产用材林、工业原料林基地；在缺薪少柴地区，发展一些薪炭林，以缓解农村烧柴对植被破坏的压力。同时，大力调整林业产业结构，提高精深加工产品的产出，重点应发展人造板材。

7. 青藏高原高寒地区

青藏高原高寒地区的主要任务是保护高寒高原典型生态系统。应采取全面的严格保护措施，适当辅以治理措施，防止林、灌、草植被退化，增强高寒湿地涵养水源功能，确保大江大河中下游的生态安全。同时，要加强对野生动物的保护、管理和执法力度。

第二章　林木良种生产与苗木培育技术

第一节　林木良种生产技术

一、林木良种繁育技术

（一）林木种子园营建和管理技术

1. 种子园的概念

种子园是由优树的无性系或家系组建的，以大量生产优质种子为目的的特种林。对该林分需采取与外界花粉隔离和集约经营，以保证种子的优质高产、稳产和便于采摘。利用种子园生产的种子具有遗传品质好、结实较早、多且稳定、管理方便、育苗简便、效益显著等优点。中国的杉木、长白落叶松、马尾松、油松、湿地松、日本落叶松、红松等部分树种通过建立种子园其材积、通直度及抗病增益都有不同程度的提高。

2. 种子园主要类别

种子园可按繁殖方式、繁殖世代、改良程度等划分类别。按繁殖方式可分无性系种子园和实生苗种子园。其中，无性系种子园是用优树的枝条通过嫁接方式建成的种子园，是当前种子园的主要形式。其中，实生苗种子园是用优树种子繁殖的实生苗建成的种子园。按改良程度和繁殖世代可分为第一代种子园和多世代种子园，其中，第一代种子园又有初级无性系种子园和改良无性系种子园之分；多世代种子园又可分为第二代种子园和改良高世代种子园等。

3. 种子园地域特点与规模确定

（1）种子园的地域性特点

每个种子园的供种范围都有一定的区域限制，生产的良种只有在适宜的地区利用，才能体现其增产潜力。通常种子园要建在它的供种区域内。也即种子同种子主要供应给予优树产地生态条件相似地区，或在试验基础上确定供种范围；为增加种子产量，北部种子园区的优树可以转移到中、南部气候条件好的地区建园。

（2）种子园的规模和产量确定

可根据供种区内树种年造林任务和种子需要量建立种子园；根据种子园单位面积产量的预测来确定种子园规模；面积确定还要为进一步发展和调整留有余地。

4. 园址选择与规划设计

（1）园址选择

应选择有较高的积温、适度的降水、避免灾害性气候频发的地区作为建园地点。一般要求地形平缓（坡度小于 25°）、开阔、向阳，面积大且完整，使用权清楚。要求土层厚、肥力中等，透气排水性好，酸碱性适宜该树种，有灌溉条件等。要求与同种或近缘树种林分有一定距离。要求考虑到建园地点要符合交通方便、劳动力充足等条件。

（2）种子园及其他相关育种群体的规划

在种子园规划时，其他育种中的群体，如优树收集圃、子代测定林、苗圃等是必备的，并需要设置在一定范围内，所以要同时进行规划。

①当种子园、收集圃、测定林位于同一地段时，种子园应位于上风位置且有一定的距离。

②为管理和无性系配置方便，种子园要分区经营。经营大区一般 3 ~ 10hm^2，视集约程度、地形等因素划定，配置小区一般 0.3 ~ lhm^2，取决于无性系配置方式、数量等。

③建筑物、道路等设置要利于生产和生活及防火等。

④种子园规划要为进一步发展留有余地。

5. 种子园管理

种子园管理的主要目标是保证和增加种子产量，提高种子的遗传品质。种子园管理的主要技术内容包括：土壤管理、病虫管理、花粉管理、树体管理、去劣疏伐和技术档案。其目标是为了提高种子产量，改善种子品质。

（1）土壤管理

土壤管理包括改善土壤的理化性质、调整根系分布以保证养分供应，有效提高产量；还包括花芽分化前的深根断根；在土壤或叶子养分分析基础上的合理施肥；利于保水保肥的地表管理及适宜的灌溉。

（2）病虫管理

病虫管理关系到种子的产量和质量，是种子园管理的重要内容。

（3）促进开花和辅助授粉

采用树干的局部环割或束缚等方法促进开花或在种子同花粉不足时采用喷粉器、纱布袋、风力灭火器搅扰等方法进行辅助授粉。

（4）树体管理

目的是降低结实层方便采摘果实，改善光环境提高种子产量。树体管理的方法有树干截顶、整形修剪等。

（5）去劣疏伐

去劣疏伐是种子园经营中提高种子遗传品质及产量的措施。去劣疏伐的主要依据有：自由和控制授粉子代遗传表现；无性系结实能力；无性系间的花期同步状况；单株所在位置；无性系生长和抗病虫、逆境能力。

（6）技术档案

①文字档案。种子园规划设计书、技术合同、管理和技术报告、研究论文等。

②图面档案。种子园总体规划图、各配置区的无性系配置设计图、优树收集图、子代测定林等有关设计和定植图等。

③表格档案。优树登记表、优树与无性系编号表、无性系生长和结实调查与登记表、无性系花期调查和统计表等。

（二）良种采穗圃营建与管理

1. 良种采穗圃的概念

采穗圃是大量生产无性繁殖材料（接穗或插条）的专门圃地：良种采穗圃是为优良无性系造林提供插条和种根的采穗圃，是用经过测定、遗传品质确实优异的无性系或实生优良植株建成的。建立采穗圃进行良种生产其优越性体现在：穗条集约经营，大幅度提高繁殖系数；采取优化措施，降低成熟与位置效应；采取修剪、施肥等措施，可保证穗条生长健壮、充实，提高繁殖成活率；集中管理，方便病虫害防治以及穗条采取；避免穗条长途运输、保管，随采随用，保证成活率。

2. 良种采穗圃建立

选择作业方便、条件优良的圃地，为采穗圃生产奠定基础。适时整形修剪，将幼化控制贯穿于采穗圃经营的全过程。加强水肥管理，保证种条质量，延长采穗圃使用寿命。合理密植，提高单位面积的穗条产量与效益。块状定植，标识清楚，避免品种或无性系混杂。

3. 良种采穗圃管理

良种采穗圃管理的主要内容包括土壤管理、采穗母树的整形修剪和复壮。土壤管理与种子园土壤管理基本相同，采穗母树的整形修剪主要是为了改善光环境，提高穗条的产量和质量。林木品种复壮可采用根茎萌条法、反复修剪法、幼砧嫁接法、连续打插法、组织培养法等退分化返幼复壮结合茎尖培养、理化处理病毒等方法达到复壮的目的。

二、种实的采集与调制技术

（一）林木发育与结实

1. 林木发育阶段

从种子萌发到林木死亡这个大周期（林木小周期：也叫年周期，从林木芽苞开放、营养器官生长、开花、结果到生长结束进入休眠期）中，从种子经营观点出发，通常将林木分为下列不同生长发育阶段。

（1）种子时期

由合子形成到种子发芽。

（2）幼年时期

从种子发芽到第一次开花结果。这一时期以营养生长为主，为生殖器官的形成积累有机物质和矿质营养，是林木个体建造的重要时期。

（3）青年时期

从林木第一次开花结果到结实量大幅度上升，是林木生长发育逐渐成熟的时期。这个时候，母树以营养生长为主逐渐转入与生殖生长相平衡的过渡时期。

（4）壮年时期

从林木结实量大幅度上升到结实量大幅度下降，是林木结实盛期，也是采种的最佳时期。

（5）老年时期

从林木结实量大幅度下降到林木死亡。

2. 林木结实年龄

①林木开始结实的两个先决条件。其一，林木必须达到一定的年龄；其二，林木必须达到一定的个体大小。也就是说，林木结实既受林木遗传基因的控制，也受林木营养水平的控制。

②不同树种林木开始结实的早晚和持续时间长短差异十分明显。

③同一树种在不同立地条件下开始结实的早晚和持续时间长短差异也较为明显，表明林木生物学特性和环境条件的适应关系对林木结实的早晚和持续时间长短也有一定程度的影响。

④树种的耐阴性不同。结实的早晚和持续时间长短有所差异，一般喜光、速生的阳性树种开始结实早，喜阴、生长缓慢的树种开始结实晚。开始结实时间，油松要 7 ~ 10 年，落叶松要 14 年左右，云杉要 50 ~ 60 年。

⑤林木起源不同。结实的早晚和持续时间长短也有差异：人工林比天然林结实早，因为人工林相对环境条件好，比如红松的人工林 20 年结实，而天然林需要 80 ~ 140 年开始结实。

3. 林木花芽分化与种子形成

（1）林木花芽分化概念

个体生长发育到一定程度，营养物质积累到一定水平，有良好环境条件，有激素的诱导作用，顶端分生组织要分化成叶芽和花芽，这一过程称为花芽分化。树木在早年其体内激素优先用于营养生长，经过若干年后，营养生长下降，分生组织中的激素才能积累到足够高的水平引导分生组织的分化，也就是能够达到导致开花的临界浓度，这时才能开花。

（2）林木花芽分化时间

树林化花芽分化多在开花结果前一年夏季到秋季之间。如油松雄花花芽分化期是7月上旬至8月中旬，雌花花芽分化期是7月中旬至8月中旬，第二年5月上旬开花受精，第三年春天受精后的球果开始发育。有些树种的林木，花芽分化在春季完成，有些树种一年多次花芽分化。

（3）种子形成受控因素较多

受精过程、胚胎发育、杂种夭折、杂种不育等都影响种子的形成。

4. 影响林木结实的因素

影响林木结实的主要影响因素可归纳为如下几个方面。

（1）林木个体自身生长发育情况

林木个体自身生长发育情况是开花结果的基础。从林木生长发育的阶段性看，林木总是要经过一定年龄，达到一定个体大小，营养物质积累到一定水平才能开花结实，在开始结实的早期阶段结实量小，随着年龄的增长结实量逐渐加大，壮年时期结实量最大最好，这一时期也是最佳采种时期，进入老年时期结实量明显下降。

不同树种结实情况大有不同。同一树种不同林分的结实也有差异。即使是同一树种同一林分的不同林木个体之间，可能由于遗传或局部环境原因，林木个体的生长发育状况也有差别，表现在开花结实的能力上常有很大差别。

（2）土壤条件

土壤水分条件对林木结实有很大影响。适时适量的土壤水分供给有利于花芽的形成和果实的发育。如果在开花传粉后，子房开始膨大期间，正遇土壤干旱又不能及时灌溉供水，会引起落花落果，或造成果实发育不良，种粒小，不饱满，种子发芽率低。同一树种，在湿润土壤上的母树种子，要比干旱土壤上的种粒大，质量好。在干旱的造林地区常会出现林木提早结实现象，这是由于水分供应不足，加速林木细胞液浓度的提高而引起的，属于不正常现象，这种母树上的种子不宜用于育苗造林。

土壤肥力问题也在很大程度上影响林木结实。土壤肥力状况，可以影响林木同化器官的形成，有效积累营养物质，促进花芽分化，满足开花和形成种子所需的营养物质。土壤肥力高的林分中，林木个体生长健壮，种子产量高，质量也较好。土壤肥力差的林分中，林木生长缓慢，树干矮而弯曲，林木个体生长发育状况不良，结实量低，种子质量差。

另外，土壤结构和土壤酸碱度也会不同程度地影响林木结实。土壤水肥等条件可以通过施肥、灌溉、间种绿肥、细致整地、除草松土等措施得到改善，进而促进林木生长发育，提高林木结实量。

（3）光照条件

光照是林木重要的生活因子。充足的阳光有利于光合作用的进行，有效地积累碳水化合物等营养物质。光是热能的主要来源，能有效提高地温，使土壤微生物活动旺盛，以释放矿物质营养，供应树体养分需要，所以充足的光照有利于树体的营养积累，促进花芽分化和种子的形成。

孤立木、林缘木由于受光充足，光能利用率高，光合作用的产物积累较多，因而进入正常结实的年龄较早，结实量大，种子质量也高。

林分密度影响林内光照情况，因而种实的产量和质量也会有很大差异。郁闭度小的林分光照充足，土壤温度较高，土壤微生物活动旺盛，林地枯落物中矿物质营养释放多，林木光合作用效率高，营养条件好，树冠大，结实量多且质量好。而郁闭度较大的林分，枝条重叠，树冠受光不足，光合作用降低，导致花芽分化不良，致使林分的结实量不多。

同一林分不同林木个体由于分化导致个体发育状况有所差异。占据林冠上层的接受光照条件好，结实情况就好；有些个体生长发育弱，处于林冠层以下，光照不足，结实量低或不结实。即使是同一林分同一林木个体的不同部位由于受光不同，结实量也不同。接受直射光的树冠上方和阳面结实量多，而树冠背阴面结实量少。

坡向对林木结实也有一定影响。山区林分生长在不同坡向，接受的光照强度不同，林分结实量有明显差异。一般分布在阳坡、半阳坡的林木，由于光照时间长，温度也较高，母树的同化作用旺盛，营养积累也好，林木开始结实比阴坡早，结实量也高，质量也比阴坡好。

（4）温度条件

同一树种生长在不同地区个体种子质量、数量、结实规律有所差异。生长在温暖地区的林木，由于生长期长，生长发育条件较好，所以林木开始结实早，结实的间隔期短，又因种子发育和积累营养物质的时间长，形成的种子种粒饱满，所以种子产量高，质量好。

不同树种开花结果对温度有不同要求。不同林木开花对温度有一定的要求，如果温度满足不了，则不能正常开花。在花芽分化期，如果平均气温较高，会提高母树枝叶细胞液的浓度，促进蛋白质的合成，而有利于花芽形成。如红松开花需要气温稳定在17 ~ 18℃，华北落叶松需要春季5℃以上积温值等于或大于170℃时才能开花、授粉。据中国林业科学研究院亚热带林研所对油茶花期生态及结实力的研究，如盛花期气温低于常年，则下年为歉年；如盛花期气温高于常年，则下年为丰年。

温度剧烈变化对开花结果的影响：如果在花期遇到低温灾害，不仅会推迟花期，还会使花大量死亡，果实发育期遇上低温，会使幼果发育缓慢，种粒不饱满，或不能成熟，导致种子减产，质量下降。

（二）林木种子采集

1．林木结实间隔期与种子生产关系

（1）林木结实间隔期的概念

在天然林或人工林中，已经开始结实的树种，因受各种因子的影响，每年结实量差异很大，有的年份结实量多，有的年份结实量中等，而有的年份结实量少甚至不结实。一般把结实量多的年份叫大年或丰年，结实量中等的年份叫平年，结实量很少或没有产量的年份叫小年或歉年。两个丰年之间的间隔年数称为结实间隔期。林木结实丰年和歉年交替出现的现象叫作林木结实周期性。

（2）产生结实间隔期的原因

不同树种结实间隔期不同，有的树种结实量非常稳定；有的树种结实量基本稳定；而有些树种结实量极不稳定。造成结实间隔期的原因除了生理的原因导致树体营养失调，限制花芽形成之外，环境条件通过营养状况对林木的结实也产生很大影响。

①林木自身调控。林木在营养生长及生殖生长过程中，自身营养重心会不断发生变化，在林木结实量丰富的年代，为了自身生命的延续，林木会通过自身的调节，将大量营养供应于种子及果实的发育，从而导致当年的花芽分化不良，使次年出现歉年。

②树体营养供应。林木经过结实大年之后，树体消耗大量养分，造成花芽分化的关键时期营养不足，花芽分化不能正常进行或不能够形成足够数量的花芽，下年就出现歉年；再者，由于养分的消耗不仅影响到花芽分化，而且造成下年结实所需营养物质不足，导致授粉率、着果率都会降低，甚至出现落花落果的现象，影响种子产量。

③环境条件。通过影响营养物质的供应、合成、积累与分配而影响树木的结实。如水分与养分的供应不适会使花芽分化和花芽发育受到不良影响，降低结实量。

④栽培技术。为了缩短林木结实间隔期，要实行集约栽培，用科学的方法调控林分密度，加强水肥管理，及时补充丰年消耗的营养物质，合理控制每年的结实量，必要时进行适当的疏花疏果，保证树体良好的营养条件。

⑤不合理采种。丰年时林木结实量多，种子的品质也较好，应大量组织采种、贮藏，以补歉年不足。但采种时一定要使用合理的采种方法，以免人为加剧结实的间隔期现象。

2．种子成熟

（1）种子成熟过程

种子成熟过程是胚和胚乳的发育过程，是受精后的卵细胞发育成具有胚根、胚茎（轴）、胚芽、子叶的全过程，也就是说形成植物的一个小的缩影。

种子成熟过程中，种子内部各种不同类型有机或无机物质在不断发生一系列生物化学变化，最后使种子具备种的延续和繁殖能力，也即具备发芽能力时即为种子成熟。种子成熟包括生理成熟和形态成熟两个过程。

（2）生理成熟

生理成熟是指种胚发育到种子具备发芽能力，其特点是含水量高，内含物质处于易溶状态，种皮不致密，保护组织不健全，水分散失快，内含物质也容易损失，贮藏性能较差。

（3）形态成熟

形态成熟是指种子外部表现出来的特征，特点是内含物质由易溶状态变为难溶状态，树体营养停止向种子运输，种子营养物质积累结束，种皮具备了良好的保护功能，整个种子抗逆性强，耐贮藏。

真正成熟的种子具备的特点：营养物质积累停止，内含物质不再增加；种子内含物质成贮藏状态，具有很强的抗逆性能；种皮致密而坚硬，呈现特有的色泽；种胚具发芽能力，能够发育成苗木。

（4）种子成熟外部特征

一般种子达到成熟时，球果或果实皮色由绿色变为深暗的颜色，常可依据球果或果实外部颜色的特征确定采种期。

①球果类。果鳞干燥、硬化、微裂、变色。如油松、侧柏、白皮松、杉木变为黄褐色，落叶后变为淡黄色等。

②干果类。荚果、蒴果、翅果等果皮多由绿色变为褐色，果皮干燥、紧缩、硬化。如刺槐荚果赤褐色，水曲柳、色木翅果黄褐色，榆树翅果由绿色变为白色。

③肉质果类。果皮软化，颜色随树种变化较大。如山杏、银杏为黄色，山丁子为红黄色，小栗变为红色，桑树聚花果呈紫黑色。

（5）种子成熟的感官鉴定

成熟的果实中酸味下降，果实变甜，因为果实中的有机酸在成熟过程中，转变为糖，增加果的甜味，如李、杏。有些树种的果实早期无甜味，成熟过程中淀粉转变为糖，而增加甜味，如枣。有些果实在成熟中，单宁被氧化成无涩味的过氧化物，而使涩味消失，如柿。又如香蕉等，果实成熟时，产生脂肪酸和醇的复合物而具有香味。

3. 种子采集技术

（1）制定采种期的原则

采种期主要根据种子的成熟和脱落时间来确定。由于环境条件对种子的成熟有一定的影响，每年种子成熟的时间可能有所不同，所以在每年采种前，都要实地进行调查，确定适合的采种期。

一般来说，根据种子成熟期、种实构造和脱落特点采取下述原则确定采种期。

①成熟期和脱落期相一致，种子轻小，有翅或有毛，成熟后易随风飞散的种子，应在成熟后脱落前采收。如杨、柳、榆等树种在春末、夏初成熟，为4 ~ 5月。

②成熟后虽不立即脱落，但一经脱落，不易从地面采集的种子，应在种子脱落前从树上采集。如落叶松、油松、侧柏的秋果，秋季成熟。

③成熟后经较短期即脱落的大粒种子，可在成熟脱落后在地面上收集。如橡栎类、板栗、核桃、银杏等种子。

④成熟后较长时间不脱落的阔叶树种，虽然可延长采种时期，但不能延迟太长，以免因长期挂在树上降低种子品质，如苦楝、皂荚、槐树等的种子。

（2）采种方法

采种方法是根据种粒的大小、种子成熟后脱落的特点和时间的不同，分为地面采集、伐倒木上采集和树上采集等方法。

①地面采集。适用于种实较重、秋季成熟后即落于地面的树种，如橡栎类。另外，槭树、榆树、椴树、鹅耳枥等树种的种子有时也可在强风刮过后在地面采收。常用工具为箩筐等。

②伐倒木上采集。结合伐木进行。仅适用于种子成熟至脱落期间进行伐木作业的情况下，如果夏季就很难利用伐木采收种子。

③树上采集。适用于在球果成熟后很快开裂，种子立即飞出球果而脱落的树种，如冷杉、落叶松、油松、侧柏等；果实成熟后立即脱落的阔叶树种，如杨、柳、榆、桦等；稀有树种和珍贵树种等。常用工具有登树鞋、木梯、软梯、升降机、震动机、高枝剪、采种网、采种兜等。

（3）种子登记

当一个采种单位可能采集到许多批种子时，采集地、采集树种、采种时间和采种林分状况等可能会有所区别，为了不使种子混杂，使用种单位了解每批种子的情况，合理地使用种子，需要建立种子登记制度，每批种子应该按照要求的内容分别填写种子采收登记表。

（三）林木种实的调制技术

一般种实的调制包括脱粒、净种、干燥、去翅和分级等，但并不是所有的种子类型都必须经过这些工序，有的只需经过其中的一项或几项即可。

1．球果的脱粒

脱粒就是将种子从果实中取出的过程。球果类的脱粒，首先要经过干燥，使球果的鳞片失水后反曲开裂，脱出种子。针叶树球果的脱粒分为自然干燥法和人工加热干燥法两种。

（1）自然干燥法

采用自然条件使球果干燥脱粒的方法。球果鳞片易开裂的树种，如落叶松、油松、侧柏、云杉等树种可采用自然干燥法。具体方法是将球果摊放在向阳干燥的场院上曝晒，干燥过程中应经常翻动，晚间或阴雨天将球果迅速堆积覆盖，经 5 ~ 10d，球果的鳞片开裂，种子脱出。对未脱净种子的球果，可用棒敲打，使其继续脱出，直到种子全部脱出为止。这种方式简单易行，要求条件低，但脱粒速度往往较慢。

（2）人工加热干燥法

以人为加热措施使球果干燥脱粒的方法。球果在树上成熟期间渐渐地释放水分，对于一些树种来说，需要几个月的时间才能达到干燥脱粒的目的，采用自然干燥法脱粒也满足不了快速脱粒的要求，所以常采用人工加热干燥来缩短脱粒时间。这种方法脱粒速度快，但要求条件较高，如果干燥过程中温湿度和气体交换控制不好，易使种子受损伤，降低种子的生命力。

①干燥条件的控制。同一树种的球果干燥时，果鳞的爆裂时间绝大多数不是同时的，而是相继逐渐进行的，不同树种的球果果鳞的开裂也是一个不均匀的过程，有些树种果鳞很容易开裂，如日本落叶松、油松、侧柏、杉木等；而另外一些树种则具有较大的开裂阻力，如红松、华山松等。因此，不同的树种，根据其开裂的难易程度，应采取不同的干燥措施。干燥条件主要控制干燥温度、干燥的通气措施两方面。

②干燥方法。中国常用室内干燥法（干燥箱法）。具体方法是，在具有温度和湿度控制设备，如暖气、蒸汽管或电气加热等设备的干燥室内，将球果置于干燥架上（干燥柜中），使球果脱粒。不同树种，温度不同，比如落叶松不超过40℃，樟子松、云杉不超过45℃，一般干燥初期温度保持在20 ~ 25℃，然后逐渐上升至允许范围内。从球果中脱出的种子，应及时放到干燥凉爽的地方。

2. 干果类的调制

干果类的调制，根据其果实含水量的不同，可分别采用晒干法（阳干法）和阴干法脱粒。荚果类树种刺槐、合欢树等含水量低、种皮保护力强，可直接置于太阳下晒干，然后敲打使种粒脱出。坚果类树种橡栎、板栗、榛子等种实含水量高，种实丧失水分多则易失去生命力，宜采用阴干法干燥，摘除果皮即可。

3. 肉质果类的调制

肉质果类包括浆果、核果、梨果等，如樟树、桑树、梓木、油桐、山楂、银杏等树种。这类果实的果皮肉质多汁，含有较高的果胶和糖类，容易腐烂，因而采集后需及时调制，否则会降低种子的品质。处理的方法一般多采用捣烂后用水淘洗取出种子，再去掉果皮、果肉和渣滓，摊在席子、其他铺垫物或干燥的地板上阴干，当达到适宜的含水量时即可贮藏。

4. 净种及种粒分级种实脱粒后，需要及时净种和种粒的分级

（1）净种

去掉脱粒后种子内混杂物如鳞片、果片、果柄、枝叶碎片、空粒、土块、异类种子的技术措施，目的是提高种子的纯度，便于种子的贮藏。根据种子和夹杂物的大小和轻重，可分别采用风选、筛选或水选等方法净种。

（2）干燥

经过净种的种子，还须进行干燥，使种实内的含水量达到安全含水量的水平，即能维持种实生命活动所需的最低限度的种实含水量。不同树种的安全含水量不一样。一般含水量低的种子可在日光下晒干，如针叶树种子、豆科种子。而安全含水量高、粒小、种皮薄、成熟后代谢旺盛的种子，如杨、柳、榆、桑树等要在通风良好的地方阴干。

（3）种粒分级

把同一批种子按种粒的大小进行分级叫种粒分级。在生产上采用分级后的种子进行播种育苗以及造林都有重要意义。因为同一批种子种粒越大，越重，其发芽能力越高。种子分级后，能提高种子的利用率，出苗整齐，苗木生长发育均匀，减轻苗木分化，有利于经营管理。

种粒分级的方法，大粒种子如株类、桃类、油桐等可用粒选，中小粒种子可用不同孔径的筛子进行分级。分级后的种子应挂上标签，分别进行包装、贮藏和播种。

三、种实贮藏技术

种子含水量决定了种实贮藏的方法。因此，根据种子安全含水量的高低，可以把种子的贮藏分为干藏法和湿藏法两类。

（一）干藏法

将充分干燥的种子，置于干燥的环境中贮藏称为干藏。这种方法要求有一定的低温和适当干燥的条件。适用于安全含水量比较低的种子，如大部分针叶树种和杨、柳、榆、桑、桦、刺槐、白蜡、紫穗槐、皂荚、桃、李、杏等树种的种子。

干藏又分为普通干藏法和密封干藏法两种。

1. 普通干藏法

把经过充分干燥的种子，装入麻袋、箩筐、箱、桶、缸、罐等容器中，置于低温、干燥、通风的库内（可藏于仓库、普通房间、地窖或专门的种子库房内）贮藏的方法。适用于大多数针、阔叶树种的种子短期贮藏，如秋采、冬储、春播。

2. 密封干藏法

将充分干燥到安全含水量的纯净种子，装入已消过毒的容器内并密封贮藏的方法。主要适用于需要长期贮藏的和用普通干藏法容易失去生活力的种子，如杨、柳、桉、落叶松等树种的种子。这种方法使种子与外界空气隔离，因而种子能够经常保持干燥状态，呼吸作用很微弱，贮藏效果良好。

贮藏时，将种子放入玻璃瓶或铅桶、铁罐、聚乙烯容器中，装九成满，为防止种子吸湿，容器中可放入木炭、氯化钙、变色硅胶等吸湿剂，然后加盖，用石蜡、火漆黏土等密封，附以标签，置于种子库内。放置吸湿剂的数量，因树种和吸湿剂的种类而异。

长期贮藏大量种子时，为了做到安全贮藏，应建造专门的种子库。目前中国已经建造了许多低温种子库，控制温度在 -5 ~ 5℃，相对湿度在 40% ~ 60%，贮藏种子效果较好。

（二）湿藏法

将种子置于湿润、低温、通气条件下贮藏称为湿藏。此法适用于安全含水量高的种子，如栎类、核桃、银杏、紫杉、檫树、樟树、油桐、油茶、油棕等树种的种子及杨、柳的插穗等。

湿藏期间要求环境条件：经常保持湿润，以防种子失水干燥；适度低温，以 0 ~ 5℃为宜，一般不能高于 7℃，以防霉菌活化，抑制种子发芽；通气良好，使种子周围二氧化碳及时排除，新鲜氧气满足供给。

湿藏方法很多，主要有露天埋藏和室内堆藏法。

四、种子催芽技术

（一）种子催芽的作用

在育苗工作中，播前进行种子催芽是苗木生产中的一项重要技术措施。

从种子休眠的类型分析，强迫休眠的种子，较易发芽，而生理休眠的种子，发芽较难。催芽的目的主要就是消除生理休眠的三大障碍：种皮、胚和抑制物对发芽的阻碍。因此，催芽的主要作用是：软化种皮，增加透性，使种子在低温条件下，氧气溶解度增大，保证种胚呼吸活动时所必需的氧气，从而解除休眠；消除抑制种子发芽的物质，如红松种子所含的抑制物质经催芽后消除；对生理后熟的种子，如银杏，经过催芽，胚明显长大，完成后熟后，种子即可发芽。

（二）种子催芽的方法

常用的催芽方法有层积催芽和水浸催芽两种。

1. 层积催芽

把种子和湿润物混合或分层放置，促进其达到发芽程度的方法叫层积催芽。

2. 水浸催芽

用一定水温的水浸泡种子，使其达到发芽程度的方法叫水浸催草。不同树种催芽的水温、催芽时间不同。

①冷水浸种。经过干藏的种子，在播种前要浸种。浸种时间长短因贮藏期长短和树种而异。浸种能刺激种子增强新代谢作用，提高种子活力，播种后出苗快而且齐壮，有明显的增产效果。

②热水浸种。水温为 40 ~ 60℃。不耐高温的种子宜低，而种皮厚、耐高温的种子宜高些。

③高温浸种。水温 70 ~ 90℃。可用于种皮坚硬、致密、透水性很差的种子。

3. 其他方法催芽

用化学药剂、微量元素、植物生长激素、物理方法均可解除种子休眠，增强种子的内部生理过程，促进种子提早萌发，使种子发芽整齐，幼苗生长健壮。

（三）关于低温层积

低温层积是林业生产使用最广泛、效果最好的催芽方法，可以适合于各林木种子。

1. 低温层积的原理

第一，种子在层积过程中解除休眠。通过层积软化了种皮，增加了渗透性，特别对于渗透性弱的种子，萌动时氧气不足，不能发芽。低温条件下，氧气溶解度增大，可保证种胚在开始呼吸活动时所必需的氧气，从而解除休眠。第二，低温层积过程中可使内含物发生变化，消除导致种子休眠物质，同时可增加内源生长刺激物质，利于发芽。第三，一些生理后熟的种子，如银杏树、七叶树在低温层积过程中，胚明显长大，经过一定时间，胚即长到应有的长度完成其后熟过程。第四，低温层积过程中，新陈代谢的方向与发芽方向一致。研究资料表明：山楂种子层积中，种子内的酸度和吸胀能力都得到提高，同时通过低温层积，提高了水解酶和氧化酶的活性能力，并使复杂的化合物转变为简单的化合物。

2. 低温层积的技术要素

首先，应有一定的低温条件。低温积层催芽要求有一定的低温条件，不同树种要求的低温条件有所差异，多数树种为 0 ~ 5℃，极少数树种可达 6 ~ 10℃。因为这样的温度条件下，利于消除种子休眠，同时种子呼吸弱，消耗氧分少。层积中若温度过高，使种子处于高温、高湿的环境中，种子呼吸的强度大，消耗养分多，又容易腐烂。若温度过低，种子内部的自由水就会结冰，种子就会受冻害，因而层积中，温度一般应略高于 0℃为宜。

其次，应保持一定的湿度。经过干藏的种子水分不足，催芽前应进行浸种，浸种的时间因树种不同而异。一般为 1 ~ 3d，种皮坚硬的种子如核桃为 4 ~ 7d。为保证在催芽过程中所必需的水分，其介质必须湿润。适宜的介质湿度，以沙子为例，含水量 60% 为宜。若用湿泥炭，含水量可达饱和程度。

再次，应考虑通气条件。种子在催芽过程中，由于内部进行这一系列的物质转化活动，呼吸作用较旺盛，需要一定量的氧气，同时呼吸作用会放出一定量的二氧化碳，需要及时排除，因而低温层积中必须有通气设备。

最后，应考虑催芽天数。要取得满意的催芽效果，低温层积催芽应有一定的时间，催芽时间太短达不到目的。以元宝枫种子为例，用低温层积催芽 30d、15d 和对照，发芽率分别为 95%、72% 和 13.5%。低温层积催芽所需的时间因树种不同而差异很大。强迫休眠的种子一般为 1 ~ 2 月，非强迫休眠的种子需 2 ~ 7 月。

3. 低温层积的具体操作方法

低温层积催芽一般多在室外进行，故又叫露天埋藏。其具体方法是：选择地势高燥、排水良好、背风向阳的地方挖坑，坑的深度应依据当地的土壤冻结深度而定，原则上要在地下水位以上，而且应保证种子在催芽期间所需要的温度范围。一山西为例山西北部一般为 60 ~ 80cm，山西南部一般为 50 ~ 60cm。坑的宽度一般为 0.8 ~ 1.0m，坑的长度依所需催芽的种子数量而定。坑底铺 10 ~ 15cm 的湿沙层或河卵石或做专门的木支架，在其上仍要铺 10 ~ 15cm 的湿沙层。

如果是干种子，在催芽前先用温水浸种，并进行种子消毒，然后将种子和沙子按 1 ∶ 3 的比例（容积）混合或分层放入坑内，其厚度一般以 40 ~ 50cm 为宜，过厚上下温度不均匀。当种沙混合物放到据坑沿 10 ~ 20cm 时，其上覆沙，最后用土培成屋脊形，坑的周围挖小排水沟。

催芽期间要定期检查，如果发现温度和湿度不符合条件时，应及时调节。如果在播种前种子发芽强度未达到要求时，可于播种前 1 ~ 2 周取出种子进行变温层积催芽，即把种子层积于自然湿润环境下催芽。当露胚根和咧嘴种子之和达到种子总数的 20% ~ 30% 时，即可播种。

第二节　苗木培育技术

一、播种育苗

（一）苗木种类及壮苗

凡是在苗圃中培育的树苗，无论年龄大小，在苗木出圃之前均叫苗木，对于萌芽力强的树种，把树干切掉时，成为切干苗。

1. 苗木种类

依据育苗所用的材料和方法，可把苗木分为实生苗、营养繁殖苗和移植苗。

（1）实生苗

实生苗指用种子繁殖的苗木。其中以人工播种培育的苗木叫播种苗，包括一年生和多年生（无论移植与否）播种。在野外由母树天然下种长出来的苗木叫野生实生苗。

播种苗由于经过人工培育，根系发达，苗冠圆满，苗木生长整齐、健壮、质量好。野生实生苗的根系不发达，根量比较少，偏根偏冠现象较明显，苗木分化现象较严重，质量较差，但苗木对造林地适应性较强。

（2）营养繁殖苗

营养繁殖苗指用乔灌木树种的枝条、苗干、根、叶、芽等营养器官做繁殖材料培育的苗木，非种子繁殖，即非实生。营养繁殖苗也有野生苗，同时，营养繁殖苗又可分为：

①插条苗。是截取树木的一段枝条插入土壤中培育而成的苗木。

②埋条苗。是将整个枝条水平埋入土壤中，培育而成的苗木。

③插根苗。用树木的根，插入或埋入土中育成的苗木。

④根蘖苗：又叫留根苗，是利用地下的根系萌发出的新条育成的苗木。

⑤压条苗：把未脱离母体的枝条压入土中，或在空中包以湿润物使之生根，而后切离母体培育成的苗木。

⑥嫁接苗：用嫁接的方法培育的苗木，多用于经济树种的育苗。

⑦插叶和组织培养繁殖苗。

（3）移植苗

移植苗是实生苗或营养繁殖苗经过移植后培育成的苗木。

2. 壮苗

壮苗是优良苗木的简称。壮苗生命力旺盛，抵抗各种不良环境能力强，造林后能较早恢复创伤，造林成活率、保存率高，幼林生长较快。因而，壮苗是造林最理想用苗。

目前中国主要是依据苗木的形态指标来衡量优劣的，从形态指标来讲，壮苗应具有以下条件。

①苗木根系发达，侧根和须根数量多，主根短而直，主、侧根均有一定长度。

②苗木粗而直，上下较均匀，有一定的高度，木质化程度高，色泽正常。

③苗木的根茎比值（苗木地下部分与地上部分鲜重之比）大，且地上部分和地下部分重量都大。

④苗木无病虫害、日灼伤和机械损伤等。

⑤萌芽力弱的针叶树种，如油松、冷杉等苗木，应有发育正常而饱满的顶芽。如果失去顶芽，苗木就不能形成通直的苗干，影响造林质量。顶芽无显著的秋生长现象。壮苗必须具备上述条件，否则不能算壮苗。如果根系过短、侧根过少或无侧根，机械损伤严重的苗木，受冻害和病虫害严重的苗木，萌芽力弱的针叶树种，无顶芽的苗木都应视为废苗，不能用于造林。

（二）播种苗的培育技术

用种子繁殖的苗木称为播种苗。播种苗有完整的根系和饱满的顶芽，对环境条件适应性强，后期生长快，材质好，寿命长，能形成稳定的林分，多数树种适于播种育苗。

1. 育苗方式

育苗方式有苗床育苗和大田育苗两种。

（1）苗床育苗

常用的苗床有高床和低床两种。

①高床，指床面高出步道的苗床。

高床的优点是排水良好，增加肥土层厚度，步道可用于侧方灌溉和排水，床面不易板结，能提高土壤温度。缺点是做床费工，成本高。适用于易积水的凹地和降水较多或气候寒冷的地区。多用于不耐水湿树种，如落叶松、红松、云杉、冷杉、樟子松、油松等针叶树和部分阔叶树，可防积水淹苗。

②低床，指床面低于步道的苗床。

低床的优点是利于保持土壤水分，便于灌溉，但灌水后易使土壤板结，通透性差。一般用于降水较少、无积水的干旱地区，或培育对土壤水分要求不严的树种，如大部分阔叶树和部分针叶树种（如侧柏、松类等）。

（2）大田育苗

大田育苗分为高垄和平作两种。

①高垄。垄高 10 ~ 20cm，垄底宽 50 ~ 80cm，其有高床的优点，苗木质量高，便于机械育苗，效率高，省劳力，但产量低。

②平作。不做床垄，将田地平整后进行育苗。一般采用多行式带状。它能提高土地利用率和单位产苗量，便于机械化作业，但灌溉和排水不便。

2. 播种前种子处理

播种前种子处理的目的是促进种子发芽，预防病虫害和鸟兽害。种子处理主要包括种子精选、种子消毒和种子催芽等环节。

（1）种子精选

为了培育壮苗，就必须在播种前对种子施行精选。可以利用风筛、水筛等筛选法，大粒种子可进行粒选。精选的种子出苗率高，幼苗出土整齐，苗木粗壮，造林成活率高。

（2）种子消毒

为预防苗木发生病虫害，播种前要进行种子消毒。消毒药剂主要有福尔马林、硫酸铜、高锰酸钾和敌克松等。

（3）种子催芽

根据种子休眠的类型，强迫休眠种子的催芽相对简单，生理休眠的种子催芽则较为复杂。常用的催芽方法有层积催芽和水浸催芽两种。

无论何种方法催芽，一般催芽强度，即裂嘴和发芽的种子达20%～30%时即可播种。

3. 播种

（1）播种季节

在育苗工作中，各地应依据育苗树种的生物学特性及当地的自然条件，选择最佳的播种期。北方地区春播、夏播、秋播均有，以春播较为普遍。南方冬季也可播种。

（2）播种量和苗木密度

播种量是指单位面积或长度上所播种子的重量。苗木密度是指单位面积或长度上的苗木数量。播种量是决定合理密度的基础，它直接影响单位面积上的苗木产量和质量。播种量过多不仅浪费种子，增加间苗工作量，而且苗木营养面积小，光照不足，通风不良，使苗木生长细弱，主根长，侧根不发达，降低苗木质量。播种量少达不到合理密度，苗间空隙大，使土壤水分大量蒸发，杂草容易侵入，增加抚育管理用工，提高苗木成本，特别是针叶树幼苗太稀时，阳光太强容易灼死。一般合适的播种量应根据种子千粒重、净度、发芽率和损耗系数等进行计算。

（3）播种方法

播种方法有条播、撒播和点播三种。

①条播。是按一定行距将种子均匀地播到播种沟里，是应用最广泛的方法。其优点表现为：苗木有一定的行间距离，便于土壤管理、抚育保护和机械化作业；比撒播省种子；行距较大，使苗木受光均匀，有良好的通风条件，生长质量较好；起苗工作比撒播方便。此方法适用于一切树种。

②撒播。将种子均匀地播种到育苗地上的播种方法。其主要优点为：分布均匀，苗木产量较高。除极小粒种子（如杨、柳、桉、桑、泡桐、马尾松种子）外一般不采用该方法。

③点播。是按一定的株行距将种子播于播种沟内的播种方法。一般只适用于大粒种子，如核桃、板栗、山桃等。

（4）播种技术要点

播种技术要点主要包括开沟、播种、覆土、镇压。做到播种的深度一致，分布均匀，覆土适当，下实上虚。它们直接影响到种子发芽、幼苗出土、苗木的产量和质量。

①开沟。沿播种行开沟，沟要直，沟底要平，深度要均匀一致，深度依种粒大小、土壤条件和气候条件而定。

②播种。播种要均匀，应按行或床计划好播种量。避免漏播或大风天播种。

③覆土。播种后应立即覆土，以防播种沟内的土壤和种子干燥，覆土厚度均匀一致。一般覆土厚度为种子长度2～2.5倍。土壤黏重的播种地，可用沙子、腐殖土、锯末等覆盖。

④镇压。为使种子和土壤紧密结合，使种子充分利用毛细管水，在气候干旱、土壤疏松或土壤水分不足的情况下，覆土后要进行轻镇压，但要防止土壤板结。

4. 育苗地管理

育苗地的管理是指从播种开始，幼苗出土直至苗木出圃整个时间播种育苗的管理工作。

（1）播种地的管理

播种地的管理主要指从播种开始到幼苗出土为止这一时期的管理工作。目的在于播种后给种子发芽和幼苗出土创造适宜的条件。具体包括：

①覆盖。保蓄土壤水分，减少灌溉量，防止因土壤水分蒸发而造成土壤板结现象，减少幼芽出土的阻力；同时可以起到增温作用，缩短出苗期。塑料薄膜覆盖效果最好。

②灌溉。适宜的温度和水分是发芽的两个主要条件。播种地在幼芽未出土前有时需要灌溉。是否要灌溉及灌溉的次数，主要决定于种粒的大小、当地的气候、土壤条件及覆土厚度和覆盖与否。

③松土、除草和病虫害防治。播种地土壤板结，应立即进行松土；适时除草并防止病虫害发生。

④沙地播种育苗要设风障。防止风吹覆土，沙打幼苗。

（2）苗期的管理

苗期的管理主要指从幼苗出土时开始，至幼苗出圃这一时期的苗木管理工作。苗期管理的主要内容有：灌溉与排水、降温、中耕除草、适时间苗、灾害性因子的防除、截根和苗木越冬保护。

①灌溉与排水。在苗圃中主要采用的灌溉方法有：漫灌、侧方灌溉、喷灌和滴灌。

漫灌；又称畦灌，多用于低床（畦）和大田平作育苗。漫灌优点是省水，但灌后土壤易出现板结，通气不良，灌后应及时松土。

侧方灌溉；适用于高床和高垄作业，水分从侧方浸润到苗木和高垄中。其优点是床面不易板结，地温高，通气好，但是耗水量大，中间不易通气，灌溉不均匀。

喷灌；又称人工降雨，有机械和人工喷灌两种。其优点是省水，省工，便于降温，可以降冻，可以洗碱，而且减少田间沟渠，提高土地利用率，是目前我国比较先进的灌溉方法，但一次性投资较高。

滴灌；在一定低压水头作用下，通过输水，配水管道和滴头，让水一滴滴地浸滴苗木根系范围的土层，使土壤含水量达到苗木需要的最佳状态。其优点是比以上三种方法均省水，而且灌后土壤疏松，温差小，有利于苗木生长，但投资高，设置较复杂，广泛应用于塑料大棚和温室育苗。

排水；指排除圃地的积水，是育苗工作中防涝和防除病虫害的重要措施。中国南方多雨，要注意苗圃的排水工作，北方较干旱，但也要注意雨季的排水问题。

②中耕。中耕作业主要包括作物行间锄草、松土、培土和间苗等内容。及时中耕，可以消灭杂草，蓄水保墒，提高地温，促使有机物的分解，为作物生长发育创造良好环境。

③适时间苗和幼苗移植。在播种育苗中，往往出现苗木过密或出苗不整齐、密度不均匀的情况。密度如果过大，由于光照不足，通风不良，每株苗木营养面积不够，使苗木生长细弱，会降低苗木质量，还易引起病虫害。所以苗的密度过大时，必须去除一部分苗木，即间苗。间苗时要注意间苗时间、间苗对象和间苗强度。间苗宜早不宜迟。间苗对象为受病虫害的、机械损伤的、生长不良和不正常（霸王苗）的幼苗。间苗强度不宜一次过大，一般分为 2 ~ 3 次进行。

幼苗移植。一般用于种子很少的珍贵树种，也可用于生长特别迅速要在幼苗期进行移植的树种，有时为调节苗木密度而补苗也用幼苗移植。掌握苗木移植最佳时期，因树种而异。一般选在阴雨天，且移植后要及时浇灌，必要时进行遮阴。

④灾害性因子的防除。幼苗时期，苗木非常幼嫩，很容易遭日灼、霜冻、病虫等危害，严重影响苗木的质量和产量，所以必须做好苗期的保护工作。

一是防除日灼危害。有些树种，如落叶松、云杉、杨树等幼苗出土后，常因太阳直射，地表温度增高，使幼嫩的苗木根茎处呈环状灼伤，或朝向阳光方向倒伏死亡。这样的日灼危害常采用遮阳和喷灌的方法降温防除。遮阴主要在幼苗期进行，要适宜，遮阴过重，影响苗木光合作用强度，降低苗木质量；喷灌降温在高温时期既能降温又能提高空气相对湿度和土壤湿度。

二是防止霜冻害。苗木尚未木质化时，组织幼嫩，含水也较多，常因气温短时间内降到 0℃以下而使细胞间隙的水分结冰，细胞脱水，苗木枯萎死亡。霜冻害主要是早霜和晚霜。主要通过育苗技术措施、熏烟、喷灌等方法预防霜冻。

三是病虫害的防治。苗圃常见病虫害有猝倒病、根腐病，蚂虫、地老虎等，因此在育苗过程中要特别加强病虫害的防治工作。防治病虫害应遵循“防重于治”的原则。科学育苗，培育出有抗性的壮苗。一旦发现病虫害，应及时用药剂治愈。

⑤截根。当年生苗木秋季截根时其高生长停止，15℃有利于截根形成愈伤组织和发新根。截根是为了限制主根生长，促进苗木多生侧根和须根以获得发达根系使苗木生长健壮。截根时间、深度因树种而不同，一般应在苗木当年进入休眠前 1 ~ 1.5 个月进行。

5. 一年生播种苗的当年生长发育规律及育苗技术要点

依据播种苗的生长发育状况，可将一年生播种苗分为出苗期、幼苗期、速生期和苗木硬化期四个时期。

生物在不同的生长阶段，各部分的生长及其对环境条件的要求各不相同。苗木的生长也是如此，对于一年生播种苗而言，从播种 — 苗木出土 — 苗木生长结束，苗木在不同生长阶段，地上、地下部分生长特点不同，导致其对环境条件的要求各不相同，各时期育苗工作的中心任务和育苗技术要点也各不相同。

（1）出苗期

苗木的出苗期是从播种开始到幼苗出土，地上部分出现真叶，地下部分出现侧根时为止。这一时期苗木的生长发育特点表现为：

①无真叶，不能进行光合作用，苗木自身没有制造营养物质的能力；

②无侧根，吸收营养物质的能力差，地下部分生长快，地上部分生长慢；

③刚出土，抗逆性很弱。

出苗期育苗的中心工作和任务是促使苗木出土，是保证育苗成功的重要阶段。根据实践经验，这个时期的中心工作要做到促使苗木出土达到早、多、齐、匀。

可结合出苗期苗木的生长发育特点和此时期育苗的中心工作和任务采取相应的育苗技术：

①要使苗木出土早，播种前应进行催芽；

②要使苗木出土多，播种前应进行细致整地、作床；

③要使苗木出土齐，保证播后覆土厚度均匀并注意轻镇压；

④要使苗木出土匀，下种要均匀、适量；

⑤此时苗木无真叶、无侧根、刚出土、抗性弱，所以需适时适量浇水，播前施足基肥，播时适量施用种肥；

⑥注意病虫害的防治，连续育苗地发生过病虫害的土壤，在播种前应进行土壤消毒。

（2）幼苗期

幼苗期是苗木幼嫩时期，从幼苗地上部分出现真叶，地下部分出现侧根开始，至幼苗的高生长量大幅度上升时为止。这一时期苗木的生长发育特点表现为：

①出现真叶、侧根，幼苗开始进行光合作用制造营养物质；

②叶子数量不断增加，叶面积逐渐扩大；

③地上部分的生长由慢转快；

④幼苗还比较弱小，抗逆性还较差。

幼苗期育苗工作和中心任务是保苗并促进苗木根系生长发育，给速生期打下良好基础。

幼苗期的育苗技术要点：

①适时适量浇灌；

②幼苗对磷、氮元素比较敏感，开始施用磷、氮肥；

③进行间苗和定苗；

④幼苗抗性弱，注意做好病虫害的防治工作，特别注意苗木的猝倒病。

（3）速生期

速生期是苗木生长最旺盛的时期。是从苗木高生长最大幅度上升时开始，到高生长最大幅度下降时为止。这一时期苗木生长发育特点表现为：

①叶子数量和叶面积都很快增加，生长量达最大值；

②地上部分及地下部分生长量均最大，生物量也最大；

③根系发达、枝叶茂盛，已形成了发达的营养器官，根系能吸收较多的水分和各种营养元素；

④地上部分能制造大量的碳水化合物。

速生期育苗工作的中心任务是促进苗木的生长发育，提高苗木质量及合格苗产量。

速生期育苗的技术要点：

①对苗木的肥、水管理应当适时适量；

②及时中耕松土，保证土壤的良好通透性；

③速生期前期应追肥 2 ~ 3 次，到后期要及时停止施用氮肥及灌溉；

④及时防治病虫害，以利苗木健康生长。

（4）苗木硬化期

苗木硬化期是苗木地上、地下部分充分木质化，进入休眠的时期：从苗木高生长量大幅度下降开始，到苗木直径和根系生长停止时为止。硬化期苗木生长发育特点表现为：

①高生长速度急剧下降，不久高生长停止，继而出现冬芽；

②植茎和根系都在继续生长并会出现一个小的生长高峰；

③苗木体内含水率逐渐降低，干物质逐渐增加，营养物质逐渐转入贮藏状态；

④地上部分、地下部分完全木质化；

⑤落叶树种苗木落叶，进入休眠期。

苗木硬化期的主要工作和中心任务是促进苗木木质化，防止徒长，提高苗木各种抗逆性。

硬化期育苗的技术要点：

①凡能促进苗木生长的一切措施都应停止；

②促使苗木的木质化，前期要适量施用钾肥；

③采取截根等措施，减少苗木对水分、养分的吸收，促进苗木木质化；

④进行越冬防寒工作。

总之，一年生播种苗各个生长时期的生长特点差异很大，应当依据各个生长时期的不同生长特点采取不同的育苗技术措施，保证育苗技术措施的科学合理运用，从而获得优质、高产的苗木。

（三）营养繁殖育苗

1. 营养繁殖育苗

林木育苗中常用营养繁殖育苗的方法有以下几种。

（1）插条法

插条育苗是截取林木的苗干或枝条的一部分做育苗材料进行育苗的方法，适宜于大多数树种，且方法最简单。插条可在当年生带叶枝条和落叶后枝条上截取。

（2）插根法

截取乔灌木树种的根，插入或埋入土壤中，使其生根发芽的繁殖方法。一般用于根蘖萌发力强的树种，如泡桐、山杨、漆树、板栗、刺槐等。

（3）埋条法

截取母树一年生枝条，横卧埋入土中，使其生根发芽的繁殖方法。一般用于插条育苗成活率低的树种，如毛白杨、泡桐等。有时埋条也带根，叫埋苗。

（4）压条法

把生长在母树上的一年生或二年生枝条部分埋在潮土中，待生根后再断离母体，继续培育成一棵独立的新植株的方法。可借助母体的养分、水分，适用于难生根或生根时间长的树种，如桑、樱桃、龙眼、荔枝和桂花等树种。压条法的成活率较高。

（5）嫁接法

将两个不同个体的植物接合在一起，长成为一个个体的方法。该法多用于种子园的建立和花木的培养。毛白杨就可用嫁接法。

（6）根蘖法

苗木出圃后，地里留下很多断掉的幼根，有些树种的根易形成不定芽（如毛白杨、泡桐和刺槐等），进而形成植株，利用这种特性繁殖苗木的方法叫根蘖法。但此法培育的苗木参差不齐，苗木分化现象严重，合格苗的产量较低。

（7）组织培养法

在无菌情况下，给予植物的细胞、组织或器官的生长发育所必需的物质，进行离体培养繁殖苗木的方法。多应用于花、药和经济树种优树繁殖。

通过上述方法培育出来的苗木，分别称为插条苗、插根苗、埋条苗、压条苗、嫁接苗、根蘖苗和组织培养苗。

2. 插条育苗

经过截制的繁殖材料叫作插穗，用插条法培育的苗木叫插条苗。

（1）插穗成活原理

插条育苗能否成活，取决于插穗能否生根，能生根则活，不能生根则死；生根快的树种成活率高，生根慢的树种成活率低。插穗生根机理如下：

①皮部生根原理。林木生长发育过程中，枝条或主干皮下已形成根原始体，是特殊的薄壁细胞组成的群体，插穗插入土壤后，根原始体获得营养和氧气，在适宜的温热条件下长出不定根进而长出新根。

②愈合组织生根原理。绿色植物局部受伤后，具有恢复生机、保护伤口、形成愈合组织的能力；截制插穗以后，愈伤激素会大量向下切口运输，在愈伤激素的刺激作用下，形成一种初生愈合组织（具有明显细胞核的半透明、不规则瘤状突起物），形成新生长点，分化产生根原始体，插穗插入土壤后，根原始体获得营养和氧气，在适宜的温热条件下长出不定根进而长出新根。

（2）插条育苗技术

按照枝条的成熟和木质化程度可以把插条分为嫩枝（半木质化）和硬枝（充分木质化）2 种，相应地，插条育苗可分为硬枝扦插和嫩枝扦插两种。硬枝扦插应用较为广泛，这里仅介绍硬枝扦插育苗法。

硬枝扦插是用充分木质化的枝条为材料培养苗木的方法。

①采条。选择生长迅速、干形良好、无病虫害的幼龄树干上的萌发条，或一二年生苗的茎干。采条时间宜在秋末冬初落叶（休眠）后采集。采条过早营养物质积累不多，木质化程度不好，不利于插穗贮藏和成活；过晚则水分损失较多，特别是树液流动后，芽膨大，大量养分消耗于芽的生长，插后成活率低。

②制穗。种条采回后，应立即制穗。首先剪去无芽或大于 2cm 粗的基部和发育不充实的梢头，然后用锋利剪刀将种条截成 12 ~ 20cm 长的插穗。技术要求：

一是注意切口距离上切口距芽 1.0 ~ 1.5cm，下切口距芽 0.5cm 左右；

二是切口要平滑，防止劈裂。对难生根树种，下切口宜剪成斜面，增加水分吸收面积；

三是常绿树种的叶子尽量保留。为防止扦插失水过多，可将插穗下部枝叶剪掉，剪掉数量占插穗全长的 1/3 ~ 2/5。

四是根据树种选择插穗的长度和粗度。

五是为防止插穗失水，制穗应在庇荫处进行。

六是插穗的第一芽和其他侧芽要保护好（尤其是阔叶树种和萌芽力弱的树种）。

七是截制好的插穗，按粗细分级，上下不颠倒，每 50 ~ 100 根一捆，然后进行贮藏。

③促进插穗生根的技术。为了提高插条育苗的成活率，对一些生根困难的树种，进行插穗处理。可用 ABT 生根粉或生长刺激素处理，刺激插穗愈合生根。生产上也常用浸水催根的方法促进插穗生根。

④扦插的技术要求：

一是扦插时间，春、秋皆可，但以春季成活率高，多以高垄打插；

二是扦插密度，一般行距为 30 ~ 80cm，株距 10 ~ 30cm。目前，扦插育苗向大株行距发展，密度因树种和环境而异；

三是扦插方法，以直插为好，但以插穗长短、圃地气候及土壤条件而定。插穗过长，气候湿润，土壤黏重，生根困难时，斜插有利于生根；短穗或带顶芽的插穗，干旱气候，沙壤土宜直插；

四是扦插深度，一般为插穗上端第一个芽与地面平，但秋插应将插穗全部插入土中，插后踏实，立即灌水，使其与土壤密接。

⑤育苗地管理。扦插后要及时灌溉，春插阔叶树需经常喷水，针叶树可少灌，以免降低土温。灌溉和降雨后应及时松土，保持良好的土壤通透性，以利生根。其他如追肥、除草和病虫害的防治可参照播种育苗部分。

（3）插条苗的年生长规律及育苗技术要点

插条苗从扦插到秋季苗木生长停止。在年生长周期中，按生长过程中各种时期的生长特点，可将插条苗划分为成活期、幼苗期与生长初期、速生期和苗木硬化期四个时期。

①成活期。成活期自插穗插入土壤开始到插穗下部生根，插穗上部芽子萌发放叶，新生幼苗能独立制造营养物质为止（常绿树种的插穗产生不定根）。

苗木成活期的生长特点及育苗技术：插穗无根，落叶树种也无叶，插穗成活过程中的养分及能量来源，主要是插穗自身所贮存的营养物质及其转化。插穗的水分除了自身贮存的外，主要是从插穗下切口通过木质部导管从土壤中吸收的，但这种吸收是很有限的，插穗最早生出少数根为活命根，活命根是苗木成活的重要标志。

成活期的持续期各树种之间差异很大，生根快的树种需 2 ~ 8 周，如柳树、柽柳、杨树（青杨及黑杨）2 ~ 4 周，毛白杨及夏插黄杨需 5 ~ 7 周；生根慢的针叶树种需 3 ~ 6 个月以上，最长的甚至达 1 年左右，如水杉需 3 ~ 6 周，雪松需 7 ~ 9 周。成活期苗木培育的中心任务是促进苗木生根，对于插穗未生根而已发芽发叶的情况需特别注意。

插穗由于在发芽、放叶、形成愈合组织、生根等过程中都要进行营养物质转化和旺盛的呼吸作用，需要适宜的土壤温度、水分和氧气条件，这些条件合适与否对插穗成活起着关键性作用。为了提高插穗成活率，插穗贮藏期间可采用激素类药剂处理，以促进愈合组织的形成；亦可在激素处理的同时，采用倒立催芽的办法，促进下切口尽快形成愈合组织，以便生根。提高插穗成活率，亦应设法提高土壤温度。提高土温的办法有：用地膜覆盖扦插地；于扦插地喷施地表增温剂；有条件的地方可在塑料大棚（或温室）内扦插育苗。生根困难的树种，在较高温度（25 ~ 28℃，很少超过 30℃）、较高的空气相对湿度（80% ~ 90%）的环境中容易生根。但针叶树种生根需时较长，在高温高湿的环境中，必须防止插穗腐烂，做好病虫害的防治工作，因而应经常进行通气降温，嫩枝插穗尤其必要。

光对常绿树中的插穗生根作用明显，凡是插穗带叶的，有适宜光照都能促进生根，因而带叶扦插应给予适量光照。但要注意，光照过强会导致温度升高，使插穗消耗水分过多，不利于成活；叶量过多，也会使插穗过度消耗水分，不利于成活，因而插穗应留叶适量。为了提高带叶插穗成活率，一般要适当遮阴，在不降低成活率的前提下，透光度可适当大一些。经常性的适量喷水是促进常绿树种和嫩枝插穗生根的关键技术措施之一。

插穗成活期适当进行松土一至数次，以保证插穗生根的良好通气条件。当然，适时适量的灌水也是必不可少的。

②幼苗期与生长初期。落叶树种的插穗，地上新生出幼茎，地下形成完整根系，成为幼苗期。常绿树中的地下部分形成完整根系，因已具备木质化的地上部分，但生长缓慢，故称生长初期。

幼苗期是从插穗地下部分产生不定根，插穗上端已发芽开始（常绿树中的生长初期是从地下部分已生出不定根，地上部分开始生长时起），到苗木高生长量大幅度上升时为止。

该时期苗木的生长特点：落叶树种插穗的幼苗因地下部分已有不定根，能从土壤中吸收水分和各种元素，地上部分有叶子能进行光合作用，制造碳水化合物，因而在幼苗期的前期，苗木根系生长快（根的数量和长度都增加较快），形成完整的苗木根，而地下部分则生长较缓慢。到幼苗期的后期，地上部分生长较快，逐渐进入速生期。常绿树种生长初期的地上部分和地下部分的生长过程，与落叶树种幼苗期基本相同。

插条苗扦插当年就表现出两种生长类型的生长特点。幼苗期和生长初期的持续期，不同类型的树种有所差异。前期型树种为 2 周左右，全期生长型 1 ~ 2 个月。

该期育苗工作的中心任务是促进苗木根系生长发育，尽快形成完整而强大的根系，为苗木速生期奠定坚实的基础。

该期育苗工作技术要点：由于插穗已有根，能从土壤中吸收矿质营养，为了促进根系生长和发育，在这一时期应适量施用一些营养元素。施用的营养元素以全面为宜。幼苗娇嫩对不良环境的抵抗能力弱，应注意防止过低或过高温度危害。生根要求土壤通气条件良好，水分养分充足，因而应该适时适量地进行灌溉并及时进行中耕，松土除草。灌水施肥的深度以达到苗木根系主要分布层为宜，幼苗后期亦应继续施肥灌水，保证苗木生长的肥源水源，为速生期肥水的供应奠定良好的基础。该期苗木幼小，是许多病虫害的发生时期，一旦发生病虫害，会对育苗工作造成巨大损失，应认真做好病虫害的防治工作，切不可掉以轻心。为保证苗木的高生长，前期型的阔叶落叶树种，依据幼苗生长情况，依据插穗萌芽的丛生嫩枝，择优留 1 株。全期型树种如柳、杨树在幼苗高达 15 ~ 20cm 时，也要除掉插穗萌发的丛生嫩枝，择优选留 1 株。

若在温室或大棚内嫩枝扦插，在幼苗后期应逐渐增加通风透光程度，使幼苗逐渐适应自然条件。

前期生长型树种的“插根苗”，打插当年的苗木不表现该生长类型的生长特点，到第二年才表现出该生长类型的生长特点，采取育苗技术措施应注意这一点。

③速生期。插条苗的速生期是从插条苗高生长量大幅度上升时开始，到高生长量大幅度下降时为止。这是决定苗木质量的关键时期。

速生期的苗木生长特点：由于插条苗当年就表现出两种生长类型的生长特点，因而前期生长类型苗木速生期短，至 5 ~ 6 月间就结束；而全期生长型的树种速生期持续时间较长，北方树种在 6 月下旬（少数到 9 月上旬），南方树种到 9 ～ 10 月。

速生期育苗的中心任务是促进苗木生长，提高苗木质量。

这一时期的育苗技术要点：对于前期生长型的苗木、追肥灌溉一定要提前。在速生期前期追肥 1 次，追肥灌溉深度应以达到苗木根系主要分布层为宜；对于杨树、柳树等一些需要抹芽的苗木，抹芽工作应在速生期前进行。其他的育苗技术措施可参照留床苗速生期。要特别注意前期型苗木的“二次生长”问题。

④苗木硬化期。硬化期苗木高生长量大幅度下降，直至苗木直径和根系生长停止时为止。

硬化期苗木生长发育特点表现为：高生长速度急剧下降，不久高生长停止；苗木体内含水率会开始渐渐降低，干物质会渐渐增加，营养物质会渐渐转入贮藏的状态；地上部分、地下部分完全木质化；落叶树种苗木落叶，进入休眠期。

硬化期育苗技术要点：凡能促进苗木生长的一切措施都应停止；采取截根等的措施，使苗木对水分、养分的吸收减少，促进苗木的木质化；进行越冬防寒工作。

插条苗的生长过程与埋条苗基本相同，插条苗的生长特点和育苗技术要点，同样适用于埋条苗。

3. 嫁接育苗

嫁接育苗，是将一个植株的芽或短枝条，与另一植株的茎段或带根系植株适当部位的形成层间相互结合，从而愈合生长在一起并发育成一个新植株的方法。用作繁殖对象的枝或芽称接穗，承接接穗的部分称砧木，用该法育成的苗木称嫁接苗。

（1）嫁接成活原理

嫁接成活，主要是依靠砧木、接穗结合部位的形成层的再生能力，嫁接后首先是形成薄壁细胞进行分裂，形成愈合组织，再进一步分化出输导组织，并与砧木、接穗的输导组织相通，保证水分、养分的上下沟通，这样两种植物合而一体，形成一个新的植株。嫁接成活的关键是接穗和砧木形成层的紧密结合，两者结合面越大，越易成活。为使两者形成层紧密结合，必须使接触面平滑且大，嫁接时砧、穗要对齐，贴紧并捆紧，有利于成活。

（2）嫁接苗培育技术

①枝条和砧木的选择。要繁育优良品种，接穗一定要在优良母树上选择，且母树无检疫病虫害，枝条要充实，芽要饱满：枝条一般用 1 ~ 2 年生枝。采穗期因树种、嫁接方法不同而不同。落叶树种在落叶后到发芽前 2 ~ 3 周进行。针叶树在春季母树萌动前进行，采集的接穗要存放在湿度适宜、温度较低的地方。夏季采集接穗要剪去叶片，留下 1cm 叶柄，以便检查成活率，保存期不得超过 10d，最好随采随接。

砧木要根据育苗需要选择，应选择本区适生、根系发达、生长健壮的树种，且嫁接亲和力强。要充分利用砧木某些优良特性，如抗性强、易生根等特性，以增强嫁接苗适应性。

②嫁接方法。目前，嫁接方法很多，有芽接、枝接、根接、靠接等。芽接有“丁”字形和方块形两种方法；枝接有切接、劈接、插皮接、髓心形成层对接法等。

③嫁接苗管理。嫁接后 10 ~ 20d 即可检查其成活与否，凡接芽新鲜，叶柄一触即落者说明芽已成活。待新梢长到 20 ~ 30cm 长时应解除绑扎物。未成活者应补接。

芽接剪砧可分两次，第一次在接口以上，留一定高度砧木代替支柱，新梢长至 20cm 以上时，绑新梢防风，等风季过后第二次剪砧。剪砧后要及时除掉砧木上的萌蘖条。枝接时，当接穗成活后，要分次将土轻轻扒开，解除绑扎物，接穗萌发后，保留一个健壮芽，其余摘除。

4. 移植育苗

移植就是把苗木从原来的育苗地换栽到另一个育苗地继续培育成苗的方法，也叫换床。经过移植的苗木叫移植苗。

（1）苗木移植作用

①扩大营养面积，促进侧须根和地径生长。未经移植的苗木密度较大，经移植的苗木是按照一定的株行距栽植的。因此扩大了苗木的营养面积，改善了通风透光条件，从

而促进了苗木侧根、须根和地径的生长，提高了苗木质量。

②切断主根，减小茎根比。经过移植的苗木，主根被切断，促进了侧根和须根的生长，抑制了高生长，茎根比值（苗木地上部分鲜重与地下部分鲜重之比值）小，造林易成活。

（2）移植季节

一般主要在苗木休眠期，即在秋季苗木径生长高峰过后及春季苗木发叶前的这一段时间内进行移植。常绿树种可在生长期的雨季移植。

（3）移植密度

移植密度即苗木株行距大小。株行距过大，浪费土地，而且产量低；株行距过小，不便于经营管理，更不利于机械化经营。一般针叶树 1 ~ 2 年生苗株距 6 ~ 20cm，行距 20 ~ 30cm 为宜；阔叶树种稍大一些，株距 15 ~ 20cm，行距 60 ~ 100cm。大苗移植，株距 40 ~ 50cm，行距 70 ~ 100cm。

（4）移植苗龄

移植苗龄根据苗期生长速度而定，移植年龄过大延长育苗年限，过小移植效果不佳。

（5）苗木移植技术

①移植前准备

苗木的保护。为使苗木不失水，提高成活率，应做到随起苗、随分级，随运送、随栽植，移植过程中保持根系湿润，切勿晒根。

分级：在移植前对苗木要进行分级，分级的目的是将不同规格的苗木分布栽植，使栽植后苗木生长均匀，减少苗木的分化现象。

修剪：剪去过长和劈裂的根系，一般根系长度小苗应在 12 ~ 15cm。大苗可长些。

②栽植技术要点。即三埋两踩一提苗。大苗穴植，小苗沟植（按预定行距开沟，预定株距插入沟内）。注意：移植时保证苗木根系完整；移植前灌透底水，移植后及时灌水保持土壤湿润；适时松土以提高地温；移植深度应比原土印深 1 ~ 2cm，以防止土壤下陷根系外露，也不要过深以防根部受阴。移植时已经发芽的苗木要打掉侧枝和顶端苗梢以减少蒸腾，防止苗木过度失水影响移植成活率和当年苗木生长量。

③移植后抚育管理。苗木移植时，应随移随灌水，连续灌水两次以保成活。灌水后适时松土，改善土壤渗透性，以利于根系生长，要注意扶直苗干，平整圃地。

（6）移植苗年生长发育规律及育苗技术要点

多数移植苗是 1 ~ 2 年生的苗木，也有培育移植大苗的。移植苗在年生长周期中，不同生长阶段的生长特点也是不相同的，依据移植苗在年生长周期中的生长状况，可将移植苗划分为成活期、生长初期、速生期和苗木硬化期四个时期。

①成活期。移植苗的成活期从苗木移植时开始，到苗木地上部分开始生长，地下部分伤口愈合恢复吸收功能为止。

移植苗成活期苗木生长特点：移植时苗木根系被切断，吸收水分和养分的吸收根切掉一部分，苗木根系与原土壤之间的结构被破坏，苗木吸收水分和养分的能力大大降低，必须经过一段时间才能恢复其吸收功能，因而苗木移植之后要经过一个缓苗期。由于移植苗需要缓苗期，其高生长落后于留圃苗。但移植后苗木株行距加大，光照及通风条件得到明显改善，营养面积大大增加。未切断的根系能较快恢复吸收功能，被切断的根在创面形成愈合组织，愈合组织及其附近萌发出许多新根，因而移植苗的茎生长量加大。成活期的持续期一般为10d至1个月。

移植苗成活期育苗工作中心任务：促进苗木受伤根系愈合并产生新根，恢复整个根系吸收功能，保证苗木成活。

移植苗成活期育苗技术要点：维持苗木体内水分平衡；促进苗木受伤根系愈合；给苗木提供适宜的通气条件；注意提供适宜的温热条件；移植时注意使苗木根系舒展，不窝根。

②生长初期。移植苗木从地上部分开始生长、地下部分产生新根、恢复吸收功能开始，到苗木高生长量大幅度上升时为止。

移植苗生长初期苗木生长发育特点：移植苗已度过缓苗期；地上部分生长缓慢；根系生长较快；不同生长类型的苗木生长初期的持续期差异很大；根系分布比播种苗木深；光合作用正常进行。

移植苗生长初期育苗技术要点：追肥灌水工作一定要及时进行；追肥灌水深度应达到苗木主要根系分布层；营养力求全面；注意及时进行松土除草；做好病虫害防治工作。

③速生期。移植苗木速生期从苗木高生长量大幅度上升时开始，到苗木高生长量大幅度下降为止。

移植苗木速生期苗木生长发育特点：苗木高生长量最大；苗木直径生长量最大；苗木根系绝对生长量最大；苗木整体生物生长量最大；苗木根系分布比前一时期要深；苗木生长表现出两种生长类型的特点。

移植苗木速生期育苗技术要点：可以参照留床苗进行，但要注意施肥、灌水深度。

④苗木硬化期。开始于苗木高生长量大幅度下降时，结束于根系生长停止时。

苗木硬化期中心任务：同其他类型苗木，但要注意两种不同类型苗木经营管理对策。

苗木硬化期育苗技术要点：同其他类型苗木，同时应注意截根和及时停止一切可以促进苗木生长的措施。

（四）容器育苗

1. 容器育苗的定义

在育苗容器中装填育苗基质，播种或移植幼苗，通过水肥管理等措施培育苗木，称为容器育苗。用育苗容器育成的苗木，称为容器苗。容器苗与裸根苗培育方法不同，它是在装填有基质的容器中培育苗木的方法。苗木的根系与基质在有限的容器内形成“根团”，起苗不伤根系，运输中风吹日晒不到根系，栽植时带着完整的根团。这样，在容器中育成的林木容器苗，在自然条件比较恶劣的栽植地和裸根栽植较难成活的树种，都有较高的造林成活率，对于加快荒山绿化，以及某些速生丰产林的培育，采用容器苗造林有着重要的意义。

2．容器育苗的优点

（1）育苗周期短

容器育苗能在较短的时间内培育出大量苗木，并可不受季节的限制供给造林的需要。由于容器育苗所用的培养基质经过认真选择和人工配制，基质中具有按某一特定树种需要而配制的营养物质供苗木生长，而且具有良好的保水、通气性能，水肥管理精细，苗木生长迅速。因此，育苗周期大为缩短。

（2）造林成活率高

采用容器苗造林，只要有小雨，造林穴湿润便能成活，一般都比裸根苗造林成活率高，能达到95%以上。例如，柠檬桉裸根苗造林成活率只有30%，甚至更低，而容器苗造林成活率均在92%以上。容器苗带根团造林，既能适应不良气候，又能在水土流失地区、流沙地区营建水土保持林和防风固沙林。东北的兴安岭落叶松容器苗在旱阳坡造林成活率为92%，而裸根苗仅为46%。内蒙古的梭梭是荒漠、半荒漠的主要造林树种，其飞播和扦插造林成效极低，直播造林平均成活率、保存率仅为10%左右。而采用3个月以上的梭梭容器苗造林，其成活率和保存率分别达到88.2%和82.6%。若在非雨季造林，在用容器苗造林的同时使用吸水剂，同样可使造林成活率达到70%以上。因此，容器育苗能有效地加快荒山的绿化以及降低造林成本。

（3）造林初期恢复生长快

容器育苗起苗运输不需修剪根叶，具有完整的根团，造林后，苗木便可继续迅速生长。而裸根苗造林，阔叶树种在起苗时，为了克服苗木蒸腾与吸收水分之间的暂时矛盾，往往在苗木上山前要大量地剪去枝叶与根系；针叶树不修剪枝叶，起苗时也会严重损伤根系，这样，裸根苗造林后，便需一段恢复生长的过程，造林的当年幼树生长缓慢。

（4）延长造林季节，不与农业争农时

用裸根苗造林，一般以春季为主要造林季节，这时往往与农业争农时，争劳动力。因安排不及时或不够周密，经常有部分苗因为得不到及时起苗造林而报废，尤其马尾松裸根苗，因春季来临，气温回升，马尾松苗即抽薹，抽薹了的马尾松裸根苗很难栽植成活，所以过了季节，苗即报废。而采用容器培育的容器苗能延长造林季节。在气候温暖、雨量充沛的中国南方，几乎全年都可以用容器苗造林。在北方地区，春、夏、秋三季亦可造林。因此，容器苗造林不受季节限制，能比较合理地安排劳动力，利用农闲常年造林，与农业不争农时，又不会造成苗木的浪费。

（5）节约土地，提高单位面积产苗量

容器育苗对选择圃地的要求不是很严格，不必进行大面积的土壤改良，只需考虑充填容器的材料。如果建立永久性容器育苗场，其场地必须交通方便，水源充足，附近有适合用于配制基质的土壤，并靠近城镇有方便管理人员生活的场所。如果建立临时性容器育苗场，可考虑离造林地较近的缓坡地或荒地，并应有水源，配置基质的土壤取材方便，交通也较方便的场地，容器苗供应附近的宜林地栽植，以便减少苗木的长途运输。育苗量不多的，还可利用房前房后，场院空地，以及条件较好的荒坡、河滩来做容器育苗场所。

（6）节约种子，降低育苗成本

容器育苗所用的种子，一般都经过检验、精选和消毒，品质较高，经过浸种、催芽、露白之后，手工点播的种子，每个容器只需播一粒种子，如果不催芽的种子，机械播种或手工播种，则每个容器播 2 ~ 3 粒种子。很小粒的树种种子，如尾叶桉、窿缘桉的种子，每kg可达 30 万 ~ 100 万粒，就需要在苗床上，撒播培育幼苗后移植于容器，培育成合格容器苗，既可节约种子，又可培育较整齐的壮苗。马尾松、湿地松、云南松、相思类、木麻黄、黑荆树等树种用容器育苗比培育裸根苗节省 50% ~ 90% 的种子。这意味着节约种子费用，降低育苗成本，这对缺乏种子和树种的地区有着特别重要的意义。

（7）有利于实现育苗工厂化，提高生产效率

现代容器育苗的发展，往往与机械化过程同步进行。容器育苗的全过程，从容器制作、培养基质调配、装填基质、播种、覆土、传送以及在温室或大棚内培育苗木，都可以实现机械化和自动化，以减轻劳动强度，提高生产效率。而且培育的容器苗，生长整齐，合格率高，适宜植树及造林。

3. 容器的种类

育苗容器的形状、大小和制作材料多种多样。形状有六角形、四方形、圆形、圆锥形等。其大小差异较大，主要受树种和苗木规格制约。瑞典使用的容器直径约 3cm，高约 15cm，主要培育云杉苗和松苗。中国南方育桉树苗，容器则较大。

按制作容器材料来分，目前主要应用的容器有两类：一类是可与苗木一起栽植入土的容器。这类容器主要由泥炭、纸张、黄泥、稻草等制成。它们在土壤中可被水溶解，被植物根系分散或被微生物分解，但这种容器由于各种原因（如在育苗的最后阶段容易分解、运输不便、成本高等）而不常被采用。另一类是不能与苗木一起栽植入土的容器。这类容器主要由聚乙烯、聚苯乙烯所制造的塑料构成。由于这种容器能反复使用，成本较低，且易于机械化生产，目前国内外应用较广。

容器育苗时，苗木根系常在容器内盘旋成团，定植后也难伸展，克服办法较多，最有效的防治办法是制作容器时，在容器壁上留出边缝，当侧根长到边缝接触空气时，根尖停止生长，具有活力的根尖可生成更多须根，且不会形成盘旋根。

4. 容器育苗技术

（1）营养土（培养基）的配制

①营养土的种类。中国配制营养土的材料主要有泥炭、森林土、草皮土、塘泥、黄心土、炉渣、蛭石、火烧土、菌根土、腐殖质土等。营养土一般不是单一应用，而是两种或两种以上的营养土配合使用的。中国各地区都根据本地实际情况确定了适合本地区树种的基质成分和比例。如陕西、甘肃等省使用营养土为黄土 50% ~ 70%，腐殖土 30% ~ 50%，过磷酸钙 2%，适用树种为油松、侧柏、云杉、冷杉、落叶松等；广东、海南等省使用的营养土为火烧土 30% ~ 50%，黄心土 40% ~ 60%，菌根土 10% ~ 20%，过磷酸钙 3%，适用于马尾松、火炬松、黑荆树等。中国营养土多用天然土壤配成，其缺点是重量大，理化性状也不如泥炭和蛭石；优点是就地取材，成本较低。

菌根对与其共生的树种作用很大，容器育苗时，菌根菌难以传播，故在需要时应进行人工接种，往往从同树种森林中林木根系周围取土，或由同树种前茬苗床取土，拌入营养土或在播种后作覆土材料。

②营养土的消毒。为预防病虫害，营养土应进行消毒：可在营养土中拌入适量的杀菌剂，或进行高温蒸气消毒（将营养土置于80℃以上30min），也可用化学药剂熏蒸处理，可将大多数细菌、真菌、昆虫、草籽等杀死。

（2）装杯播种

将营养土装入消过毒的容器，分层震实，直至容器上口1cm处，然后将容器整齐排列在苗床上，并用沙土填充好容器间隙，培好床边。选用催好芽的种子，每个容器播1 ~ 2粒种子，播完一批后随后用沙子覆盖，其厚度为种子短轴直径的1.5 ~ 2倍。覆土后喷水灌透。

（3）苗期管理

这一时期主要为浇水、施肥、除草、间苗和灾害因子防除等管理。

灌溉是容器育苗成功与否的关键，一般使用喷灌。幼苗期水量要足，速生期要控制灌溉，促进苗木木质化，提高耐旱性。为促进苗木生根，应采取喷水与适当干燥交替进行。追肥应和灌水同时进行，但要防止肥料烧苗。每个容器中最后只留1株，其余的应分次间掉。对于死亡或生长不良者要及时补苗。

二、苗木出圃与贮藏

（一）苗木出圃

在苗圃中所培育的各类苗木，达到造林规格要求（壮苗条件）后，即可起苗出圃造林。苗木出圃是育苗工作的最后工序，主要包括起苗、分级、产量统计及包装和运输等环节。

1. 起苗

起苗时注意保护好苗木，否则会使育苗前功尽弃。

（1）起苗季节

原则上是在苗木休眠期进行，即秋季落叶后到春季苗木萌动前进行。

（2）起苗技术要求

①保留根系的长度。保证苗木根系有一定长度，一般针叶树小苗根系长度为15 ~ 25cm，阔叶树20 ~ 40cm，插穗移植苗可长一些。

②苗木保护措施。严防根系干燥，起苗时如圃地干燥应提前灌水，起苗时应做到边起、边拣、边统计、边包装、边假植，注意保护苗茎和顶芽。

③起苗方法。有人工起苗和机械起苗两种方法。人工起苗沿苗行一侧掘苗；机械起苗质量好，工效快。

2. 分级和产量统计

（1）苗木分级

苗木分级目的是保证苗木出圃合乎规格，栽植后生长整齐。分级应根据苗木分级指标，边起苗、边分级。其中以地径为主要指标，其次是苗高。

（2）产量统计

苗木产量包括Ⅰ、Ⅱ和Ⅲ级苗，统计时分别进行，废苗（病虫害、机械损伤苗）不统计产量。分级统计应在庇荫无风处进行。苗木分级统计后，要立即包装，挂好标签。

3. 包装和运输

苗木分级后，及时运往造林地，在运输过程中，要妥善包装，严防失水，如油松 1 年生播种苗晒 10min，成活率降至 30%，晒 1h，成活率降至零。

运输时间越长，包装应越细致。带土坨的大苗，要单株包装，在运输过程中，要经常检查，防止苗根干燥发热。到达造林地后，若不立即造林，应马上假植。

近年来，用聚乙烯塑料袋包装，效果较好。但要防止袋内因阳光照射而发热。有条件的情况下可用冷藏车运送裸根苗，车内温度保持 1℃，空气相对湿度为 100%，效果也很好。

（二）苗木贮藏

1. 苗木贮藏的目的

如果起苗后不能立即造林，为保护苗木免遭各种损害，需采取相应的苗木贮藏措施。苗木根系比较幼嫩，最易失水而丧失生命力，它又是苗木吸收水分的关键器官，苗木根系的好坏，直接影响造林成活率。因此，苗木的贮藏最重要的是保护好苗木根系。

2. 苗木贮藏条件和方法

贮藏的目的是保持苗木质量，减少苗木失水，维护苗木体内水分平衡。现用的贮藏苗木方法有假植和低温贮藏。

（1）假植

起苗后，经消毒处理的苗木，如不及时栽植，就要进行假植或采用其他方法贮藏。假植有临时假植和越冬假植两种。临时假植是起苗后不能及时出圃栽植，临时采取的保护苗木的措施，假植时间较短，可就近选择地势较高、土壤湿润的地方，挖一条浅沟，沟一侧用土培一斜坡，将苗木沿斜坡逐个码放，树干靠在斜坡上，把根系放在沟内埋土踏实。越冬假植是秋季苗木起苗后来年春季才能出圃，需要经过一个冬季。应选择背风向阳、排水良好、土壤湿润的地方挖假植沟。沟的方向与当地冬季主风方向垂直，沟的深度一般是苗木高度的 1/2，长度视苗木多少确定。沟的一端做成斜坡，将苗木靠在斜坡上，逐个码放，码一排苗木盖一层土，盖土深度一般达苗高的 1/2 ~ 2/3 处，至少要将根系全部埋入土内，盖土要实，疏松的地方要踩实、压紧。另外，如冬季风大时，要用草袋覆盖假植苗的地上部分。幼苗茎干易受冻害者，可在入冬前将茎干全部埋入土内。

（2）低温贮藏

贮藏是指在人工控制的环境中对苗木进行控制性贮藏，可掌握出圃栽植时间。苗木贮藏一般是低温贮藏，温度为 0 ~ 3℃，空气湿度为 80% ~ 90%，要有通气设备。一般在冷库、冷藏室、冰窖、地下室贮藏。在条件好的场所，苗木可贮藏 6 个月左右。苗木的贮藏为苗木的长期供应创造了条件。

第三章　林业多种植物栽培技术

第一节　花卉栽培技术

一、花卉基础知识

（一）什么叫花卉

“花卉”有狭义和广义两种解释，狭义的“花卉”是指具有观赏价值的草本植物，如菊花、凤仙花等。广义的“花卉”指的是凡是花、茎、叶、果或根在形态或色彩上具有观赏价值的植物。所以，广义的花卉不单包括草本植物，还包括乔木、灌木、藤本及地被植物等。

获得广泛的接受但通常没有科学来源的名称统称为花卉的普通名称，简称用普通名，如菊花、紫罗兰等。普通名称的取名方式多种多样，有些是根据花朵的形态来取名，像鸡冠花、舞女兰等；有些根据开花的季节来取名，如春兰、秋兰等；有些根据译音，如康乃馨等；还有其他的取名方式。事实上，有些花卉当有些人还不认识它们的时候，它们的名字就因文学或影视作品的出版发行而声名远扬了，如紫罗兰、郁金香等。花卉的普通名称虽然被广泛承认和接受，但是它们往往存在一花多名、异花同名等现象，因而容易使人们产生混淆，不利于交流和贸易。

（二）花卉怎么进行分类

花卉种类多、分布广，不仅包括有花植物，还有苔藓和蕨类等植物，其栽培应用方式也多种多样。因此花卉分类由于依据不同，有多种分类方法。常用的分类方法如下：

第一，按照植物学系统分类，是以植物学上的形态特征为主要分类依据，按照科、属、种、变种来分类并给予拉丁文形式的命名。

第二，按照自然分布分类，主要分为热带花卉、温带花卉、寒带花卉、高山植物、水生花卉、岩生花卉和沙漠植物。

第三，按照原理用途分类，分为花坛花卉、盆花、切花和摘花。

第四，按照观赏部位分类，分为观花花卉、观果花卉、观茎花卉和观叶花卉。

第五，按照自然开花季节分类，分为春花类、夏花类、秋花类和冬花类。

第六，按照经济用途分类，分为观赏花卉、药用花卉、香料花卉和食用花卉。

第七，按照生态习性分类，主要分为一年生草本花卉、二年生草本花卉、多年生草本花卉和木本花卉。

第八，按照原产地分类。全球共划分为 7 个气候型。在每个气候型所属地区内，由于特有的气候条件，形成了野生花卉的自然分布中心。这 7 个气候型分别是中国气候型、欧洲气候型、地中海气候型、墨西哥气候型、热带气候型、沙漠气候型和寒带气候型。

二、常见露地花卉栽培技术

（一）露地一、二年生花卉的范畴及栽培特点

通常在栽培中所说的一、二年生花卉包括如下三大类：

第一类是一年生花卉，这类花卉一般在一个生长季内完成其生活史，通常在春天播种，夏秋开花结实，然后枯死，如鸡冠花、百日草等。

第二类是二年生花卉，在两个生长季内完成其生活史，通常在秋季播种，次年春夏开花，如须苞石竹、紫罗兰等。

还有一类是多年生作一、二年生栽培的花卉，其个体寿命超过 2 年，能多次开花结实，但在人工栽培的条件下，第二次开花时株形不整齐，开花不繁茂，因此常作一、二年生花卉栽培，如一串红、金鱼草、矮牵牛等。

1. 一、二年生花卉的播种时期

一、二年生花卉，以播种繁殖为主，播种时期因地而异。

（1）一年生花卉的播种时期

一年生花卉又名春播花卉，多原产热带和亚热带，耐寒力不强，遇霜即枯死。通常于春季晚霜后播种。中国南方一般在 2 月下旬到 3 月上旬播种；北方则在 4 月上、中旬播种。此外，为提早开花，往往在温室或冷床中提前播种，晚霜过后再移植于露地。

（2）二年生花卉的播种时期

二年生花卉耐寒力较强，华东地区不加防寒保护即可越冬，北方华北地区多在冷床

中越冬。二年生花卉秋播，要求在严冬到来之前，在冷凉、短日照气候条件下，形成强健的营养器官，次年春天开花。二年生花卉秋播时间因南北地区不同而异。

南方较迟，在 9 月下旬到 10 月上旬；北方早些，在 9 月上旬至中旬。华北地区一般在 11 月下旬进行，使种子在休眠状态下越冬，并经冬春低温完成春化阶段，如锦团石竹、福禄考花等。还有一些直根性的二年生花卉亦属此类，如飞燕草、虞美人、矢车菊等。初冬直播在观赏地段，不用移植，如冬季未能播种，也可在早春地面解冻约 10cm 时播种，早春的低温尚可满足其春化的要求，但不如冬播生长良好。

2. 一、二年生花卉的栽培过程

一年生花卉：整地作床—播种—间苗—移植—（摘心）—定植—管理。

二年生花卉：整地作床—播种—间苗—移植—越冬—移植—（摘心）—定植—管理。

3. 常见的一、二年生花卉的栽培管理方法

（1）矮牵牛

①形态特征。株高 30 ~ 60cm，茎梢直立或匐地生长，全身被短毛。上部叶对生，中下部互生，卵圆形，先端尖，全缘。

②产地与生态习性。原产南美，是由南美的野生种经杂交培育而成。性喜温暖怕寒，耐暑热，在干热的夏季也能正常开花。最适生长温度为白天 27 ~ 28℃、夜间 15 ~ 17℃，喜阳光充足，耐半阴，忌雨涝，需疏松肥沃的微酸性土壤。

③栽培技术。

繁殖技术：有播种和扦插两种方法。以播种繁殖为主，可春播也可秋播。露地春播在 4 月下旬进行，如欲提早开花需提前在温室内盆播。秋播通常在 9 月。

栽培管理技术：矮牵牛根系受伤后恢复较慢，故在移苗定植时应多带土团，最好采用营养袋育苗，脱袋定植。

④园林应用。矮牵牛花大，色彩丰富，花期长，夏季仍开花不断，是目前最为流行的花坛和种植钵花卉之一。

（2）一串红

①形态特征。在华南露地栽培的可多年栽培和生长，呈亚灌木状，多实行一年生栽培。全株光滑，株高 30 ~ 80cm，茎四棱形，幼时绿色，后期呈紫褐色，基部半木质化。

②产地与生态习性。原产于南美巴西。性喜温暖湿润气候，不耐寒，怕霜冻。最适生长温度 20 ~ 25℃也喜阳光充足环境，但也能耐半阴。

③生产栽培技术。

繁殖技术：采用播种、扦插和分株等方法繁殖。分批播种可分期开花，以北京地区为例："五一"用花需秋播，10 月上旬假植在温室内，不断摘心，抑制开花，于"五一"前 25 ~ 30 d，停止摘心，"五一"繁花盛开。"十一"用花，早春二月下旬或 3 月上旬在温室或阳畦播种，冬季温室播种育苗，4 月栽入花坛，5 月可开花；3 月露地播种，可供夏末开花。

栽培管理技术：一串红对水分要求较为严格，苗期不能过分控水，不然容易形成小

老苗，水分也不宜过多，否则会导致叶片脱落。

④园林应用。一串红可单一布置花坛、花镜或花台，也可作花丛和花群的镶边。盆栽后是组设盆花群不可缺少的材料，可与其他盆花形成鲜明的色彩对比。

（3）万寿菊

①形态特征。茎粗壮而光滑，株高 30 ~ 60cm，全株具异味，叶对生或互生，单叶羽状全裂。裂片披针形，具锯齿，裂片边缘有油腺点，有强臭味，因此无病虫害。

②产地与生态习性。原产墨西哥，中国南北方均可栽培。喜温暖，稍耐早霜，要求阳光充足，在半阴处也可开花。

③生产栽培技术。

繁殖技术：采用播种和扦插法繁殖。万寿菊一般春播 70 ~ 80 d 即可开花，夏播 50 ~ 60 d 即可开花。可根据需要选择合适的播种日期。早春在温室中育苗可用于“五一”花坛，夏播可供“十一”用花。

栽培管理技术：万寿菊适应性强，在一般园地上均能生长良好，极易栽培。苗高 15cm 可摘心促分枝。

④园林应用。万寿菊花大色美，花期长，其中矮生品种最适宜布置花坛或花丛、花镜，还可作吊篮、种植钵；高生品种花梗长，切花水养持久。

（4）三色堇

①形态特征。株高 15 ~ 25cm，全株光滑，分枝多。叶互生，基生叶卵圆形，有叶柄；茎生叶披针形，具钝圆状锯齿。花顶生或腋生，状似蝴蝶，花色绚丽，每花有黄、白、蓝三色。

②产地及生态习性。原产南欧，喜冷凉气候条件，较耐寒而不耐暑热，为二年生花卉中最为耐寒的品种之一。要求适度阳光照晒，略耐半阴。

③生产栽培技术。

繁殖技术：通常进行秋播，8 ~ 9 月播种育苗，可供春季花坛栽植，南方可供春节观花。目前多采用温室育苗。

栽培管理技术：三色堇喜肥，种植前需精细整地并施入大量有机肥料作基肥，生长期间则应做到薄肥勤施。

④园林应用。三色堇花期长，色彩丰富，株型矮，常用于花坛、花镜及镶边，或用不同花色品种组成图案式花坛。

（5）鸡冠花

①形态特征。株高 30 ~ 50cm，茎直立，上部有棱状纵沟，少分枝；单叶互生，卵形或线状披针形，全缘，有红、红绿、黄、黄绿等色，叶色与花色常有相关性。穗状花序单生茎顶。

②产地及生态习性。原产印度，中国广泛栽培。喜光，喜炎热干燥的气候，不耐寒，不耐涝，喜肥沃湿润的沙质壤土，可自播繁衍。

③生产栽培技术。

繁殖技术：均采用播种繁殖。露地播种期为四五月，3 月可播于温床。

栽培管理技术：鸡冠花忌水涝，但在生长期间特别是炎热夏季，需充分灌水。

④园林应用。鸡冠花花序形状奇特，色彩丰富，花期长，植株又耐旱，适用于布置秋季花坛、花池和花镜，也可盆栽或切花，水养持久，制成干花，经久不凋。

除此之外，还有百日草、凤仙花、金盏菊、波斯菊、雏菊、羽衣甘蓝等多种一、二年生花卉的栽培与应用。

（二）露地宿根花卉栽培管理

宿根花卉生长强健，根系比一、二年生花卉强大，入土较深，抗旱及适应不良环境的能力强，一次栽植后可多年持续开花。在栽植时应深翻土壤，并大量施入有机质肥料，以保证较长时期的良好的土壤条件。宿根花卉需排水良好的土壤。此外，不同生长期的宿根花卉对土壤的要求也有差异，一般在幼苗期间喜腐殖质丰富的疏松土壤，而在第二年以后则以黏质壤土为佳。

宿根花卉在育苗期间应注意灌水、施肥、中耕除草等养护管理措施，但在定植后，一般管理比较简单。为使生长茂盛、花多、花大，最好在春季新芽抽出时施以追肥，花前和花后再各追肥一次。秋季叶枯时，可在植株四周施以腐熟的厩肥或堆肥。

宿根花卉种类繁多，对土壤和环境的适应能力存在着较大的差异。有些种类喜黏性土，而有些则喜沙壤土。有些需阳光充足的环境方能生长良好，而有些种类则耐阴湿。在栽植宿根花卉的时候，应对不同的栽植地点选择相应的宿根花卉种类，如在墙边、路边栽植，可选择那些适应性强、易发枝、易开花的种类，如萱草、射干、莺尾等花卉；而在广场中央、公园入口处的花坛、花境中，可选择喜阳光充足，且花大色艳的种类，如菊花、芍药等；玉簪、万年青等花卉可种植在林下、疏林草坪等地；蜀葵、桔梗等花卉则可种在路边、沟边以美化环境。

宿根花卉一经定植以后连续开花。为保证其株形丰满，达到连年开花的目的，还要根据不同类别采取不同的修剪手段。移植时，为使根系与地上部分达到平衡，有时为了抑制地上部分枝叶徒长，促使花芽形成，可根据具体情况剪去地上或地下的一部分。对于多年开花，植株生长过于高大，下部明显空虚的应予摘心。有时为了增加侧枝数目、多开花也会进行摘心，如香石竹、菊花等。一般来讲，摘心对植物的生长发育有一定的抑制作用，因此，对一株花卉来说，摘心次数不能过多，并不可与上盆、换盆同时进行。摘心一般仅摘生长点部分，有时可带几片嫩叶，摘心量不可过大。

（三）露地球根花卉的栽培特点

1. 球根花卉调控花期的方法

球根花卉种类较多，但不论是春植球根还是秋植球根花卉，它们的花芽分化大都是在高温季节实施的。球根花卉由于原产地气候条件不同，因而不同种类对温度要求是不一样的，但多数球根花卉都属于日中性植物，成花时对光周期无特殊要求，只有少数花卉，如唐菖蒲、晚香玉等是长日照花卉。

2. 球根花卉花芽分化的类型

一种类型是花芽分化在地上部叶片生长之前就已完成；另一种类型是花芽分化在叶片生长后期才进行的。

秋植球根花卉多数属于前一种类型，其花芽分化最适温度为 17 ~ 18℃，若温度超过 20℃，就不利于花芽分化。水仙、郁金香等开花的温度要比花芽分化的温度偏低，因此这类球根花卉在夏、秋间花芽分化结束，须等到翌年早春才开花。多数春植球根花卉及一部分秋植球根花卉，属于后一种类型，如唐菖蒲、晚香玉、百合、美人蕉等。唐菖蒲花芽分化的最低温度要求在 10℃以上。

3. 调控球根花卉的花期常采用的措施

①选择品种、分期播种、控制适温、补充光照。这种方法用于调控唐菖蒲花期，可基本上做到常年开花。美人蕉选择矮型早花种，在 11 月中下旬栽于温床内加温催芽，翌春定植于露地，可提早至 5 月初开花；若选择晚花种，可在 3 月上中旬于冷床内催芽，晚霜结束后定植于露地，花期可延迟到 10 月底。大丽花选择适宜品种也可分期开花。

②孕蕾期控制温度。通过温度控制，可使已经孕蕾的球根花卉提前或推迟开花，也可使正在开花的植株延长花期。水仙、郁金香、百合等鳞茎类球根花卉均可用此法调节花期。因为这类球根花卉的花芽已在鳞茎内形成，为促使其提早开花，一般只要在栽种鳞茎后提供花梗抽生的适温，即可开花。

③打破球根休眠期。球根花卉具有休眠期，春植球根花卉冬季休眠；秋植球根花卉夏季休眠，因此种球的萌发，需要经过一个休眠期结束或打破的阶段。打破休眠，通常是采用低温或高温处理，也可采用激素处理。

④延长球根休眠期。一般利用低温、干燥和应用激素等方法，使储藏器官休眠期延长，便可使其开花时间推迟。

三、常见水生花卉荷花的栽培技术

（一）荷花的繁殖方法

1. 播种繁殖

播种繁殖节省种藕、劳力、资金，运输方便，操作简易，种后荷花生命力强，且可大面积快速繁殖。但实生苗易发生变异，不能保持品种的优良性状，一般多用于培育新品种。

播种繁殖技术，北魏农学家贾思勰《齐民要术》中在“种莲子法”的详细记载，其要领有三：其一，采摘播种用的莲子，一定要果皮变黑，完全成熟；其二，莲子要处理，破坏坚硬的果皮组织，便于水渗进，促使发芽，又不得损伤莲肉；其三，池塘撒播前，将莲子逐粒用泥团厚厚包裹，使莲子沉水后不致漂移，一旦发芽，幼根直扎泥中。全套基本技术，沿用至今，未离其宗。

莲子是长命种子，无休眠期，只要老熟，可随采随选随播，也可隔若干年、几十年乃至几百上千年，都可用作播种繁殖，条件是唯有老熟莲子才可供播种用。莲的果皮坚硬密封，是为了延续后代适应不良环境的自我保护装置。大湖里的红莲，处于频繁的水旱自然灾害而未被灭绝，这是因为散落在湖里的万计莲子，无疑属“天然播种”。一旦环境条件改善，新的生命悄然兴起。

①湖塘直播。南京玄武湖公园有 2.46hm^2 湖塘，春天将洪泽湖所产的红花藕种和白花藕种的莲子，经破壳浸种处理，于 4 月中旬撒播在水深 10cm、宽 2 ~ 3m 的湖边播种带上。5 ~ 7 d 后长出新根和幼叶，5 月上旬浮叶出水。对于漂浮的莲苗，按 0.6 ~ 1.0m 株距重新栽好。待立叶挺出后，提高水位 0.3 ~ 0.5m。苗期随时拔除杂草，防治蚜虫。6 月下旬开出第一朵荷花，7 月中旬至 8 月下旬，红红白白花开满塘。当年结莲蓬 24750 只，采收莲子 150kg。播种繁殖成本为同年用种藕繁殖者的 26.7%。达到当年播种，当年开花、结实、生藕的效果。此法适合中等浅水湖塘，发展大株型少瓣荷花时采用。

②育苗移栽。江苏藕乡宝应县的做法：3 月下旬将经处理果皮的莲实倾入容器，移置室内向阳处，注温水（25 ~ 30℃）浸泡，让莲子充分吸胀，每日换水 1 次。三四天后移至 25 ~ 30℃温箱中催芽，五六天后长出幼根，再移至塑料大棚内育苗。待莲苗长出 3 片幼叶时，按 8 ~ 12cm 株行距卧栽在肥沃的水田温床中，深度平泥，使其向自养过渡，培育壮苗。5 月中、下旬，气温上升至 20℃以上，便可带土移栽藕田。藕田整地要平，基肥要足，初栽浅水，随着莲苗的生长逐渐加深水位。每 667m^2 用种量为 0.5 ~ 0.75kg。该县新区发展莲藕生产，用播种繁殖解决种藕不耐长途运输的问题，节省初种资金。特别是提早育苗，只要技术措施得当，管理精细，当年便有一定产量。湖北省水产研究所曾用子莲（红建莲）播种育苗移栽试验，在面积 1.27hm^2 肥沃鱼池里移栽红建莲，播种苗 14000 株（平均每 667m^2 有 700 多株），获得当年每 667m^2 产莲子 29kg 的高产纪录。

2. 分藕繁殖

种藕有主藕、子藕、孙藕之分，只要具备一完整无损的顶芽（苫头）、两节间和尾端，新鲜、无病虫害，都可用来作种。藕农习惯用整支藕或主藕作种，每 667m^2 用量 250kg 左右，约占产量的 1/4，严重影响良种推广和经济效益。实际上，子藕、孙藕都适作种，其产量、开花数并不比使用整支藕或主藕逊色。分藕时间，因地制宜。中国南北纬度高低悬殊，大地回春早晚温差颇大，长江流域以“清明”前后最适宜。这期间气温基本稳定在 15℃左右，藕的顶芽开始萌发。农谚云：“三月三（指农历），藕发苫”正是科学地反映了莲的这一物候现象。黄河流域应在 4 月 10 日左右。黑龙江哈尔滨地区，“五一”后气温才上升至 13℃以上，5 月 10 日前后为分藕适期。广东深圳、佛山地区春节时春光明媚，3 月上、中旬为分藕适期。

植莲，往往繁殖与栽培并行。种植藕莲、子莲的田块，要精细整地，做到两犁两耙，结合犁耙，每 667m^2 施畜粪肥 3000 ~ 4000kg，或饼肥 100kg 加畜粪肥 1000kg，或莲藕包膜专用肥 40kg 加碳酸氢铵 25kg。子莲每 667m^2 用藕 170 ~ 200 支，1 穴种 1 支藕，行株距为 1.6m × 1.6m 或 2.0cm × 1.6m。具体操作是：将藕支呈 20° ~ 25° 角斜插入泥

10 ~ 15cm 深，保证顶芽、侧芽全部盖住，只尾端翘露泥外。采用相对法排种，即藕头、藕尾颠倒横卧成排，仅田中间的两行藕头相对，田边四周的藕头一律朝田内，留出沿边 1.5 ~ 2m 的间距，以便将来藕鞭一旦伸向田边之前及时把藕头转向田内。采用三盆式排种的，是 1 穴种 3 支藕，藕头呈扇形辐射向外，其他同相对排列。大田、池塘栽繁子莲、藕莲、花莲的方法，基本相同。

花莲多植于池塘，凡水深超过 1.4m 的池塘，一般不宜植莲，除非拥有特耐深水的品种。将水深 1m 以内的鱼塘改种荷花时，应先抽水捕鱼，毒杀福寿螺和螯虾。留浅水翻犁塘泥，土瘠者还应施基肥，每 667m^2 用量为 1000kg 腐熟畜粪肥。选用较耐深水的品种，如红色花品系的青菱红莲、西湖红莲、玄武红莲、碧血丹心、艳阳天、红千叶、广昌莲、春不老等；粉色花品系的粉川台、八一莲、喜笑颜开、泽畔映雪、大锦、晓风凉月、红台莲等；白色花品系的白湘莲、一丈青、白天鹅、夜明珠、楚天祥云、碧莲、白千叶、黔灵白荷、白海莲、重瓣一丈青等。小池可 1 池栽 1 品种，稍大的池可多品种混栽，构成万紫千红的景观。种植密度较栽培子莲、藕莲灵活。一般每 2m^2 种 1 支藕（主藕、子藕均可），若求当年见效，则应密植，最多每 667m^2 种 500 支藕。若池大、种藕少，种植密度仍不小于每 3m 有 21 支，可先栽半池或 1/3 池或更少，任其生长，二三年后自然荷花满池。

（二）浅水池塘栽荷的技巧

小型永久性和临时性荷池通常是用缸植一批大、中型品种的荷花，待立叶或花蕾出水后，按红、粉、白、黄、间等花色，各聚若干缸编成组（同组荷花不分品种），每组边缸投入池中，一组一丛，组间疏密有致，以欣赏荷花的群体美取胜。池中投缸观荷的优点有三：一是配植方式可随时变换；二是各组缸花团锦簇，集中展现丛植荷花的风采；三是缸内泥土不外溢，可保持池水清澈。

新建的大中型未分隔的荷池，1 池只栽 1 个品种，不宜分品种栽植。长江流域以 4 月中、下旬为种植适期。植荷前将水放浅至 10 ~ 15cm 深。种时，将塘泥扒一穴，手持种藕，让顶芽向池中央并朝下倾呈 20° ~ 25° 角斜插入泥，然后扒泥盖藕，用大泥团镇压，尾端翘出泥外。随着浮叶、立叶的长出，逐渐提高水位。每 667m^2 面积的池塘，种藕用量为 300 支左右，若求当年花繁，可密植 500 支。在水深 1m 的池塘里植莲，遇排水困难，可将种藕数支拌泥，随即将包裹成捆，运往船上，沿池周向中游划，随即将包装的种藕，分散投入池中，不必担心上浮，待草袋、草绳浸腐失效，藕秧已长出走茎，扎根泥中，浮叶、立叶也先后出水了，云南昆明翠湖公园用此法植荷，收到良好效果。在 50 ~ 70cm 深的池里植荷，还可根据池的面积，于春季缸植若干荷花，至 6 月中旬，缸中荷叶茂花繁。这时，将缸里的荷花一一全株带泥拔起，用塑料薄膜从底部包住泥团和藕鞭，小心别折断荷柄、花柄，立刻运至池边，分别掩入池水中，工作人员在水中按设计要求排列妥当后，解开绳索，抽掉薄膜。这样，一兜兜荷株挺拔健美，它那与缸泥密结的根茎，移至池里，很快伸入池泥中向周边蔓延扩展，不会漂浮或风倒。顿时，清水池里丛丛出水芙蓉，红绿辉映，生意盎然，起到立竿见影之效，每 667m^2 的面积需移种百缸左右。此法最适合已错过植莲季节，又急需完成水景工程，迎接某庆典活动的需求。

第二节　药用植物栽培技术

药用植物，是指医学上用于防病、治病的植物。其植株的全部或一部分供药用或作为制药工业的原料广义而言，可包括用作营养剂、某些嗜好品、调味品、色素添加剂，以及农药和兽医用药的植物资源。

一、药用植物采收加工

（一）根茎类药用植物的采收

①特点：种类多，生长期差异大，形态多样。

②采收时间：在植株停止生长之后或者在枯萎期采收，也可以在春季萌芽前采收，如人参、党参、黄芷、玉竹、知母等。有些植物生长期较短，夏季就枯萎了，如元胡、浙贝母、平贝母、半夏、太子参等；而柴胡、关白附等部分品种花蕾期或初花期活性成分含量较高。

③采收方法：采收时用人工或机械挖取均可。

（二）皮类药用植物如何采收

1. 干皮类

①采收时间。春末夏初，多云，无风或小风天气，或清晨、傍晚时剥取。皮部和木质部容易剥离，皮中活性成分含量也较高，剥离后伤口也易愈合。

②采收方法。全环状剥皮、半环状剥皮和条件剥皮，深度以割断树皮为准，一次完成。向下剥皮时要减少对形成层的污染和损伤；包扎剥皮处，根部灌水、施肥。

2. 根皮类

①采收时间。根皮的采收应在春秋时节。

②采收方法。用工具挖取，除去泥土、须根，趁鲜刮去栓皮或用木棒敲打，使皮部和木部分离，抽去木心，然后晒干或阴干。

（三）茎木类药用植物的采收

①采收时间。乔木的木质部或其中的一部分，如苏木（心材）、沉香等。大部分全年都可采收；木质藤本植物宜在全株枯萎后采收或者是秋冬至早春前采收；草质藤本植物宜在开花前或果熟期之后采收。

②采收方法。茎类采收时用工具砍割，有的需要修剪去无用的部分，如残叶或细嫩

枝条，根据要求切块、段或趁鲜切片，晒干或阴干。

二、药用植物加工管理

（一）药用植物产地加工的任务

①去除非药用部位、杂质、泥沙等，纯净药材，如根和根茎类药材要除去残留茎基和叶鞘等；全草类药材要除去其他杂草和非入药的根与根茎；花类药材要除去霉烂或不符合要求的花类等。

②按药典规定的标准，加工制成合格的药材。

③保持活性成分，保证疗效。一些含有苷类药材如苦杏仁、白芥子等，经过初加工后可破坏其含有的酶，从而使活性成分稳定不受破坏，保证疗效。

④降低或消除药材的毒性、刺激性或副作用，保证用药安全。

⑤干燥、包装成件，以利于储藏和运输。

（二）药用植物加工所需设备

药材加工所需设备因药材而异，主要设备包括工具、机械、蒸煮烫设备和浸渍、漂洗设备。

①工具。刀剪、筛、刷子、筐等。工具多用于手工操作。

②机械。药材加工所使用的机械主要用于去皮、切片、清选、分级、包装、脱粒等。如山茱萸去核机、半夏去皮机、牛蒡脱粒机。

③蒸煮烫设备。蒸、煮、烫药材使用的设备，如加工用的大蒸笼、大铁锅等。

④浸渍、漂洗设备。浸渍、漂洗药材依具体情况配置设备。产量小可以利用生活用具，如缸、盆、桶等；产量大的多修建专用的大池。

（三）药用植物的加工程序和干燥标准

①加工程序。清洗、去皮、修整、蒸、煮、烫、浸漂、切制、发汗（鲜药材加热或半干燥后，停止加温，密闭堆积使之发热，内部水分就向外蒸发，当堆内空气含水气达到饱和，遇堆外低温，水气就凝结成水珠附于药材的表面，如人出汗）、揉搓、干燥。

②干燥的标准。以储藏期间不发生变质霉变为准。药材的含水量《中国药典》及有关部省标准均有一定规定，可采用烘干法、甲苯法及减压干燥法等检测。

（四）各类药材的加工原则

①根与根茎类药材加工原则。采后应去净地上茎叶、泥土和须毛，而后根据药材的性质迅速晒干、烘干或阴干。有些药材还应刮去或撞去外皮后晒干，如桔梗等；有的应切片后晒干，如威灵仙、商陆等；有的在晒前须经蒸煮，如天麻、黄精等；半夏、附子等晒前还应水漂或加入其他药（如甘草或明矾）以去毒性；有的应去芦，如人参、黄芷等；有的还应分头、身、尾，如当归、甘草等；有的药材还应扎把，如防风、茜草等。

②叶、全草类药材加工原则。一般含挥发油较多，故采后宜阴干，有的在干燥前须

扎成小把，有的用线绳把叶片串起来阴干。

③花类药材加工原则。除保证活性成分不致损失外，还应保持花色鲜艳、花朵完整。

④果实、种子类药材加工原则。果实采摘后应直接晒干。

⑤皮类药材加工原则。一般在采收后除去内部木心，晒干。有的应切成一定大小的片块，经过热焖、发汗等过程而后晒干，如杜仲、黄檗等。

三、常见的药用植物栽培技术

（一）人参的栽培技术

1. 人参的品种

人参的人工栽培历史悠久，在产区经过参农的长期人工选择和自然选择形成一些农家品种，如大马牙、二马牙、圆膀圆芦、长脖等。大马牙生长快、产量高，但根形差；二马牙次之；长脖和圆膀圆芦根形好，但生长缓慢，产量低。近年中国农业科学院特产研究所等单位又培育出“黄果人参”、高产优质的“吉参 1 号”及“廷参 1 号”等新品种。不同类型的人参，总皂苷含量也存在着较大的差异。

2. 栽培人参时如何选地与整地

农田栽参应选土质疏松肥沃的沙质壤土缓坡地。土壤以土层在 30cm 以上的黑油沙为最好。以地下水位低的搭荒地或前茬为玉米、高粱、豆类为好。伐林栽参，可选择开垦山林或搭荒坡地，坡度在 25° 以下。育苗地以沙壤土与腐殖土相混合为适。选地后，在有条件地区可先用柴草、作物秸秆等烧地，消灭病虫害，熟化土壤增加肥力。耕翻土地由浅入深达 5 次以上，春、夏、秋三季都可进行。施肥主要采用压绿肥，亩施 2500 ~ 5000kg，可结合夏季耕翻土地进行。有机肥一定要完全熟化，否则容易感病害。

人参忌直射光，畦一般采用东北阳，或称为早阳、露水阳。山坡地多用东阳或东北阳。农田作畦，坡度小，选择阳口不受地势限制。东北阳即畦床面北偏东 30° 左右。伏播的于 7 ~ 8 月；秋播和春播的于 9 ~ 10 月。畦宽 1.1 ~ 1.2m，畦高 23 ~ 26cm，畦长 10 ~ 20m，畦间距 1 ~ 1.2m，在沙质土、高燥或干旱地区的畦高稍低些。

3. 人参的繁殖方法

栽培人参通常采用育苗移栽法。

（1）育苗

选种与种子处理。选茎秆粗壮、无病虫的四五年参株，在开花结青果时摘除花序中的小果，待果熟后，选果大、种子饱满的作种用，于 8 月上旬，用层积法处理种子，即选地势高燥、排水良好、向阳背风处，将高 60cm、宽 1m，长度适宜的木框，安置于地上，框底铺 20cm 厚的石子，其上铺 10cm 厚的细沙，将用水浸泡后的种子与等量细沙混拌均匀后装入框内，厚 10 ~ 20cm，上面再盖细沙 10cm 厚。框外围填土踏实，盖上席帘或架设遮阴棚，以防温度过高。8 ~ 9 月间，经常检查，温度控制在 15℃左右。土壤水分保持在 10% ~ 15%。经 60 ~ 80 d 种子裂口时，即可播种。如次春播种，可将炸口种子与沙混合装入罐内，或埋于室外，置冷凉干燥处储藏。播种前将种子放入冷水中浸泡 2 d 左右，待充分吸水后播种。

播种分春播、伏播和秋播。产区多行伏播和秋播。伏播用水籽（从果实搓洗出来的种子）于中伏前播种；秋播于土壤结冻前，用处理过的催芽籽，播后次春出苗；春播在土壤解冻后，用头年经过催芽处理的种子，播后当年出苗。

播种方法有撒播、点播和条播三种，但多用撒播法，每平方米用催芽籽 30 ~ 40g，水籽 40 ~ 50g。条播的行距 6 ~ 7cm，每行播 50 ~ 60 粒种子。点播的行株距各 5cm，可用木制点播器。每穴播一两粒种子。播后覆土 5 ~ 6cm，畦面用秸秆或草覆盖，以防畦面干燥或水土流失。

（2）移栽

目前多用“二、三制”“二、四制”和“三、三制”。“二、三制”和“二、四制”即育苗 2 年，移栽后三四年收获。“三、三制”指育苗 3 年，移栽后 3 年收获。

①移栽时期。一般在秋季地上茎叶枯黄时进行，至地表结冻前结束。山地移栽先栽阴坡地，后栽阳坡地；先栽小苗，后栽大苗。春季移栽，应在土壤化冻后立即进行。

②参株的选择及消毒。选二三年生参苗，根乳白色，须芦完整，芽苞肥大、浆液饱满，无病虫害，长度在 12cm 以上的作种栽。一般用 65% 代森锌可湿性粉剂 100 倍液，浸渍 10min；或用 400 倍液喷洒，以防治病害。

③整体下须。二三年参苗，要求主根长 6cm 以上，留支根两三条，将不定根和多余的参须除去。如支根较粗大，上部 1/3 的毛须亦应去掉。四五年生的参栽，主、支根发育较明显，还要去掉主支根上部的毛须，保留两三条较粗的支根。整个下须时，切勿撕破根皮。

④栽植密度。一般栽植密度为行距 20 ~ 30cm，株距 8 ~ 10cm。

⑤栽植方法。农田栽参多采用“摆参法”，即在做好的畦上开槽，深度同覆土深度，然后按规定的行株距，将参苗的芦头朝上 30° ~ 40°，一行行摆开，随摆随盖土、搂平。覆土时，勿移动参苗位置或卷曲须根。覆土深度，应根据参苗的大小和土质情况而定。土质沙性大，阳坡易旱地，覆土要厚些，反之应薄些。一般覆土深度：一年生 5cm；二年生 6cm；三年生 7 ~ 8cm；四年生 9 ~ 10cm。秋栽后，畦面上应用秸秆或干草等覆盖，保湿防寒，厚 10 ~ 15cm。冻害严重的地区，在覆盖物上还要加盖 10 ~ 12cm 防寒土。

4. 栽培人参如何开展田间管理

（1）松土、除草

4 月上、中旬，芽苞开始向上生长时，及时撤除覆盖物，并耙松表土，搂平畦面。参苗出土后，5 月中、下旬进行第一次松土除草，以提高地温，促进幼苗生长。第二次在 6 月中、下旬。以后每隔 20 d 进行一次。全年共进行四五次松土除草。松土除草勿碰伤根部和芽苞，以防缺苗。

（2）搭设阴棚

人参喜阴怕涝，喜弱光怕曝晒。出苗后应立即搭设阴棚。棚架高低视参龄大小而定。一般一至三年生，前檐高 1.0 ~ 1.1 m，后檐 0.66 ~ 0.7 m；三年生以上，前檐高 1.2 ~ 1.3m，后檐高 1.0 ~ 1.1m。每边立柱间距 1.7 ~ 2.0m，前后相对，上绑搭架杆，以便上帘（用芦苇、谷草、苫房草等编帘，宽 1.8m、厚 3cm，长 4m 以上）。帘上摆架条，用麻绳、铁丝等把帘子固定在架上。参床上下两头，也要用帘子挡住，以免边行人参被强光晒死。夏季阳光强烈，高温多雨，是人参最易发病的季节。为防止盛夏参床温度过高和帘子漏雨烂参，要加盖一层帘子，即上双层帘。8 月后，雨水减少，可将帘撤去。

（3）插花

为防止烈日照射及热雨侵袭而发生病虫害，于 6 月下旬，在前檐帘头或畦边上，按 30cm 距离插一根带叶的树枝，俗称插花，树枝高 45 ~ 60cm，秋后撤除。

（4）摘蕾

5 月中、下旬，花薹抽出时，对不留种的参株应及时摘除花蕾，使养分集中，从而提高人参的产量和质量。据试验，摘花蕾的比不摘花蕾的参根增产 10% 以上，如果人参 6 年收获，则以四年生和五年生留一次种为好，其他年份一律摘除花蕾。

（5）土壤水分的管理

一般四年生以下人参因根浅，多喜湿润土壤，而高龄人参对水分要求减少，水分过多时，易烂根。因此，人参出苗后，5 ~ 6 月正是生长发育的重要时期，如果参畦表土干旱应及时灌水，水量以渗到根系土层为度。入夏雨水多时应及时排除，8 月以后雨水渐少，气温逐渐下降，应及时撤掉二层帘，使雨水适当进入畦内，以调节土壤水分。

（6）越冬前管理

10 月中、下旬植株黄枯时，将地上部分割掉，烧毁或深埋，以便消灭越冬病原。11 月上旬，应将帘子拆下卷起，捆立在后檐架上，以防冬季风雪损坏。下帘时要在畦面上盖防寒土，先在畦面上盖一层秸秆，上面覆土 8 ~ 10cm 以防寒。第二年春季撤防寒土时，应从秸秆处撤土，以免伤根。

5. 人参有哪些病虫害，如何进行防治

（1）立枯病

立枯病又名土掐病，此病主要发生在出苗展叶期。一至三年生人参发病重，受害参苗在土表下干湿土交界的茎部呈褐色环状缢缩，幼苗折倒死亡。

防治方法：播种前每亩用 50% 浓度配比的多菌灵 3kg 处理土壤；发病初期用 50% 浓度配比的 50% 多菌灵 1000 倍液浇灌病区，深 4 ~ 5cm。浇灌后，参叶用清水淋洗；发现病株立即清除烧毁，病穴用 5% 配比的石灰乳等消毒；加强田间管理，保持苗床通风，避免土壤湿度过大。

（2）斑点病

斑点病主要危害叶片，茎和果实成熟时也受害。6 月中旬开始发生，7 ~ 8 月为发病盛期。叶片病斑初为圆形或不规则形的水渍状，后逐渐扩大，黄褐色，有波状轮纹，易破碎。被害茎及花梗出现暗褐色长斑。空气湿度大时，特别是雨季，病害的发生蔓延很快，严重时造成植株早期枯萎死亡。

防治方法：及时上帘、插花防雨，搞好畦面、作业道清洁卫生；病害发生前或发生时用5%浓度田安水剂400倍液；1∶1∶120配比波尔多液；65%浓度可湿性代森锌500倍液；50%浓度可湿性退菌特600～800倍液或50%可湿性多菌灵600倍液等喷雾防治。

（3）疫病

疫病又名“搭拉手巾”，7～8月雨季时发生。主要侵害叶片，茎和根部亦可受害。四年生以上植株发病尤重。叶上病斑呈水渍状，暗绿色。病情发展很快，植株一旦染病，全株叶片凋萎下垂，似热水烫，故而得名。根部染病，呈黄褐色软腐，根皮易剥离，内部组织呈现黄褐色不规则花纹，有腥臭味，发病后外皮常有白色菌丝，黏着土粒成团。在夏季连续降雨，湿度大时容易发病。

防治方法：保持参畦良好的通风排水条件，及时上帘、插花，防止雨水侵袭；增施磷肥、钾肥，提高抗病力；发现病株立即拔除烧掉，病穴用5%浓度石灰乳消毒；发病前用1∶1∶120配比波尔多液或65%代森锌500倍液喷洒；敌克松500倍液或“抗120”200倍液7～10 d一次，连续喷2次或3次。

6. 人参的留种技术

人参通常三年生开花结实，但种子小、数量少。在6年栽培中，多在五年生收一次种子。若种子不足，四五年生连续2年采种也可。采收时间一般在7月下旬至8月上旬，当人参果实充分成熟呈鲜红色时便可采摘。采收过早种子发育不好；过晚则果实易脱落，影响伏播或催芽。可进行一次或二次采收。要随采随搓洗，淘汰果肉及瘪粒，用清水冲洗干净，待种子稍干、表面无水时便可播种或催芽埋藏。若留干籽，种子阴干含水量达15%以下时方可。种子不宜晒干，否则影响发芽率。阴干的种子置于低温、干燥通风良好的地方保管，注意防止高温潮湿，引起种子霉烂，降低种子生活力。

7. 人参的采收与加工技术

（1）收参

中国人参产区多数在六年生收获参根。一般于9～10月中旬挖取，早收比晚收好。挖时防止创伤，摘去地上茎，装筐运回，并将人参根按不同品种的加工质量要求挑选分类，做到边起、边选、边加工。

（2）人参的加工

①红参。选浆足不软、完整无病斑的参根，刷洗干净，放蒸笼里蒸2～3h，先武火后文火，现在大的加工单位已用蒸汽蒸参，数量大，进度快。之后，取出晒干或烘干，干燥过程中要回潮，同时剪掉“门丁”和支根的下段。剪下的“门丁”和支根捆把晒干成为红参须，主根即成红参。

②糖参。将根软、浆液不足的参根，刷洗干净，头朝下摆入筐中，放沸水中烫15min，参根变软，内心微硬，取出晒半小时左右将参根平放于木板上，用排针器向根上扎，扎遍全体，再用针顺参根由下往上扎几针，但不要穿透。扎后参头向外，尾向内，平摆于缸内，不要装得太满，上面放一木帘用石头压住，把糖熬到挑起发亮并有丝不断，

趁热倒入装好的缸内。浸 10 ~ 12h 出缸，摆到参盘中晾晒到不发黏时进行第二次排针灌糖，依此法灌第三次，晒干即可。

③生晒参。生晒参分下须生晒和全须生晒。下须生晒选体短，有病斑的参；全须生晒应选体形好而大，须全的参。下须生晒除留主根和大的支根外，其余的全部下掉。全须生晒则不下须，为防止参根晒干后须根折断，可用线绳捆住须根口然后加工。下须后洗净泥土，病疤用竹刀刮净。注意：用硫黄熏的方法已禁用。

（3）质量要求

红参主根圆柱形，有芦头、无帽，质坚实，无抽皱沟纹，内外呈深红色或黄红色，有光泽，半透明，每kg不超过 160 支，无须根、虫蛀和霉变者为一等品。每千克超过 160 支的为二等品。

生晒参主根圆柱形，有芦头、芋帽，表皮土灰或土褐色，有横纹，皱细且深，质充实，根内呈白色，大小支头不分，无杂质、虫蛀和霉变者佳。

糖参根内外呈黄白色，大小支头不分，无反糖、虫蛀和霉变者佳。

（二）枸杞的栽培技术

1. 枸杞的品种

目前生产中主栽品种为宁杞 1 号，个别老产区仍有大麻叶品种。

（1）宁杞 1 号

“宁杞 1 号”宁夏农林科学院枸杞研究所 1987 年培育成功。该品种叶色深绿，老枝叶披针形，新枝叶条状披针形，叶长 4.65 ~ 8.60cm，叶宽 1.23 ~ 2.80cm，当年生枝灰白色，多年生枝灰褐色。果实红色，果身有四五条纵棱，果形柱状，顶端有短尖或平截；鲜果千粒重 476 ~ 572g。

（2）大麻叶

宁夏枸杞传统品种。该品种叶色深绿、质地厚，老枝叶条状披针形，新枝叶卵状披针形或椭圆状披针形，叶长 6 ~ 9cm，宽 1.5 ~ 2cm，叶面微向叶背反卷，当年生枝呈青灰色，多年生枝呈灰褐色或灰白色，果实呈红色，先端具一短尖，果身棒状而略方；鲜果千粒重 450 ~ 510g。

2. 枸杞的繁殖方法

目前生产中多采用无性繁殖，可保持优良的遗传性状。

（1）硬枝扦插育苗（3 月下旬至 4 月上旬进行）

春季树液流动至萌芽前采集树冠中上部着生的一两年生的徒长枝和中间枝，粗度为 0.5 ~ 0.8cm，截成 15 ~ 18cm 长的插条，上端留好饱满芽，经生根剂处理后按宽窄行距 40cm 和 20cm，株距 10cm 插入苗圃踏实，地上部分留 1cm 外露一个饱满芽，上面覆一层细土。待幼苗长至 15cm 以上时灌第一水。苗高 20cm 以上时，选一健壮枝作主干，将其余萌生的枝条剪除。苗高 40cm 以上时剪顶，促发侧枝。次年出圃。

（2）绿枝扦插育苗（5 ~ 6月间操作）

①苗床准备。苗床施充分腐熟厩肥，深翻25cm，育苗前，细耙整平，铺3 ~ 5cm厚细沙作成宽1.0 ~ 1.5m、长4 ~ 10m的苗床并消毒处理。

②扦插方法。选择直径在0.3 ~ 0.4cm粗的春发半木质化嫩茎，切取10cm长，去除下部1/2的叶片，同时保证上部留有两三片叶的嫩茎作为扦插穗，生根剂处理，随切随插。按3cm×10cm的行株距插入土3cm，插后立即浇足水分。

③苗床管理。扦插后，育苗期间要保持苗床土壤湿润，浇水宜用喷淋，苗高40cm以上时剪顶，促发侧枝。次年出圃。

（3）分株繁育（根蘖苗）

在枸杞树冠下，由水平根的不定芽萌发形成植株，待苗高生长至50cm时，剪顶促发侧枝，当年秋季即可起苗。此苗多带有一段母根，呈“丁”字形。

3. 栽培枸杞如何开展田间管理

（1）自然半圆树形培养成型标准

株高1.5m左右，树冠1.6m，单株结果枝200条左右，年产干果量1kg左右。

①第一年定干剪顶。栽植的苗木萌芽后，将主干上距根茎30cm内的萌芽剪除，30cm以上选留生长不同方向的侧枝3 ~ 5条，间距3 ~ 5cm作为骨干枝（第一冠层），视苗木主干粗细及侧枝分布于株高40 ~ 50cm处定干剪顶。

②第二、三年培养基层。在上年选留的主、侧枝上培育结果枝组，5月下旬至7月下旬，每间隔15 d剪除主干上的萌条，选留和短截主枝上的中间枝促发结果枝，扩大充实树冠。此期株高1.2m左右，冠幅1.3m左右，单株结果枝100条左右，稳固的基层树冠已形成。

③第四年放顶成形。在树冠中心部位选留2条生长直立的中间枝，呈对称状，枝距10cm，于30cm处短截后分生侧枝，形成上层树冠。同时对树冠下层的结果枝要逐年剪旧留新充实树冠。树冠骨架稳固，结果层次分明，由此半圆树型成。

（2）整形修剪

春季修剪于4月下旬至5月上旬，主要是抹芽剪干枝。沿树冠由下而上将植株根茎、主干、膛内、冠顶（需偏冠补正的萌芽、枝条除外）所萌发和抽生的新芽、嫩枝抹掉或剪除，同时剪除冠层结果枝梢部的风干枝。夏季修剪于5月中旬至7月上旬，剪除徒长枝，短截中间枝，摘心二次枝。沿树冠自下而上，由里向外，剪除植株根茎、主干、膛内、冠顶处萌发的徒长枝，每15 d修剪一次，对树冠上层萌发的中间枝，将直立强壮者隔枝剪除或留20cm打顶或短截，对树冠中层萌发的斜生或平展生长的中间枝干枝长25cm处短截。6月中旬以后，对短截枝条所萌发的二次枝有斜生者于20cm长时摘心，促发分枝结秋果。秋季修剪于9月下旬至10月上旬，剪除植株冠层着生的徒长枝。

（3）土、肥、水管理

①土壤耕作。3月下旬至4月上旬，浅耕，行间深浅一致。中耕除草，5 ~ 8月中旬各一次。翻晒园地，9月中旬至10月上旬，翻晒均匀不漏翻，树冠下作业不伤根茎。

②施肥。农家肥必须腐熟，且适量地使用化肥。9月下旬至10月中旬施基肥。将

饼肥，腐熟的厩肥或枸杞专用肥，沿树冠外缘开沟将定量的肥料施入沟内与土拌匀后封沟，略高于地面。4月中旬至6月上旬追肥。追施枸杞专用肥，株施纯氮0.05919kg、纯磷0.04002kg、纯钾0.0243kg，沿树冠外缘开沟深施定量的肥料与土拌匀后封沟，5～7月叶面喷肥，每月各两次枸杞专用营养液肥。

③灌溉。适宜生长的土壤含水量18%～22%。每年4月下旬至5月上旬正值枸杞树体大量萌芽，需进行灌溉，亩进水量为70m^3；五六月生育高峰期土壤0～30cm土层含水量低于18%时及时灌水，亩进水量50m^3；7～8月采果期是枸杞需水关键期，一般每15 d灌水一次，亩进水量50m^3；9月上旬灌白露水，亩进水量60m^3；11月上旬灌冬水，亩进水量70m^3，每次灌水不得漫灌、串灌，低洼地不能积水。年灌水量控制在每亩3500m^3 以内。

4. 枸杞有哪些病虫害，如何进行防治

宁夏枸杞因其叶、枝梢鲜嫩，果汁甘甜，常遭受20多种病虫害危害，防治工作中优先采用农业防治措施：统一清园，将树冠下部及沟渠路边的枯枝落叶及时清除销毁，早春土壤浅耕、中耕除草、挖坑施肥、灌水封闭和秋季翻晒园地，均能杀灭土层中羽化虫体，降低虫口密度。

5. 枸杞的留种、采收与加工技术

（1）留种技术

①选种。6～10月枸杞收获期间，选择3～5年树龄，无病、无虫口、健壮、具本栽培类型特性的枸杞植株作母树。

②保种。对选定的母树，在春季树液流动至萌芽前，采集树冠中、上部着生的无破皮、无虫害的一年生壮枝。采条直径0.5～0.8cm，上下留好饱满芽，截成15～18cm长的插条，100～200根为一捆，沙藏。

留种母树的数量可按次年计划繁育数量的10∶1的比例安排。

（2）采收与加工技术

①鲜果采收。果实膨大后果皮红色、发亮，果蒂松时即可采摘。春果：9～10 d采一蓬；夏果：5～6 d采一蓬；秋果：10～12 d采一蓬最为适宜。

枸杞鲜果为浆果，且皮薄多汁。为防止压破，同时为了采摘方便，采摘所用的果筐不宜过大，容量以（10±3）kg为宜。

②产地加工。枸杞鲜果含水量78%～82%，必须经过脱水制干后方能成为成品枸杞子。

传统的鲜果制干方式多采用日光晒干的方式，将采收后的鲜果均匀地摊在架空的竹帘或芦席上，厚2～3cm，进行晾晒，晴朗天气需5～6 d，脱水后果实含水量13%左右。晒枸杞时要注意卫生，烟灰、尘土飞扬的场所，牲畜棚旁等均不宜晒枸杞。

现代工艺热风烘干方法：第一，冷浸。将采收后的鲜果经冷浸液（由食用植物油、氢氧化钾、碳酸钾、乙醇、水配制成，起破坏鲜果表面的蜡质层的作用）处理1～2min后均匀摊在果栈上，厚2～3cm，送入烘道。第二，烘干。将热风炉中，烘道内鲜果在

45～65℃递变的流动热风作用下，经过55～60h的脱水过程，果实含水达到13%以下时，即可出道。第三，脱把（脱果柄）。干燥后的果实，装入布袋中来回轻揉数次，使果柄与果实分离，倒出用风车扬去果柄或采用机械脱果柄即可。

③分级。脱把后的果实，经人工选果去杂（拣除青果、破皮果、黑色变质果及其他杂质），使用国家标准分级筛手工分级或机械分级。标准如下：特优280粒/50g；特级370粒/50g；甲级580粒/50g；乙级980粒/50g。

④质量检测。所生产的枸杞子均需做药效和安全性分析：检测枸杞的主要有效成分含量、农药残留、重金属（砷、镉、铅、汞）含量和细菌总数以及二氧化硫符合国家标准规定，并由质检部门负责出具检测分析报告，使生产的枸杞质量达到“真实、有效、稳定、可控”。

第三节　果树栽培技术

一、果树栽培基础知识

（一）果树栽培概述

1. 果树与果树生产的含义

①果树。果树是一种经济作物，是指能够生产可供食用的果实、种子及其衍生物的多年生植物。多数为木本及藤本植物，如苹果、梨、桃、李、杏和葡萄等果树；少数为草本植物，如草莓、香蕉和菠萝等。

②果树栽培。果树栽培是指人们为获得高产优质果品，对果树及其生长环境采取各类技术进行管理和调控的过程，包括苗木培育、果园建立、栽培管理及病虫害防治等各个环节。

③果树生产。果树生产是将果树栽培向产前、产后延伸，包括果品商品化处理、生产资料供应、人力资源管理、信息技术服务及市场营销网络在内的所有环节。

④果树产业。果树产业是果树生产链条的进一步延伸，是以果品升值、经济增效为核心，由产、学、研、科、工、贸构成的综合化产业，包括果树资源开发与利用、品种培育、生产技术研究、果园综合利用、果品加工与贮藏、果品贸易等。

2. 果树生产的特点

（1）种类多，生产形式多样

与其他经济作物相比，果树的种类繁多，如养木、灌木、藤本和草本等。不同种类的果树，生物学特性、对环境条件要求和栽培技术均有所不同。此外，果树的生产形式多样，除常规露地栽培外，还有设施栽培和盆栽等形式。

（2）多年生，生产周期较长

果树是多年生植物，定植后可以连续多年结果，其寿命可达十几年甚至几十年。一般要3～5年才进入结果期，5～7年才能达到最高产量。因此，果树栽培具有投资周期长、经济见效慢等特点。

（3）精细管理，生产技术复杂

由于果树种类多，树性差异大，加之长期生长在同一地点，对土壤要求较高，因此为提高果品质量、满足不同消费者的多种需求，实现果品的最大商品价值，必须对果树进行精细管理，同时采用特殊的栽培技术措施，如修剪、疏花疏果、保花保果等。由此可见，果树生产与其他经济作物生产相比技术更为复杂。

（二）果树分类

1. 果树常见分类方法

（1）植物学分类

按植物学分类方法可划分为科、属、种。全世界主要果树（包括栽培、半栽培和野生的果树）分属于134科659属2972种，另有变种110个，其中较重要的果树约300种，主要栽培的果树约70种。中国有果树59科158属670余种。植物学分类方法对了解果树的亲缘关系和系统发育，进行果树选种、育种或开发利用野生果树具有重要的指导意义。目前生产中所栽培的果树种类，如苹果、梨、葡萄等都是植物学分类中的属名。

（2）园艺学分类

园艺学分类是按照果树的利用情况、果树的生物学特性和生态适应性等对性状相近的果树进行分类。

根据果树的利用情况，可将果树分为野生果树和栽培果树；按照植株的形态特性，可将果树分为木本果树和多年生草本果树；根据果树的生态适应性，可分为寒带果树、温带果树、亚热带果树和热带果树；按照冬季叶幕特性，可分为落叶果树和常绿果树；按照果实形态构造，可分为仁果类、核果类、浆果类、坚果类、聚复果类、柑果类、荚果类和荔果类；按照果实含水量及其利用特点，可分为水果类和干果类。

2. 果树栽培学分类方法

果树栽培学上，按照生物学特性相似、栽培管理措施相近的原则将各种分类方法综合进行分类，首先将果树分为木本果树和草本果树，然后按冬季叶幕特性、果实形态特点等进行归类。主要类别及包含果树种类如下。

（1）木本落叶果树

①仁果类。果实为假果，由子房和花托膨大形成。果实的外层是肉质化的花托，占果实的绝大部分，内果皮革质或骨质化，内有多种仁，花托和内果皮之间为肉质化的外、中果皮。食用部分主要是花托。果实大多耐贮运，鲜果供应期长，如苹果、梨、山楂和木瓜等。

②核果类。果实为真果，由子房发育而成。外果皮很薄，中果皮肉质化，内果皮木

质化，成为坚硬的核，核内有种子。食用部分为中果皮。果实不耐贮运，如桃、李、杏和樱桃等。

③浆果类。果实汁液丰富，种子小而多，散布在果肉内。大部分不耐贮运，如葡萄、草莓、树莓、石榴等。浆果类果实构造树种间差异大。例如，葡萄果实由子房发育而成，外果皮膜质，中果皮柔软多汁，内果皮变为分离的浆状细胞，围绕在种子附近，食用部分为中、内果皮；草莓为复果，是由一花中许多离生雌蕊发育的单果聚集在肉质的花托上形成的，食用部分为花托。

④坚果类。果实为真果，由子房发育而成。果实外面多具有坚硬的外壳，壳内有种子，种子富含脂肪、淀粉、蛋白质，食用部分多为种子。含水分少，极耐贮运，如板栗、核桃、榛子等。

⑤柿枣类。包括柿、枣等。也有不单列此类，而将柿列入浆果类，将枣列入核果类的。

（2）木本常绿果树

①柑果类。包括柑、橘、橙、柚等。果实为真果，由子房发育而成，外果皮革质，具有油胞，中果皮呈白色海绵状，内果皮形成多汁的瓤瓣，食用部分为内果皮瓤瓣。果实大多耐贮运，鲜果供应期长。

②其他。例如龙眼、荔枝、枇杷、杨梅、橄榄、椰子、香榧和油梨等。

（3）多年生草本果树

包括香蕉、菠萝、草莓等。

二、果树栽培的基础技术

（一）果园土壤管理

果园土壤管理是果树生长发育必不可少的技术措施。果园土壤管理的目的是改善土壤性状，使其适应果树的生长发育，达到优质高产的目的。果园土壤管理方法有深翻改土、清耕、间作、生草等。

1. 深翻改土

对土地条件不好、土壤瘠薄、肥力较低的山地果园，在定植前及定植后的每年秋季进行深翻，同时结合客土改良，既可以改善土壤结构和理化性质，又可增强保肥蓄水能力，加深活土层，利于根系生长。深翻一般有扩穴深翻、隔行深翻、全园深翻三种方式。

（1）扩穴深翻

幼龄果园常采用扩穴深翻方法，又叫放树窝子。即在幼树定植后，以定植穴为中心，每年或隔年向外挖宽 60 ~ 80cm、深 40 ~ 60cm 的环沟状，直到全园翻遍为止。这一方法适合土层薄、砾石多的山地果园。扩穴一般结合施基肥，每年进行一次，最好在定植后 2 ~ 3 年内完成。应当注意的是根颈附近要浅翻，以免损伤树体。

（2）隔行深翻

成龄果园适宜采用隔行深翻方法。平地果园完全实行隔行进行深翻，每次只伤果树植株一侧根系，对果树生长发育影响较小，全园分两次完成。深翻深度以 40 ~ 80cm 为宜，宽 50cm 左右。而等高撩壕的坡地果园和里高外低的梯田果园，第一次先在下坡（或梯田外侧）进行较浅的深翻施肥，下一次在上坡（或梯田内侧）深翻把土压在下坡，同时施有机肥料。这种方法应与修整梯田等结合进行。

（3）全园深翻

密植园多采用全园深翻方法。将栽植穴以外的土壤全部深翻，深度为 30 ~ 40cm，靠近树干的地方，因粗根多耕翻可浅些。一次深翻需要较多的劳力和肥料。

无论采用何种深翻方法，深翻时均需将挖出的表土和心土分别堆放，并及时剔除翻出的石块、粗沙及其他杂物。回填时，先把心土和秸秆、杂草、落叶混合填入沟底部，再结合果园施肥将有机肥、速效性肥和表土混匀填入。深翻后及时灌水沉实，使根与土壤密接。深翻时尽量保护根系完整，不伤直径 1cm 以上的粗根。分次深翻时，沟与沟之间不要留“隔墙”，以防止形成死沟积水。对地下水位高的地段，翻土深度不宜超过雨季地下水上限，以防止接上地下水；低洼、排水不良的地段，深翻后底层最好铺埋碎石块，以形成暗道排水。

2. 清耕与间作

（1）清耕

清耕是中国果园土壤管理的传统方法，即在果园内不种任何作物，常年进行中耕除草，使土壤保持疏松和无杂草状态。清耕主要在盛果期果园中进行。全年均可进行，一般秋季深耕，生长季节进行多次中耕，使土壤保持疏松通气，促进微生物繁殖和有机物分解，短期内可显著地增加土壤有机态氮素。中耕松土，能起到除草、保肥和保水的作用。但长期采用清耕法会使土壤有机质含量迅速减少，土壤结构受到破坏，山地果园水土流失严重，土壤中有效养分淋溶多，易造成树势衰退，且费时费工。

（2）间作

间作以不影响果树生长发育为前提，在果树行间种植浅根、低秆、病虫害较少的作物，以增加收入。间作物只能种在树冠外围，1 ~ 3 年生幼树应留出 1.0 ~ 1.5m 树盘，以后随着树冠和根系逐年扩大，间作面积逐年缩小，进入盛果期果园一般不宜间作。同时，应按果树和间作物自身的要求，加强各自的栽培管理，避免间作物与果树之间互相争夺肥水。间作物可选择花生、大豆、甘薯、马铃薯、小油菜、食用菌和中草药等。

3. 生草

（1）人工生草

在果树行间种植 1 年或多年生豆科或禾本科草本植物，待草长到 40 ~ 50cm 高度，留茬 15 ~ 20cm 刈割后，覆盖在树盘下做绿肥使用，每个生长季节可以刈割 3 ~ 4 次，或在每年秋季将绿肥翻压到土壤中。中国北方选用的草种主要以豆科为主，如三叶草、紫花苜蓿、豌豆、紫云英、草木樨、苕子等；其次为禾本科绿肥，如黑麦草、早熟禾、果园牧草等。这些品种适应性强，植株矮小，生长速度快，鲜草量大，覆盖期长，容易繁殖管理，再生能力强，且能有效地抑制杂草发生。

（2）自然留草

自然留草可选用当地果园常见的杂草资源，最好选用植株矮小，生草量大，有利天敌及微生物活动的杂草，如稗草、狗尾草等。待草长到40cm左右，留茬10cm左右刈割后，覆盖在树盘下做绿肥使用。每个生长季节可以刈割4～6次。每年秋季将杂草用旋耕机翻压到土壤中。

（二）果树平衡施肥技术

1．果园常用肥料

（1）有机肥料

①农家肥。家畜粪尿：以家畜（包括猪、牛、羊等）的粪尿为主，掺以各种垫料、饲料残渣积制而成的有机肥料，通常叫作厩肥。成分变动范围是：氮（N）0.4%～0.8%，磷（P_2O_5）0.2%～0.3%，钾（K_2O）0.5%～0.9%。施用时一般多作基肥，腐熟程度好的也可以做追肥。

禽粪：鸡粪、鸭粪、鹅粪、鸽粪等的总称。含量一般为，水分50.5%～70.1%、有机物23.4%～30.8%，氮（N）0.55%～1.76%，磷（P_2O_5）0.50%～1.78%，钾（K_2O）0.62%～1.00%。禽粪是容易腐熟的有机肥料。

未腐熟的农家肥一般具有以下特点：一是氮素以尿酸形态为主，尿酸盐不能直接被作物吸收，而且对作物的根系生长有害；二是含盐分较多，容易使土壤盐化，出苗不整齐，生根慢；三是自带较多的病菌、虫卵，容易引发病虫害；四是含量不稳定，无法保证足够的养分，且易烧苗烧根。因此，农家肥应先堆腐后施用。

②饼肥。饼肥种类很多，主要有大豆饼、菜籽饼、棉饼、花生饼、黄麻饼、桐子饼等。饼肥中含有大量的有机质、蛋白质、剩余油脂和维生素等，养分浓度高。一般有机质含量为75%，氮含量为2%～7%，磷含量为1%～3%，钾含量为1%～2%；菜籽饼、茵麻饼、芝麻饼含磷较高，可达2%～3%。饼肥可做基肥和追肥，施用前必须把饼肥打碎，并经过发酵腐熟，否则施入土中继续发酵产生高热，易使作物根部烧伤。饼肥的施用量根据土壤肥力高低和果树产量而定，土壤肥力低和耐肥品种宜适当多施；反之，应适当减少施用量。一般来说，中等肥力的土壤，每亩施100 kg左右。由于饼肥为迟效性肥料，应注意配合施用适量速效性氮、磷、钾化肥。

③绿肥。品种有白三叶草、红三叶草、紫花苜蓿、田菁、苕子等。鲜草养分含量为：氮（N）0.52%～1%，磷（P_2O_5）0.07%～0.2%，钾（K_2O）0.15%～0.5%。绿肥作物大多具有较强的抗逆性，可改良土壤障碍。

④生物有机肥。生物有机肥的优点是集农家肥的有机养分、化肥的化学营养物质及有益生物菌群于一身，不仅可供给作物各种营养物质，起到增加作物产量的目的，还可以增加土壤有机质，改良土壤，协调土壤水、肥、气、热之间的关系，尤其是其含有的大量活性菌，可增加和活化土壤有益微生物，抑制土壤有害微生物的产生，防治土壤再植病及病虫害的发生。另外，生物有机肥含有的多种氨基酸和总糖可直接被根系吸收，明显改善果实品质。

指标含量：含有机质不小于30%，氮、磷、钾总和不小于4%，钙、镁、铁、锌、硼等适量，pH值为7.0左右，含水量不大于20%，有效活菌数0.2亿/g。

（2）常用单质化肥

①氮肥。硫酸铵（含氮20%～21%）、氯化铵（含氮24%～25%）为生理酸性肥料，尽量不施在酸性及微酸性土壤上；碳酸氢氨（含氮16.8%～17.5%）应深施覆土，以减少氨的挥发；尿素（含氮46%）在地温低时应提前1周施入。所有氮均应避免随水冲施，尤其是沙质土壤，应采用少量多次的沟施原则。

②磷肥。过磷酸钙（普钙含磷12%～18%）、重过磷酸钙（含磷40%～50%）为水溶性磷肥；钙镁磷肥（含磷14%～18%）为弱酸溶性磷肥；磷酸一铵（含氮11%，含磷51%～53%）、磷酸二铵（含氮18%，含磷46%）为合成磷肥，含磷量较高。由于磷素在土壤中具有易固定的特性，因此磷肥与有机肥料混合以基肥形式施入较好，一般不宜作追肥施用。另外，最好集中施用或分层施用，以增加与作物根群的接触面积，提高利用率。

③钾肥。硫酸钾（含钾50%～54%）、氯化钾（含钾50%～60%）价格低，最好土壤施入，硝酸钾（含钾43%～46%）成本高，多以冲施为主，磷酸二氢钾（含钾35%）叶面喷施为主。草木灰（含钾5%～10%）为碱性肥料，不宜与铵态氮肥或酸性肥料混合。另外，钾肥最好在幼果期施入，对果实膨大及品质提高有积极作用；最好施在根系附近，以提高利用率。

④钙肥。钙肥有钙镁磷肥（含钙21%～24%）、过磷酸钙（含钙18%～21%）、硝酸钙（含钙19.4%）、氯化钙（含钙53%）、石膏（含钙22.3%）、磷矿粉（含钙20%～35%）等。酸性土壤上钙肥与有机肥配合施入效果较好，或者叶面喷施。石灰不宜大量或连年施用。碱性土壤一般不缺少钙元素。

（3）复合（混）肥料

①复合（混）肥料，指不考虑土壤养分，仅根据果树营养特性制成的专用肥，如果树专用肥。幼树氮、磷、钾比例为1∶1∶1或1∶2∶1，结果树氮磷钾比例为2∶1∶2。

②掺混肥料，又叫BB肥，根据土壤养分含量及果树需肥量现配现制，不需重新造粒。

（4）肥料利用率

肥料利用率是指作物吸收来自所施肥料中的养分数量与所施肥料中的养分数量比率。肥料利用率的高低，与作物种类、品种，土壤理化性状，气候状况，耕作管理水平，肥料种类及施肥量和方法等因素有关。

2. 果树施肥技术

（1）施肥量计算

第一种，目标产量法计算。

$$\text{施肥量（kg/亩）}=\frac{\text{目标产量所需养分总量（kg）}-\text{土壤供肥量（kg）}}{\text{肥料中养分含量（\%）}\times\text{肥料当季利用率（\%）}}$$

$$\text{肥料利用率}(\%)=\frac{\text{施肥区果树体内该元素的吸收量}(kg)-\text{无肥区果树体内该元素的吸收量}(kg)\times 100}{\text{所施肥料中该元素的总量}(kg)}$$

$$\text{土壤供肥量}(kg)=\text{土壤养分测定值}(mg/kg)\times 0.15\times\text{矫正系数}$$

$$\text{矫正系数}=\frac{\text{空白区产量}(kg)-\text{果树单位产量的吸收量}(kg)\text{土壤}}{\text{养分测定值}(mg/kg)\times 0.15}$$

0.15 为土壤测定值（mg / kg）换算成每亩土壤养分含量（kg）的换算系数。在应用以上公式进行产量计算时，应从实际出发，以产定肥而不是以肥定产；还应加强其他栽培管理工作措施，使施肥与水分管理、病虫防治、整形修剪等技术措施配套应用，以发挥最大的肥料效果。

第二种，经验法计算。

利用目标产量法计算肥料用量相对准确，但需要有土壤化验分析数据及肥料利用率等其他一系列数据，应用起来比较烦琐，因此田间施肥时也可以根据经验进行施肥量计算。

（2）施肥时期

果树在年周期中有几个重要的施肥时期，如萌芽前后、开花前后、果实膨大期、花芽分化期、着色前、采收后等。但由于品种、树势、树龄、根系生长动态、土壤状况及肥料的性质不同而异，基肥以早秋为宜，即晚熟品种为着色前，早熟品种为采收后。苹果、梨追肥以果实膨大期和着色前为主，可与基肥同时施入，幼果膨大期施入总量的 1/3，着色前施入总量的 2/3；葡萄可于花前、幼果膨大期、着色前 3 次施入，各施入总量的 1/3（巨峰葡萄花前可不施肥）；桃、李、杏可于幼果膨大期、硬核后、采收后 3 次施入，各施入总量的 1/3（果实生育期短的果树硬核后可不施）；甜樱桃可于幼果膨大期、采收后、秋季 3 次施入，各施入总量的 1/3；草莓可于第一茬果幼果膨大期及每次采果后平均施入；枣树可于花期、生理落果后及早秋 3 次施入，各施总量的 1/3。如头年未秋施肥的果园，第二年前期应加大施肥用量；沙质土壤可少量多次追肥。另外，根据土壤理化状况及果树营养特性可于基肥中施入一定量的中微量元素，或在不同的生育时期叶面喷施一定浓度的中微量元素肥料。

（3）施肥方法

①环状沟。在树冠垂直投影处挖宽 30 ~ 40cm、深 40 ~ 50cm 环状沟，把有机肥与表土按 1 ∶ 3 比例及一定数量的化肥施入，混匀后回填底土。随着树冠扩大，环状沟逐渐向外扩展。

②对侧沟。对侧沟适于密植苹果、梨、桃等果园或葡萄园。苹果等树，在树的行间或隔行开沟施肥，沟宽和沟深同环状沟。葡萄，在主干一侧距主干 50 ~ 60cm 挖宽

30 ~ 40cm、深40 ~ 50cm的沟，将有机肥与表土按1:3的比例及适量的化肥混匀后回填。下一次施肥在另一侧开沟。

③放射沟。在树冠垂直投影处向里向外各挖20 ~ 30cm，里浅（20cm）、外深（50cm）、里窄（20cm）、外宽（40cm）的放射状沟，每株依据树的大小挖3 ~ 6条不等，然后将有机肥、秸秆、表土等混以一定量的化肥施入，最后覆土。

④穴贮肥水。适合山坡地果园或土质不好、土层较薄的贫瘠果园。方法是：春季果树发芽前，在树冠投影内挖4 ~ 8个直径20-30cm、深40 ~ 50cm的穴，穴中放一直径15 ~ 20cm用水泡透的草把，高度低于地面5cm，草把周围填上有机肥与土的混合物，灌一定量的营养液，然后将树盘整平，覆膜，将穴中心的地膜戳一个洞，定期浇水或营养液。

（三）果树灌水

1. 果园常规灌水方法

（1）漫灌

漫灌是指在田间不做任何沟坡，灌溉水在较大的田面上漫流，借重力作用浸润土壤的一种比较粗放的灌水方法。采用漫灌的方法，土壤只需稍加平整，操作简单。但漫灌的均匀性差，水量浪费较大，特别是对果园的漫灌，常常造成5 ~ 10倍用水的浪费。另外，大水漫灌破坏土壤结构，易抬高地下水位，而且大量水分容易使肥料及土壤养分流失。

（2）沟灌

沟灌是地面灌溉中较好的方法，即在果树行间开沟，把水引入沟中，靠渗透湿润根际土壤。此法具有节省灌溉用水，使全园土壤湿润均匀，不破坏土壤结构的特点，而且土壤通气良好，有利于土壤中微生物的活动，还可减少果园中平整土地的工作量，便于机械化操作。

灌水沟的数量，因栽植密度和土壤类型而异。密植园可在两行树之间只开一条沟，稀植园如为黏重土壤，可在行间隔100 ~ 150cm开沟，如为疏松土壤则每隔75 ~ 100cm开沟，沟宽50cm，深30cm左右。灌水后将沟填平。

（3）畦灌

畦灌是在果树间筑埂，埂高一般为15 ~ 20cm，把果园划分成许多长方形或正方形的小区，每区果树株数不等，两旁用土修成长条畦田，引水在畦内顺坡缓流而渗入土壤的一种灌溉方式。畦灌适用于地面坡度较小、面积较大和水流量较大的果园。这种灌水方法能使灌溉水分与果树根系相接触，使整个根系吸水均匀。

2. 果园节水灌溉技术

（1）喷灌与微型喷灌

喷灌是利用机械与动力设备从水源取水加压或利用天然落差使水经过管道系统将水喷射呈雾状降落田间的一种方法。喷灌系统由水源、进水管、水泵、输水管道、竖管、管路附件及喷头等组成。由水泵从水源取水并加压，经输水管道系统送到果园，由喷头喷水。喷灌系统一般分为固定式、半固定式、移动式三种。喷灌较地面灌溉节省用水30%～50%，能减少灌水对土壤结构的不良影响，工效较高，可与施肥喷药等作业结合，节省劳力。喷灌还有调节气温、提高空气湿度等改善果园小气候的作用。

微型喷灌是喷灌技术的改进，是通过低压管道系统，以较小的流量将水喷洒到土壤表面进行灌溉的一种灌水方法。喷灌时水流以较大的流速由微喷头喷出，在空气阻力的作用下粉碎成细小的水滴降落在地面或果树叶面上。微型喷灌设备包括水源（含水泵和机房）、过滤系统、自动化控制区（主要是自动化灌溉仪和电动阀）、灌溉区（包括支管、毛管和喷头）。由于微喷头出流孔口和流速均大于滴灌的滴头流速和流量，从而大大减少了灌水器的堵塞现象。微喷灌可将可溶性化肥随灌溉水直接喷洒到作物叶面或根系周围的土壤表面，提高施肥效率，节省化肥用量。

（2）滴灌

滴灌又叫滴水灌溉，是利用一套低压管道系统（通常为塑料管道和特制的毛管滴头）将具有一定压力的水或者溶于水中的肥或农药一滴一滴地、均匀而又缓慢地滴入作物根系分布范围，使土壤保持最适于植株生长的湿润状态，并维持土壤的良好通气状态的一种先进灌溉技术。滴灌系统由水源、首部控制枢纽、输水管道和滴头组成，其原理是在低压条件下，使小流量的水通过滴头中的狭窄孔道进行灌水。每个滴水孔就是一个点水源，这些点水源以0.1～1.0m的间距均匀分布在供水毛管上，在土壤中形成一个近似圆盘形的湿润区，供果树根系吸收水分。滴灌还可结合施肥，不断地供给根系养分。滴灌能节约用水，比喷灌节省用水一半左右；滴灌不会产生地面水层和地面径流，不破坏土壤结构，土壤不会板结，也不至于过干或过湿。但滴灌需要管材多，投资较大，管道与滴头容易堵塞，要求有良好的过滤设备。

3. 果园排水

排水可以增加土壤的空气含量、改善土壤理化性质，促进好气性微生物的活动，改善果树根系的生长环境。排水对地势低洼、降雨强度较大、土壤渗水不良的地区尤为重要。

果园排水有明沟排水和暗沟排水两种。明沟排水是在地面挖成沟渠，广泛地应用于地面和地下排水，它由总排水沟、干沟和支沟组成。暗沟排水多用于汇集地排出地下水，是将可以渗水的瓦陶、塑料或混凝土制成的管道铺设于地面以下，逐级汇集水分，排出园外，把地下水降低至要求的高度。暗沟排水不占用土地，不影响田间作业，排盐效果好，但成本高，易堵塞。

（四）花果管理技术

1. 坐果技术

（1）授粉技术

通过授粉，能促进受精，明显地提高花朵坐果率。由于受精较好的果实形成的种子较多，有利于果实发育端正和增大，所以，授粉是一项有利于优质丰产的技术措施。

第一种，人工辅助授粉。

人工辅助授粉是保证坐果的一项重要措施。因树种不同而有差别，苹果和梨的人工授粉方法基本相同。具体步骤如下：

①花朵采集。在预计授粉前的 2 ~ 3d，采集铃铛期或初开的花朵。此期花粉含量高，花粉发芽率也高。

②花粉的制备。采回的鲜花应立即用人工或机械采取花药。花朵较少时可人工取花药，即两手各拿一花，花心相对互相摩擦，使花药全部落到纸上。当花朵量较大时可利用脱药机剥取花药，然后将采集的花药去掉花丝、花瓣等杂物后摊放在清洁的纸上，在室内阴干取粉。室温保持在 20 ~ 25℃，不得超过 30℃，经过 1 ~ 2d 花药即可开裂散出花粉，筛去杂物，贮于瓶内放在阴凉干燥处备用。此外，还可利用火炕增温烘干取粉或温箱烘干取粉。

③授粉。人工辅助授粉以多品种的混合花粉较好。授粉时间宜在盛花初期至盛花期进行，以花朵开花当天授粉坐果率最高。一天中在上午 9 时至下午 4 时进行。注意分期分批授粉。

人工辅助授粉常用的方法有人工点授、花粉袋授粉、鸡毛掸子辅助授粉和液体授粉等。

人工点授常用的授粉工具有毛笔、带橡皮头的铅笔、香烟的过滤嘴或自行车气门芯反叠插在铁丝上等。授粉时，将蘸有花粉的授粉器，在初开花的柱头上轻轻一点，使花粉均匀沾在柱头上即可。每蘸一次，可授苹果花 7 ~ 10 朵。每个花序可授花 2 ~ 3 朵。每株树要根据树龄、树势和管理水平来确定授粉花朵，开花多且肥水条件差的树可少授一些，反之则多授一些；内膛、下部强枝和直立枝上的花多授一些，外围、上部的弱枝和下垂枝先端枝的花少授一些。

花粉袋授粉是将花粉加入 3 ~ 5 倍滑石粉或食用淀粉，装入双层纱布袋内。开花时，将花粉袋绑于竹竿上，在树冠上方顺风轻轻摇动花粉袋，使花粉均匀地散落在花朵柱头上。此法适合树冠高的苹果、梨、核桃、板栗等树种。

鸡毛掸子辅助授粉法在授粉树较多但分布不均匀、主栽品种花量少时应用。具体做法是：当主栽品种花朵开放时，用一竹竿绑上鸡毛掸子（软毛的），先用鸡毛掸子在授粉树上滚动蘸取花粉，然后再移至主栽品种花朵上滚动，这样反复进行而相互授粉。此法在阴雨、大风天不宜使用。在用鸡毛掸子授粉时，主栽品种与授粉品种距离不能过远。鸡毛掸子蘸粉后，不要猛烈振动或急速摆动，以防花粉失落。授粉时，要在全树上下、内外均匀进行，以确保坐果均匀。

液体授粉适用于面积较大的果园。取筛好的细花粉 20 ~ 25g，加入 10L 净水，500g 白糖，30g 尿素，10g 硼砂，配成悬浮液，在全树花朵开放 60% 以上时，用喷雾器向柱头上喷布。注意：花粉水悬浮液要随配随用。也可在细花粉中加入 10 ~ 15 倍滑石粉，用喷粉器向柱头上喷洒。

第二种，果园放蜂。

果园放蜂就是以蜂类为携带花粉的媒介，在蜂类采蜜过程中完成果树不同品种间互相授粉的技术措施。常用于苹果、梨、桃等虫媒花树种。花期放蜂是一种有效的授粉方法，可以大大提高授粉工效，同时避免人工授粉时间掌握不准，对树梢及内膛操作不便等弊端。果园放蜂多采用人工饲养的商业蜜蜂或专用的壁蜂。

①蜜蜂授粉。一般每 0.3 ~ 0.5hm 放一箱蜂，蜜蜂有效授粉范围以 40 ~ 80m 为好，一箱蜂大约可控制 5000m 面积的果园。蜂箱要在开花前 3 ~ 5d 放到果园，以保证蜜蜂顺利适宜新环境，在盛花期到来时能够正常出箱活动；果园放蜂期间，切忌喷施农药，以防蜜蜂受毒害。一般来说，当果园白天温度为 18 ~ 28℃，风力三级以下时蜜蜂的活动频率最高，因而传粉效果好。当花期遇阴雨、大风或低温天气时，蜜蜂不出箱活动，影响授粉效果，可配合人工辅助授粉。在花期高温干燥的年份，果树的花朵柱头失水快，授粉期较短，宜增加 30% ~ 50% 的放蜂量。蜂种宜选用耐低温、抗逆性强的中华小蜜蜂。

②壁蜂传粉。壁蜂是果树的优良授粉昆虫，与蜜蜂相比具有出巢早，耐低温，访花速度快，工作效率高（授粉能力是普通蜜蜂的 70 ~ 80 倍），繁育、释放方便等特点。生产中常用的壁蜂有角额壁蜂、凹唇壁蜂、紫壁蜂等。壁蜂有效授粉范围为 40m，开始飞行的气温为 12 ~ 14℃，比蜜蜂低 4 ~ 5℃，每天平均采粉 10h，一次性访花授粉的坐果率在 90% 以上。

开花前 5 ~ 10d，在果园内背风向阳处，按 40 ~ 50m 间距设置巢箱，巢箱放在 45cm 高的支架上，巢箱口朝向东南或南。巢箱口放置带有多个孔洞的纸盒。盒内放入蜂茧，数量按 1500 头 /hm 左右掌握。巢箱上面搭设防雨棚，在附近 1 ~ 2m 处挖一个长、宽、深均为 40cm 的坑，使坑内水呈半泥状态，以便为壁蜂做巢提供材料。

利用壁蜂传粉应注意的地方：放蜂时间不能过早或过晚。过早，成蜂提前脱茧，花还未开放，导致壁蜂觅食飞散；过晚，果树盛花期已过，影响授粉。巢箱应放在背风向阳处，受光时间越长越好，巢箱前空地要宽广。保持箱前水坑湿润，以供壁蜂采泥筑巢。巢箱要防雨。放蜂期间禁止喷施任何农药。成蜂活动期间不要随意翻动巢管，以免壁蜂找不到巢管而影响产卵和访花。注意防虫、鸟和蚁害等。

第三种，挂罐与振花枝授粉。

挂罐是对缺乏授粉品种或授粉品种与主栽品种花期不遇果园的一种补救办法，适合在小面积果园和庭院果树上采用。具体做法是：在授粉品种铃铛花期采集花枝，插在水罐（或广口瓶）中，挂在需要授粉的树上。应注意经常调换挂罐位置，以使全树坐果均匀。为了经济利用花粉，挂罐可与振花枝结合进行：剪来的花枝，绑在长约 3m 的长竿顶端，高举花枝，伸到树膛内或树冠上，轻轻敲打长竿，将花粉振落飞散，振后再插入水罐内。

（2）喷施微肥

在果树生长健壮、主要矿质营养供给良好的情况下，增施微量元素肥料，对促进坐果有明显的作用，特别是对某些微量元素缺乏的果园。

喷硼能够促进花粉粒萌发和花粉管伸长，因此是多种果树提高坐果率的有效措施。苹果、梨、甜樱桃、桃、山楂等果树，盛花期前后喷 2 ~ 3 次 0.3% 左右的硼砂溶液加 0.3% 的尿素液，对提高坐果率效果明显。此外铝对坐果也有重要作用。

在花期进行叶面喷肥时注意以下几个地方。

①肥料质量与浓度适宜。不论花期喷施哪种肥料，均应注意选择优质精品肥，否则起不到应有作用或容易产生药害。肥料的浓度要合适，单种肥料适宜的浓度多为0.3%左右，如果多喷几种，总浓度一般宜不超过1%。

②喷施时间要适宜。为了避免药害有利于叶片吸收，喷施时气温高于25℃，宜在上午10时前、下午4时后喷施；如气温低于22℃，在中午前后喷施，更利于果树吸收，效果会更好。

③喷雾器械与距离适当。忌选用高压喷雾和喷枪，避免冲击压力过大，导致花器受损，尤其是杏树，花梗脆弱易折，更应注意。同时，应注意选择直径0.3mm细孔眼的喷头，以使雾点变细。喷头距花果的距离宜大于20cm。

④叶面喷肥和液体授粉相结合。在花期，如遇风大、气候干燥的天气，喷适宜的粉肥混合液，更有利于提高坐果率，喷时宜选用小喷雾器点喷花的柱头。

（3）喷布生长调节剂

在花期正确应用生长调节剂，可以起到明显提高坐果率的作用。如枣盛花初期喷10～15 mg / kg的赤霉素，山楂盛花期喷50 mg / kg的赤霉素，可促进坐果；在盛花期对金冠苹果喷布25 mg / kg的赤霉素，其坐果率比对照提高8.9%；在落果后3d对金冠苹果喷布500 mg / kg的细胞分裂素，可使其坐果率提高16%。

（4）花期修剪

①摘心。当苹果、梨等果树的果台副梢长到10～15cm时，对其进行摘心，能控制其旺长，减少其对幼果争夺营养的能力，有利于坐果。据报道，四年生密植金冠苹果早期摘心可使坐果率提高30%。巨峰葡萄在花前3～5d对结果枝进行摘心，也可显著提高坐果率。

②环剥或环割。花期环剥或环割可阻碍剥口以上的光合产物向下运输，增加幼果的营养水平，显著提高坐果率，在枣、苹果、柿等果树中应用较多。环剥或环割主要用在幼旺树上，树势衰弱、枝干病害严重的树不宜环剥或环割。幼树环剥主要在辅养枝和强旺的骨干枝上，成年果树也可在主干上进行，环剥的宽度多为枝干粗度的1/10左右。如苹果的多数品种伤口愈合能力较强，可于盛花期至落花后5d进行环剥或双道环割，以提高坐果率。但对于元帅系等愈合能力较差的苹果品种则以单道多次环割为宜，即每次环割一道，愈合后再进行下次环割。在核果类果树上，枝干环剥或环割后易患流胶病，因此应慎用环剥或环割技术。

除以上技术措施外，采取相应措施预防花期自然灾害，也是保证果树坐果的重要方面。

2. 疏花疏果技术

（1）合理负载量的确定

疏花疏果的关键是根据树种、品种、树势、树龄和管理水平确定获得最佳质量标准果品的适宜留果量。确定合理负载量的方法，因树种不同而不同。负载量不仅要考虑树体本身，还应依托于栽培条件。实际生产中，往往先确定产量质量目标，然后按不同方法落实到各个单株。

各单株适宜留果标准的参考指标主要有干周法、叶果比和枝果比法、果实间距法、以枝定果法等。

①干周法。干周法是根据果树的干周来确定果树留果量的方法。此法主要应用于苹果。测量树干距地面 20 ~ 30cm 处的周长，通过公式计算单株留果量。

苹果树的干周留果量计算公式：$Y=0.25C \pm 0.125C$。

其中，Y 为单株留果量，kg；C 为主干周长，cm；0.125C 为调整系数，壮树增加，弱树减少，一般树不加不减。

干周留果量法简便易行，在良好的综合管理条件下，按此法控制产量，可保证“大小年”幅度不超过 5%。

②叶果比和枝果比法。叶果比和枝果比法是苹果、梨等果树确定留果量的重要参考指标之一。

叶果比即果树上叶片总数与果实个数的比值。枝果比是果树上枝梢数与果实数的比值。用叶果比法表示时注意：一般乔砧、大果型品种叶果比较大，中小果型品种可适当减少，矮化砧或短枝型品种叶片光合能力强，叶果比也应适当减少。枝果比通常有两种表示方法：一种是修剪后留枝量与留果量的比值；另一种是结果当年新梢量与留果量的比值，又叫梢果比。枝果比一般比梢果比小 1/3 ~ 1/4。枝果比因树种、品种、砧木、树势以及立地条件和管理水平不同而异，在确定留果量时应综合考虑，灵活运用。苹果、梨等不同品种的叶果比和枝果比标准可参考表 3–1。

表 3–1 苹果、梨等不同品种的叶果比和枝果比参考标准

树种	果实类型	代表品种	叶果比	枝果比	备注
苹果	大型果	红星、富士	（40 ~ 45）：1	（5 ~ 6）：1	幼树、旺树比例可适当减小
	中型果	新乔纳金、红津轻	（30 ~ 40）：1	（4 ~ 5）：1	
	小型果	小国光	（20 ~ 30）：1	（3 ~ 4）：1	
梨	大型果	黄金、圆黄、新高	（35 ~ 45）：1	（5 ~ 6）：1	
	中型果	鸭梨、蜜梨	（30 ~ 35）：1	（4 ~ 5）：1	
	小型果	南果梨、京白梨	（20 ~ 30）：1	（3 ~ 4）：1	

③果实间距法。果实间距法是在按单位面积确定留果数及分株负担的前提下，每隔一定距离留果的方法，多在苹果、梨、桃、李等果树上应用。此法的最大优点是直观，便于掌握。根据树种、品种、树势和栽培条件，确定留果距离，如苹果、梨壮树壮枝间距小些，一般 20cm 左右；弱树弱枝间距大些，一般 25cm 左右，每花序应以留单果为主，坐果分布不均匀的，在果少处可留双果；小型果品种以留双果为主。桃树留果间距约为 10 ~ 15cm，李树大型果（黑宝石）留果间距为 10 ~ 15cm，中型果品种（美丽李）为 6 ~ 9cm，小型果为 4 ~ 5cm。

④以枝定果法。以枝定果法即按照结果枝的长短和果型的大小来确定适宜的留果数量。此法主要应用在桃、李、杏等核果类果树上。不同树种、品种各种结果枝的留果标准可参考表 3–2。

表 3-2　不同树种、品种各种结果枝的留果标准

树种	果实类型	代表品种	留果数量 /（个 / 枝）			
			长果枝	中果枝	短果枝	花束状果枝
桃	大型果	早凤王	1 ~ 2/1	1/1 ~ 2	1/2 ~ 3	1/3 ~ 5
	中型果	大久保	2 ~ 3/1	1 ~ 2/1	1/1 ~ 2	1/2 ~ 3
	小型果	春雷	3 ~ 4/1	2 ~ 3/1	1/1 ~ 2	1/1 ~ 3
李	大型果	皇家宝石	1 ~ 3/1	1 ~ 2/1	1/1 ~ 2	1/2 ~ 3
	中型果	黑宝石	2 ~ 3/1	1 ~ 2/1	1/1 ~ 2	1/2 ~ 3
	小型果	玉皇李	2 ~ 4/1	1 ~ 2/1	1/1	1 ~ 2/2
杏	大型果	凯特	1 ~ 3/1	1 ~ 2/1	1/1 ~ 2	1/2
	中型果	串枝红	2 ~ 3/1	1 ~ 2/1	1/1 ~ 2	1/2 ~ 3
	小型果	骆驼黄	2 ~ 4/1	1 ~ 2/1	1/1	1 ~ 2/2

（2）疏花技术

疏花一般在坐果率较高、花期气候条件较稳定的果园应用。疏花比疏果更能节省养分，更有利于坐果及形成花芽和提高产量。在冬季气温较低的北方地区，由于果树的花器容易受冻，因此疏花前首先要调查花器是否受冻，以防完全花留得不够而导致减产，然后根据调查的花序受冻率和花朵受冻率情况决定是否采取疏花措施以及疏花的程度。

①疏花时期。苹果、梨等仁果美果树疏花的时期是在花序分离期至盛花期，其中最好是花序分离前期。山楂一般在花序出现后进行，越早越好。葡萄疏花一般在开花前进行。板栗、核桃等，当雄花序伸长后，应及时疏去过多的雄花序。

②疏花方法。不同树种由于花的特性不同，疏花方法也略有不同。如苹果和梨等果树疏花时可用疏果剪只剪去花序上的全部花蕾，保留果台上的叶片。桃、杏等核果类的果树在管理水平较高的园地，可采用花前疏花蕾，即先结合冬剪疏除一部分多余的花束状果枝，再在花蕾开始膨大期至开花前对长、中、短果枝疏花蕾，留花的原则一般是要求留果的 1.5 ~ 2.0 倍。葡萄疏花主要是用稀果剪或用手将过密的花序整序疏除，对于留下的花序，要用手掐去花尖和小穗尖，以保证果穗大小、形状均匀一致。核桃疏花时（主要是疏雄花序），可用带钩的木杆钩或人工用手掰除，疏除花量以 90% ~ 95% 为宜。

疏花时，应先疏除生长弱、花小或果台叶片少而小的劣质花，先疏串花枝和花序密集枝，花仍然多时，再疏除其余的花。一株树上，按照先上后下、先内后外的顺序进行。一个主枝上，基部和梢头适当重疏，中部适当多留。在枝组上，留前面、疏后面，以备回缩。一个花序内，苹果疏边花，留中心花；梨留基部先开的花，疏上部花朵。

（3）疏果技术

①疏果时期。不同树种疏果时间及次数略有不同，如苹果、梨等仁果类果树疏果分两次进行。第一次是在子房膨大（落花后 1 ~ 2 周）时进行，叫“间果”；第二次在生理落果以后（落花后 1 个月左右）进行，叫“定果”，葡萄疏果在花后 2 ~ 4 周进行。核果类果树疏果一般在硬核期内进行，且越早越好。

②疏果方法。疏果可分间果和定果两次进行，管理水平较高的果园也可一次完成。间果主要是将疏花时多留在花序上的幼果疏掉。定果时应首先疏除过密、有病虫害、机械损伤和畸形瘦小的果，然后再根据留果量，确定留单果还是留双果。疏果原则是强枝

多留、弱枝少留。核果类果树一般都留单果，去小留大、去坏留好，先上后下、由里及外，防止损伤果枝。

疏果的方法有人工疏果和化学疏果两种。目前生产中仍以人工疏果为主，其最大优点是可以做到因树、因枝定果，留好果。

3. 果实套袋技术

果实套袋是在果实发育期将果实套上专用果实袋以保护果实、改善色泽、减少农药残留、提高外观品质的一项技术措施。能够减少叶绿素形成，促进花青苷和胡萝卜素的形成，提高果实的着色速度和着色程度。苹果、梨套袋使果面干净、细嫩、果点细小。果实套袋后还可以防止果锈和裂果产生、降低农药污染和病虫危害、减轻机械伤害、延长果实的贮藏期，从而提高各种果品的优质果率和经济效益，满足国内外市场对优质安全果品日益增长的需求。目前果实套袋已经成为果园的常规生产技术。

（1）果袋的类型及质量标准

果袋的类型较多，目前生产中应用较多的有双层纸袋和单层纸袋，此外也有塑膜袋、报纸袋等。

双层纸袋一般外层袋外面为灰、绿等颜色，里面为黑色；内层袋涂有石蜡，为红色。双层袋多用于难着色的品种或不利果实着色的地区，如红富士苹果等。套双层袋的优点是果实着色好；缺点是袋内温度高，并使幼果膨大期推迟，摘袋后果实易发生日灼，且套袋果可溶性固形物含量稍低。

单层纸袋一般用纯木浆纸加工而成，表面涂有一层石蜡，淡黄色，韧性强，抗淋洗，不易破碎。单层袋多用于较易着色的红色品种，如苹果中元帅系短枝型品种、新乔纳金、红津轻等。红色品种用单层袋时应选用内黑外灰的纸袋。

果袋质量是套袋成功的前提，在目前种类繁多的果袋市场选购果袋，应从七个方面鉴别其质量：一是果袋耐湿强度要大，即果袋外层浸入水中 1 ~ 2h 后，双手均匀用力向外轻拉，柔韧性强；二是外袋疏水性要好，即外袋上倒水后能很快流走，且不沾水或基本上不沾水；三是规格符合要求；四是外观规范，袋面平展，黏合部位涂胶均匀，不易开胶；五是透气性好，即袋底要有透气孔；六是内袋涂蜡要均匀——可在太阳光下观察蜡质层的薄厚及均匀度；七是袋口必须有缺口，袋口一侧有铁丝。

（2）套袋时期

多数果树在定果后进行套装，也可在主要病虫害发生前进行。但不同树种、品种，不同目的的套袋时间应有所不同。如苹果套袋时黄绿色品种和早、中熟品种在谢花后 10 ~ 15d 进行；生理落果重的红星、乔纳金等品种，可以在生理落果后进行；晚熟红色品种在花后 35 ~ 40d 完成；对于金冠等容易产生果锈的品种最好进行二次套袋。不同品种的梨的套袋时间也略有不同，如不宜产生水锈的白梨、秋子梨系统品种（鸭梨、财山酥梨、京白梨等）和沙梨系统的褐色品种，一般在生理落果后进行；黄金梨等一些黄色的沙梨品种，为确保果点浅、小，一般应用二次套袋的方法，在生理落果前套小袋完成，大袋可推迟到果实速长期之前；对于一些易产生水锈的梨品种（雪花梨、新世纪梨等），套袋时间可适当向后推迟。葡萄套袋在落花后应及早进行。桃、李、杏等核果类果树，由于生理落果严重，套袋的时间必须在生理落果后进行。

（3）套袋方法

果实套袋前要均匀细致地喷布一次杀虫杀菌剂，但不能喷洒污染果面的波尔多液等。套袋前，应使袋口处湿润，以便使用。对于果柄较长的梨以及葡萄，果实选定后，先撑开袋口，托起袋底，使两底角的通气放水口张开，袋体膨起。手执袋口下 2 ～ 3cm 处，套上果实后，从中间向两侧依次按“折扇”的方式折叠袋口，然后将捆扎丝反转 90°，沿袋口旋转一周扎紧袋口。套袋时，果实在袋内要悬空，使袋口接近果台位置，以防止袋体摩擦果面，套袋人员不要用力触摸果面；幼果入袋时，可手执果柄操作，防止人为地造成果面出现“虎皮”。

对于果柄较短的苹果，由于果袋袋体上方的中间有一竖切口，果实选定后，将果柄放入切口内，使带捆扎丝的一端在右侧，以果柄为分界线，将右手处带有捆扎丝的一端向左旋转 90°，使捆扎丝与左边的袋口重叠，捆扎丝在内，然后在距袋口 0.5 ～ 1cm 处平行向内折叠，使无丝一端的袋口压住捆扎丝，再将折叠后的袋口连同捆扎丝在无丝端的 2cm 处向外呈 45° 角折叠，压紧纸袋即可。

对于果柄极短的核果类品种，由于果实袋袋体上方的中间有一半圆形切口，果实置于袋内后，将半圆形切口套住果实所着生的结果枝，扎紧袋口即可。

（4）除袋时期及方法

适时摘除果袋也是果实套袋的关键技术之一。应根据树种、品种及果袋类型选择适宜的除袋时间。对于需着色的品种，一般早、中熟品种在采收前 10 ～ 20d 除袋，晚熟品种在采收前 15 ～ 30d 除袋；不着色品种一般带袋采收。去袋过早，果实暴露时间过长，果皮易变粗糙，色泽较暗；去袋过晚，着色期短，虽果皮细嫩，色泽新鲜，但色调较淡，贮藏期容易褪色。

除袋时，对于双层袋，分两次去除，第一次先去外袋，5 ～ 7d 后再去内袋；对于单层袋，去除时先将袋底部撕成伞状，2 ～ 5d 后再全部去除。解袋时间应避开光线强烈的中午，一般上午解除树冠西部的果袋，下午解除树冠东部的果袋。

第四章 林业造林技术

第一节 造林基本技术

一、造林树种的选择

树种选择是人工林营造中最重要的一项基本工作，是造林技术系统中非常重要的一项措施。树种选择就是要做到既符合造林目的，又能充分利用和发挥林地生产力以及其他目的效益的发挥。中国土地广阔，自然条件十分复杂，宜林地特性多样，树种资源丰富，所以在造林中应更加重视树种选择。

（一）树种选择原则

树种选择应遵循经济学和生物学相兼顾的原则。

1. 生物学原则

这是指造林所选择的树种的生物学习性应尽可能与造林地的立地条件相适应，即适地适树原则。

2. 经济学原则

这是指造林所选择的树种的各项性状，主要是经济性状及效益性状要符合既定的育林目标的要求，即树种选择定向原则。

树种选择就是要使所造之林能够提供与立地生产力相应的材积和价值产量，即所选择的树种应尽可能地利用地力，但不使其衰竭，最好还能改善立地，所选择的树种必须构成足够稳定的林分。除此之外，还必须考虑以下辅助原则。

①因地制宜地确定针叶树种和阔叶树种、乔木和灌木的合理化比例，选择多树种造林，防止树种单一化。随着社会的发展，不仅需要提供多品种的木材，而且在改善环境，保障农牧业生产等方面也需要选择多种的优良树种，以满足各方面的需要。

②充分利用优良乡土树种，积极扩大引进取得成效的优良树种。在树种自然分布区内，分布最普遍、生长最正常的树种，是长期历史适应该地区条件而发展起来的树种，即乡土树种。它们适应性强，生长相对稳定，抗性强，繁殖容易，所以在造林时首先要考虑乡土树种。引进外来树种时，要先进行造林试验，对于获得成功的优良树种要积极推广。

③选择具有较好稳定性、抗病虫害能力强的树种。所选树种形成的林分应该长期稳定，要经得住一些极端气象灾害因子的考验，能抵抗一些毁灭性病虫害的侵袭。

④树种选择时还要考虑所选择树种在经营技术上是否可行。如有些树种从各方面性状看都很好，可以中选，但其种子和苗木来源有限，不可能大面积应用。有些树种虽生长效果很好，但栽培技术复杂，或需较大工料投入，或无栽培经验，成本高，最终经济效益不一定高。因此，在选择树种时，要考虑到可行性的原则，使树种选择切实可行，经济有利。

（二）树种选择方案确定

根据以上树种选择要统筹兼顾的两个主要原则，树种选择时要把握适地适树和定向选择。首先，按培育目标定向选择造林树种，不同的林种其培育目标不同，对树种的要求也不相同。因此，应依照培育目标对树种的要求，分析可能应选树种的有关目的性状，经过对比鉴别，提出树种选择方案。其次，弄清具体造林区或造林地段的立地性能，分析可能应选树种的生态学特性，进行对比分析，按适地适树原则选择造林树种。为了得出更可靠的有关树种选择的结论，可进行造林树种选择的对比试验。在一定造林地区的典型立地上，种植可能作为入选对象的树种，经过整个培育周期的对比试验，筛选出一些有前途的造林树种，剔除一些易遭失败的树种。不过对比试验时间较长，需要投入的人力物力较多、困难大，在生产上不可能对各树种都通过试验后再造林。有时凭树种的天然分布及生长状况，根据树种生态学特性及以往的零星造林经验，就可决定树种的选择。通过对现有人工林的调查研究，掌握不同树种人工林在各种立地条件下的生长状况，是选择造林树种时常用的方法。调查现有人工林时，一方面要大量调查一个树种在不同立地条件下的生长效益，作出该树种生产力评价，得出该树种适生立地范围；另一方面对同一立地类型做多树种调查，作出多树种的立地评价，可为同一立地上选用哪个树种能更好地发挥林地生产力作出判断。

最后，确定造林树种方案时，依照林种布局和树种选择原则，充分分析对比造林地立地性能和各可选树种的生态学特性，并依据现有树木生长状况调查资料，把造林目的与适地适树的要求结合起来统筹安排。一方面，要考虑到同一个具体造林地区或造林地块上可能有几个适用树种，同一树种也可能适用于几种立地条件，经过分析比较，将最适生、最高产、经济价值最大的树种列为该区或该地块的主要造林树种。而将其他树种，如经济价值高但对立地条件要求过于苛刻，或适应性很强但经济价值低的树种，列为次要树种。同时要注意树种不要单一化，要把针阔树种、珍贵树种也考虑在内，使所确定的方案既能充分利用和发挥多种立地的生产潜力，又能满足多方面的需要。另一方面，在最后确定树种选择方案时，还要考虑选定树种在一定立地条件上的落实问题。把立地条件较好的造林地，优先留给经济价值高、对立地要求严的树种。把立地条件较差的造林地，留给适应性较强而经济价值较低的树种。同一树种若有不同的造林目的，应分配给不同的造林地，如培育大径材，分配较好的造林地，若是培育薪炭林、小径材，可落实在较差的立地。

（三）适地适树

从生物学原则出发，树种选择要求适地适树。

1. 适地适树的概念

适地适树就是要使造林树种的特性，主要是生态学特性和造林地的立地条件相适应，以充分发挥生产潜力，达到该立地在当前技术经济条件下可能取得的最佳效益。

2. 适地适树的标准

衡量适地适树的客观标准要根据造林的目的要求来确定，对于不同林分，适地适树的标准也不一样。对于防护林来说，成活率高，林分稳定性高，及早使防护效益达到最高限度为衡量适地适树的标准。对于经济林来说，除了林分的成活率和稳定性外，使林产品达到一定的数量和质量指标是衡量标准。对于用材林来说，起码要达到成活、成林、成材，还要有一定的稳定性，即对间歇性灾害因子有一定的抗御能力，同时应有一定的数量指标。衡量适地适树的数量指标主要有两种：一是立地指数；二是材积平均生长量。产品质量有时也应作为衡量适地适树的参考因子。

3. 适地适树的途径和方法

适地适树反映的是树木生长与环境条件之间的协调关系。每一树种生长发育的特点主要由它内在的生物学特性所决定，而环境条件的影响则是促进和影响它生长发育的外部原因。不同树种有不同的特性，同一树种在不同地区其特性表现也有差异。即使是在同一地区，同一树种在不同发育阶段，对环境条件的要求也不相同。造林中强调适地适树的原则，就是要正确地对待树木生长发育与环境条件之间的辩证关系。实践中，或是按具体的造林立地条件选择适宜的树种，或者是为具体的造林树种选择适宜的造林地，达到树和地的统一。如在含盐较高的土壤上造林，应选用耐盐能力较强的树种。另外，适地适树原则要求地和树相适，指的是地和树之间的矛盾部分在林木培育的主要过程中是相适的。可能在某个具体造林地，具体树种的某个发育阶段，地和树还存在着矛盾，要在实践过程中不断调节，逐步深入揭示树种的特性规律，通过人为措施改变其原有发展势态，并注意改善外界环境条件，使树和地这对矛盾的统一体向符合人们培育希望的方向发展。

在造林过程中，为了使“地”和“树”基本适应，可以通过三条途径加以实现。

①选择。包括选树适地和选地适树。选树适地：根据造林地的立地条件选择在此条件下最适生的树种。也即，在确定了造林地以后，根据其立地条件选择适合的造林树种。如在北京市西山地区，阴坡、厚土层的立地条件下，水分较好，可选择油松为造林树种。选择时，以乡土树种为主，外来树种为辅。选地适树：根据树种的特性选择最适宜的造林地。也即，根据当地的气候土壤条件确定了主栽树种或拟发展的造林树种后，选择适合的造林地。如侧柏比较耐干旱瘠薄，在北京市西山地区可选择阳坡薄土层的立地进行造林。

②改地适树。当造林地的条件不能满足造林树种的要求而又必须发展这一树种时，可以采用人为措施改善造林地条件，以适应造林树种的生长，使“树”和“地”两者相适应，如通过整地、施肥、灌溉、混交、土壤管理等措施改变造林地的生长环境，使其适合于原来不适应树种的生长。杨树可以在轻盐碱地上生长，如在重盐碱地上造林时，需要采用脱盐碱的措施（如排灌洗盐）来降低盐分含量，使之适合林木生长。一般来说，都是围绕土壤情况进行改地，如提高土壤肥力、增加土壤的蓄水能力、加厚土层、改变土壤的机械组成等，但该种途径难度较大。

③改树适地。改变树种某些特性，使之能适应造林地条件。如通过选种、育种、引种驯化等措施改变树种的原有特性，增强树种耐寒、耐旱、耐盐等特性，使之适应原来不适应的造林地立地条件。这方面比较典型的例子是毛竹北移及一些抗性树种的培育等。

（四）树种定向选择

从经济学原则出发，为实现各林种的效益，造林树种的选择应各有定向，各林种对造林树种的要求决定了造林树种的定向选择技术。对于不同的林木培育方向，适地适树应有不同的标准，但都应该是客观的。

1. 用材林树种的选择

营造用材林的主要目的是获得较高的材积和木材应用价值，因此要求所选择的树种要具有“速生、丰产、优质和稳定”的性质。

①速生性。中国树种资源丰富，有乡土树种也有引进树种，如北方的落叶松、杨树，中部地区的泡桐、刺槐，南方的杉木、马尾松，从国外引进的松树、桉树和竹类等。这些树种少则 10 ~ 20 年，多则 40 ~ 50 年就能成材利用，应是营造用材林的主要对象。

②丰产性。丰产性是指单位面积产量高，即单位面积蓄积量高。杨树、松树、落叶松等速生树种单株长得快，单位面积蓄积量大。红松、云杉，属于后期生长较快的树种，由于其寿命长，往往能长成大树，单位面积也能达到较高的蓄积量。

③优质性。用材林树种的优质性主要包括良好的干形和材质两个方面。良好的用材林树种应具有树干通直、饱满，分枝细小稀少，整枝性能良好等特点。这样的树种出材率高，采运方便，用途广，因此，经济价值较大，一般用材都要求材质坚韧、质量系数

较高、纹理通直均匀、不易变形、干缩小、容易加工、耐风抗蛀等。

④稳定性。所选择树种营造林分，要具有一定的稳定性，如抗风（风大地区）、抗雪折（雪大地区）、抗病虫害的能力强。

2. 经济林树种的选择

经济林的培育目标是要生产干果、水果、食用油料、饮料、调料、香料、木本蔬菜、药材和工业原料等，所以经济林树种应具有优质、高产性状，选择树种时要依市场需要，重点发展名、特、优、新品种。其中，栽培以生产木本油料为主的经济林主要是为了收获种子、果实或其他器官，从中榨取油脂。木本油料林树种的性状应是结实性能好（早熟、丰产、稳产、寿命长）、种实含油率高和油脂质量好等。中国经济林发展较快，经济林树种资源极为丰富，目前有些树种已形成生产规模，但还有大量资源有待开发利用。

3. 防护林树种的选择

防护林是个大的林种，根据生产的需要和不同防护林的功能，可细分为农田防护林、水土保持林、水源涵养林、防风固沙林以及具有某种功能的特种防护林等次级防护林种。应根据防护对象选择适宜树种，一般应具有生长快、防护性能好、抗逆性强、生长稳定等优良性状。例如，营造农田、经济林园、苗圃和牧草防护林的主要树种应具有树体高大、树冠适宜、深根性等特点；水湿地区的树种还应具有耐水湿的特性。经济林园防护林树种不能与林园树种有共同病虫害或是其中间寄主；严重风蚀、干旱地区，要注意选择根系发达、耐风蚀、干旱、沙压的树种。

（1）农田防护林树种选择

农田防护林的作用：农田防护林是在农田周围有计划营造的纵横交叉构成网状的森林。其目的是防治风害及霜冻，保证农田高产、稳产，同时可提供各种林产品（如木材）以及美化环境的作用。

①降低风速。林带可以减低风速。当风害通过林带时，通过树干和枝叶的摩擦和阻拦而使风力减弱；越过树冠的气流与穿过林带的气流接触后又产生摩擦、混合，继续消耗气流动能。

②调节气温和湿度。由于风速的减弱和林带树冠的蒸腾作用，使得林网内的空气温度和湿度得到了改善，有利于作物高产、稳产。

③积雪均匀而不易吹散。在多雪地区，积雪的覆盖是农作物高产的重要条件。有防护林网的保护，积雪不被强风吹散，网内风速的降低，使积雪均匀地分布在农田上。

④改良土壤。在林带的防护范围内，由于风速的减小，减轻或不发生土壤的风蚀。防护林带还能防止因灌溉不当所引起的土壤次生盐渍化。

⑤经济效益。除了林带防护作用所带来的经济效益外，林带本身尚可提供木材、薪材、编条、果品等产品以及一定程度上的美化作用。

农田防护林树种的选择原则：

①生长迅速、树体高大、枝叶繁茂。如杨树和桉树，可以较早地发挥防护效益，延长防护距离。

②寿命长、生长稳定，能够长期发挥作用，减少更新次数。

③抗风力强，不易风倒和风折。

④水平根不过分伸展，以减少其胁地和遮地面积。如泡桐、箭杆杨，树冠较紧束不开张。

⑤与农作物无共同病虫害。

⑥树种有较高的经济价值，能生产木材和其他林副产品。

（2）水土保持林树种选择

水土保持林的功能：水土保持林是指水土流失地区以减少、阻拦及吸收地表径流，涵养水源、防止土壤侵蚀、改善农业生产条件为目的的防护林。其作用如下：

①涵养水源，保持水土。主要是通过林冠层的截持、林地枯枝落叶层的调节、蓄涵降水及林下土壤的渗流等环节来实现水土保持林的涵养水源和保持水土的作用。

②固持土壤。乔灌木树种依靠其深长的根系及扩展的水平根系，能在相当大的深度、广度范围内固持土体。如林内各树木植株间盘根错节的根系网，以及浅根和深根树种的混交搭配，牢牢地固持着土体。

③调节区域气候，改善环境条件。

水土保持林树种的选择原则有以下几点：

①根系发达。根系发达、根蘖性强的树种，可以固持土壤，增强土体的抗蚀能力，如刺槐、旱冬瓜等。

②生长迅速。这是防护林树种选择的共同原则。生长迅速、树冠茂密，能形成枯枝落叶层的树种，可减少落地降水数量，保护土层，如刺槐、沙棘、紫穗槐等。

③枯落物丰富。落叶丰富、易分解，能改良土壤理化性质，最好有固氮能力，以提高土壤肥力，如刺槐、紫穗槐等。

④适应性强。在一般情况下，营造水土保持林地区的自然条件较差，尽量选择适应性较强，耐干旱、贫瘠的树种，如侧柏、柠条、杜梨等。

（3）防风固沙林树种选择

一切以防止风沙危害、固定流沙为目的的森林称为防风固沙林。其作用是防止沙地风蚀，避免沙粒移动并合理利用沙地生产力。

①固持沙土。通过林木的枝叶减低风速，枯枝落叶覆盖地表，庞大的根系固持土壤，使沙地不起沙、扬沙；

②改良土壤。通过林木的大量枯落物，增加沙地的有机质、腐殖质，改善土壤结构，提高土壤肥力，增强胶结抗蚀压力。

③提供林产品。为沙区提供部分木材、薪炭、饲料、肥料及其他林产品。

防风固沙林树种的选择原则：

①根系深广、根蘖性强，以笼络土壤、固定流沙，如梭梭、沙拐枣等树种；

②耐风沙裸根及沙埋，如沙柳、沙蒿、柽柳等，容易发生不定根，耐沙割；

③地上部分茂密，以防止因风起沙；

④落叶量大，能改良土壤，提高胶结能力；

⑤耐干旱瘠薄、耐地表高温，如花棒、樟子松；

⑥地下水位高的地方，应选耐水湿、排水力强和耐盐碱的树种，如胡杨、柳树等。

第四种，环境保护林和风景林的选择。环境保护林和风景林的作用是保护和美化环境，宜选择具有杀菌、抗污染以及具有美化功能的树种。

第五种，四旁绿化树种的选择。四旁植树不是一个单独的林种，它兼备其他林种的作用，路旁应选择树体高大、干直枝密的树种；水旁则选择喜湿耐淹、速生优质的树种。村旁、住宅旁条件好，应选择立地条件要求高、价值高的树种及经济树种。

二、造林施工技术

（一）造林整地技术

（1）造林地的清理

造林地的清理，是翻耕土壤前，清除造林地上的灌木、杂草、杂木、竹类等植被，或采伐迹地上的枝丫、伐根、梢头、站杆、倒木等剩余物的一道工序。如果造林地植被不很茂密，或迹地上采伐剩余物数量不多，则无须进行清理。清理的主要目的是改善造林地的立地条件、破坏森林病虫害的栖息环境和利用采伐剩余物，并为随后进行的整地、造林和幼林抚育消除障碍。一般采用人工或机械（如割灌木机）进行全面、带状或块状方式割除，然后堆积起来任其腐烂或进行火烧的清理方法。

（2）造林地整地的方法

一是全面整地。全面整地是翻垦造林地全部土壤的整地方法。具体做法是：用山锄把造林地全面深挖 18 ～ 21cm，并清除树蔸、石块等，深挖后，再按株行距规格打洞。其优点是：蓄水、消灭杂灌、改善立地条件的作用大，甚至可以改变小地形；有利于实行机械化作业。缺点是：花费劳力多、投资大，受经济条件和劳动力条件限制；容易引起水土流失，受地形、地质、气候条件的影响。

适用条件：经营目的需要；技术、经济条件许可；林地条件许可，如北方土壤质地疏松、植被稀疏的山地，限定在坡度 8° 以下应用，南方泥质岩类山地或灌木杂草丛生地，限定在坡度 25° 以下应用，如坡度超过 25° ，可全垦后再修筑水平阶。

无论是北方还是南方，全面整地不宜连成大片，坡面不要太长，山顶、山腰、山脚应适当保留植被，并辅以保水土坡和排水沟等防止水土流失措施。

二是带状整地。带状整地是呈长条状翻垦造林地的土壤，并在整地带之间保留一定宽度的不垦带的一种方法。此方法适用范围广泛，是一种效果较好的整地方法；蓄水、保土，改善幼树生长环境；相对全面整地省工，生产成本低。

适用条件：坡度平缓或坡度虽大但坡面平整的山地；伐根数量不多的采伐迹地和林中空地及林冠下造林地等。

在坡度较大的山地，带的方向应沿等高线保持水平。带宽一般为 1m，变化幅度为 0.5 ～ 3m；破土带的断面可与原坡面平行或构成阶状、沟状；带长视地形破碎情况而定，在可能条件下宜尽量长些，但带太长时，整个带面不易保持水平，反而会使水流汇集，引起冲刷、侵蚀。在平原地区，带的方向一般为南北向，有害风的地方与主风垂直。

一般带状整地不改变小地形，但在某些条件下需要改变局部地形。如平地可采用高垄整地。山地则可采用平地带状水平阶、水平沟、反坡梯田、撩壕等整地方法。下面分别介绍这些整地方法。

平地带状整地：在平地上开垦成长带状，破土面与地表平，带宽0.5 ~ 1.0m至3 ~ 5m不等，带长不限，多以拖拉机进行翻耕作业。这种整地既可以改善立地条件，又可以保持部分植被。适用于平原有风蚀的草地、半固定沙地，以及平整的缓坡等。

水平阶整地：多用于干旱山地或黄土地区的缓坡和中坡。施工时自坡下沿等高线开始修第一阶，然后填土第二阶表上，依次类推，最后一阶可就近取表土盖于阶面，阶面外缘培修土埋或不修土埴。阶面宽度0.5 ~ 1.5m，阶长不定，相邻阶距1m左右，阶间距1.5 ~ 2.0m。水平地带状整地示意图2.0m。水平阶整地有一定的改良立地条件的作用，比较灵活，可以因地制宜地改变整地规格。

水平沟整地：多用于水土流失严重的黄土高原地区和山地土层较厚的陡坡。做法是：沿等高线将坡面开挖成短带状，破土面低于坡面，断面为长方形或梯形的沟。沟长4 ~ 6m，宽60 ~ 80cm、深30 ~ 50cm、相邻沟距1m左右，上下沟距1.5 ~ 2.0m，呈“品”字形排列。挖沟时，先将表土堆在上方，用生土在下面培埴，再将表土填在沟内植树处。沟内每隔一定距离做一横档，保持沟底水平，避免冲刷。苗木栽在土埋内侧的中、下部或沟底。水平沟整地沟深，坡土面大，能够拦蓄较多的降水，沟壁可以遮阴防风，降低沟内温度，减少土壤水分蒸发，但是水平沟整地动土量大，比较费工。

反坡梯田：这是黄土干旱丘陵山地一种行之有效的整地方法。固断面呈三角形的沟，故又叫三角形水平沟。田面向内倾斜成反坡，反坡为3° ~ 15°，田面宽1 ~ 3m，境外坡60°，内侧坡60°左右，修筑方法与水平阶相似。反坡梯田蓄水保土、抗旱保墒能力强，改善立地条件的作用大，造林成活率较高，生长良好，但整地花费劳力较多。适用于黄土高原地形平缓、坡面完整、土层深厚的造林地。

撩壕整地：又叫抽槽整地，是南方丘陵地区栽培杉木过程中创造的一种挖长壕，去心土，填表土，再造林的整地方法。

撩壕整地的做法是，沿等高线开沟（槽），先挖开表土，把心土堆放在下坡，筑成土坡，然后从上坡锄下表土，填入沟（槽）内，一直填到水平为止。再按造林行距依次向上开沟（槽）挖填，这样边挖边填，做到上槽表土下槽填，槽槽去心土，填表土，若土质较差，应深0.3 ~ 0.5m，与下沟相距2.3 ~ 2.5m，有的大撩壕，沟宽达0.8 ~ 1m，深0.6 ~ 0.8m，沟间距则应适当加大。

撩壕整地松土深度大，肥沃表土集中，一般认为有利于林木生长。但是，撩壕整地动土量大，用工量多，破坏植被也比较严重，而且根系多聚集在肥力较高的壕沟内，因而根幅比全垦的要小，对林木后期生长不利。必须通过深耕扩槽或扩槽换土、施肥、抚育等措施，才能保证林木持续旺盛生长。撩壕整地适用于南方比较干旱贫瘠的丘陵地区。

高垄整地：在平地开挖成长带状，翻土起垄，垄面高于地表0.2 ~ 0.3m，垄面宽0.3 ~ 0.4m。高垄整地适用于水分过多的采伐迹地、水湿地以及干旱地区的盐碱地。

三是块状整地。块状整地是呈块状翻垦造林地一部分土壤的方法。块状整地动土面积小，具有省工、灵活等优点，但改善立地条件的作用较差。

块状整地可用于平原或山地的各种造林地，适用于地形较破碎的山地，伐根较多且有局部天然更新迹地、风蚀严重的荒地、沙地及沼泽地等。

块状整地的破土面积，应根据植被、土壤、苗木大小和劳力状况而定。植被稀疏、土壤质地疏松，采用小苗造林时，整地规格可小些；反之，宜稍大些。一般块状整地的边长或穴径不超过1m，大多为0.5m左右。营造经济林或进行群体造林，整地规格应大些。

块状整地具体方法有：穴状整地、坑状整地、鱼鳞坑整地和高台整地等。

穴状整地：破土面圆形，穴面与原坡面持平或稍向内倾斜，穴径0.3～0.5m，外缘无埂。

穴状整地改善立地条件的作用更差，但可根据小地形的变化，灵活选定整地位置，充分利用岩石裸露山地土层较厚的地方和采伐迹地伐根间肥沃的土壤。适用于坡度大、裸岩多的山地或采伐迹地。

穴状整地在平原、滩地及“四旁”植树中广泛应用，一般穴径可达1m左右，而且深度较大，用以栽植经济林或营造速生丰产林。

坑状（凹穴状）整地：破土面呈正方形或圆形，穴面低于地表0.1～0.3m，边长或直径为0.3～0.5m，深度较穴状整地稍深。适用于干旱多风，不宜进行带状整地的荒地、搭荒地及沙地等。

鱼鳞坑整地：适用于气候干旱、地形复杂、坡面破碎、坡度较陡，容易发生水土流失的干旱山地及黄土地区。形状似半月形的坑穴，呈三角形排列。具体做法是：在山坡上沿等高线挖半圆形的垄，先把表土放在一边，再用里切外垫的方法，将心土培在下边，筑成半圆形的坡，坡的高和宽各为20～30cm，然后再将挖出的表土填入坑内，坑面水平或稍向内倾斜，并在上方左右两角各斜开一道小沟，引蓄更多雨水。树苗栽在坑的内坡中下部。鱼鳞坑的大小及数量因造林目的和自然条件不同而定。如在坡陡、地形破碎的地方种植作材林及防护林，鱼鳞坑宜小而较密；在土厚、植被茂密的中缓坡种植经济林，坑稍大而稀。一般长径为1～1.5m，短径为0.5～1m，深30cm以上。

修筑鱼鳞坑时，要尽可能多地保留坑周围的杂草、灌木，以保持水土，减少土壤冲刷。高台整地时破土面多为正方形，台面高于地面0.2～0.3m，边长0.3～0.5～1m。

高台整地排水良好，但费工，造林地障碍物较多，不便于大面积采用。适用于水分过多的迹地、草甸、沼泽地以及盐碱地等。此外，在土层很薄、岩石裸露、过于贫瘠的石质山地，或土壤条件较差，需要营造速生丰产林或经济林时，可采用客土整地方法，即从其他地方取土填入种植穴内。

不同整地方法适用于不同的造林地条件，因地制宜地选择整地方法是一条重要的原则。如在营造速生丰产用材林时，有时可能采用更集约的整地方法，在全面翻垦的基础上再局部（成带或成块）加深形成一定小地形断面（全垦加大穴），多种方法综合运用。

3. 造林整地技术规格

①深度。深度对改善立地条件的意义最为重大，应大于栽植苗木根系的长度

（20 ~ 25cm）。生长上常用的深度为 30 ~ 40cm。但在植被稀少，土壤疏松的新采伐（火烧）迹地上没有必要深整地，尤其在水分充足地区深整地还有促进冻害的作用，在这种地区仅限于通过浅松土把枯落物和矿物质混合起来，甚至仅限于扒去土表枯落物层，露出矿物质以便栽植。

②宽度。宽度与坡度有关：陡坡窄，缓坡宽；土浅窄，土厚宽。坡度越大，垦带应越窄。否则土体不稳或自然植被保留少，又不利于水分的保持。条垦带的宽度一般是 80 ~ 100cm。

③长度。长度视其保持的水平的程度而言。

断面形式。断面形式以斜面、阶状、沟状各不同。

在不同的自然条件、经营水平状况下，整地的技术规格有很大差异，其中整地深度是所有整地技术规格中最为重要的一个指标。

4. 造林整地的季节

一般来说，除冬季土壤封冻外，春、夏、秋三季均可整地。合理季节的选择必须结合如下几个原则：

①立地条件。黏性土壤易在冬季前进行，以利于土壤冻融风化，而冻融风化对沙性土壤影响相对较小。杂灌严重的立地则以伏天为好。

②气候条件。在干旱地区或季节性干旱地区，在整地与造林之间最好有一个雨季，以利于改善土壤墒情。

③劳动力安排。春季是多数地区的林业生产最为繁忙的季节，因此，应尽量避免整地与造林不争抢劳力，造林时无须整地，可以不误时机地完成造林任务。

④整地效果。一般应做到提前整地，因为提前整地可以促进灌木、杂草的茎叶和根系腐烂分解，增加土壤中有机质，调节土壤的水分状况，尤其在干旱地区。当然，提前整地一般是提前 1 ~ 2 个季节，绝不是无限制地提早。如果整地后长时间不造林，立地条件仍会不断变劣，失去整地作用。

（二）造林方法

造林方法是指造林施工时的具体方法。根据所使用的造林材料不同，可分为播种造林、植苗造林两种。

1. 播种造林的方法

播种造林也叫直播造林，是把林木种子直接播于造林地上，使其发芽生长成林的一种造林方法。

播种造林的特点是不需经过育苗，也省去了栽植工序；操作简便，费用较低，节省劳力；苗木适应性强，根系完整，发育均衡。但耗种量大，出苗率低，成林慢，在生产上没有植苗造林应用广泛。

播种造林的应用条件：一是在气候条件好，土壤比较湿润疏松，杂草较少，鸟兽危害不严重或者岩石裸露、土层浅薄、植苗造林和分植造林困难的地区采用。二是播种造林树种应是种源丰富、发芽力强、根系发达、直根性明显，比较耐干旱的树种。如松类、栎类、核桃、油桐、油茶、紫穗槐、柠条、花棒等。此外，移植较难成活的树种，如樟树、楠木、文冠果等，也可采用播种造林。边远地区、人烟稀少地区播种造林更为适宜。

2. 植苗造林的方法

植苗造林是以苗木作为造林材料进行栽植的造林方法，也称为植树造林或栽植造林，是目前生产上应用最普遍的一种造林方法。

①植苗造林的特点及应用条件。植苗造林所用的苗木，是在条件较好的苗圃中度过的，它具有较完整的根系，对造林地环境条件要求不严，抵抗外界不良环境因子的能力较强，幼林能较早郁闭，可以缩短幼林抚育年限。此外，植苗造林比播种造林节省种子。但植苗造林的工序比较复杂，费用大，特别是大苗带土栽植。

植苗造林方法一般不受树种、立地条件的限制，适用于绝大多数树种和立地条件。尤其在干旱地区、流动沙地或半固定沙地、杂草丛生、容易发生冻害及鸟兽害严重的地区，采用植苗造林更为可靠。

②栽植技术要点。包括从起苗到栽植、苗木的选择、苗木的保护和处理，以及植苗的具体技术等。每一道工序的技术措施都应围绕保持苗木体内水分平衡，保证苗木在栽植时具有旺盛的生活力，栽植后能迅速恢复生机。

苗木种类：植苗造林使用的苗木，主要是播种苗、营养繁殖苗和移植苗。营造用材林三种苗木都可采用。但山地造林多用播种苗，营造防护林用移植苗较多，至于城市和四旁绿化常用经过多次移植的大苗。近年来容器苗造林发展很快，对提高造林成活率效果显著。

造林用苗的年龄以有利于成活、生长为原则，过大、过小都不适宜。一般山地大面积造林多采用 1 ~ 2 年生小苗。小苗栽植比较省工，起苗中根系损伤少，栽植时不易窝根，苗木地上和地下部分水分易平衡，栽植成活率高。但小苗对杂草及干旱抵抗力较弱，栽后需加强抚育保护工作。因此，在幼苗期生长缓慢或立地条件差的情况下，采用较大苗木造林比较可靠。此外，营造速生丰产林、经济林、风景林以及栽植行道树时，为了尽快发挥效益也可以采用年龄较大的苗木。

苗木规格是指最适于造林用的苗木的年龄、高度、地径和根系发育状况的标准。地区不同、树种不一样，壮苗标准也不相同。具体标准可参照各地主要造林树种苗木产量、质量标准。

苗木的保护和处理：植苗造林后，苗木能否成活，与苗木本身是否能维持水分平衡有密切关系。如果苗木失水过多，生理机能就会受到破坏，苗木就会死亡。所以，从起苗、假植、包装、运输到栽植，都必须保护好苗木，尤其是要把苗木根系保护好。注意起苗少伤根，尽量缩短从起苗到栽植的时间，做到随起随栽。在苗木运输过程中，要保持苗根湿润，不受风吹日晒，运到造林地后及时假植，如果土壤干燥应适当灌水。栽苗时，栽多少，取多少，当天栽不完的苗木应立即假植。假植时可适当剪掉起苗时受损伤的、过长的根系，以有利吸水，便于栽植。为了减少苗木部分的蒸腾，对常绿阔叶树必要时可进行修枝或剪叶。

在干旱地区，对萌芽力强的阔叶树种可截干栽植，即在栽植前把地上部分截掉，用根桩造林，这样可避免因风吹摇动苗木和地上部分失水而影响成活。截干留茬高度，一般以 5 ~ 10cm 为宜。干旱沙地为了深栽，留茬宜稍高，水湿盐碱地为防止茬口受侵蚀，留茬也应稍高。适宜截干造林的树种有：泡桐、杨树、刺槐、臭椿、苦楝、栎类、檫木、紫穗槐、沙棘等。

为了更好地保持根系湿润，生产上常用浸水和蘸泥浆的方法补充苗木水分和防止苗根失水。蘸泥浆时，应防止泥浆过稠，使根系四周形成泥壳，影响根系吸水和呼吸，须根多的树种不宜蘸泥浆，以防栽植时窝根。还可采用一定浓度的食盐、草木灰、尿素、磷肥等浸根，对成活生长都有一定的效果。

③裸根苗植苗造林苗木体内水分平衡问题。在裸根苗植苗造林中，要获得较高的造林成活率，相当重要的一条就是保持苗木体内的一定含水量。事实上，苗木生活力的强弱和苗木体内含水量是一种平衡关系，苗木的生活力是随着苗木体内的水分下降而得不到足够的补充而降低的。在实际的林业工作中，为了达到提高造林成活率的目的，实质上就是要维持苗木体内的水分平衡。

一是起苗后到栽植前裸根苗的水分平衡。苗木在栽植前，要经过起苗、分级修整、贮藏及运输四个环节，而每个环节中，苗木都按一定的速率失水（苗木在单位时间失去的水与苗木体内含水量之比）使苗木体内含水率降低。苗木造林后要成活，就必须使栽植时的苗木含水量达一定量。而苗木含水量是按上述指数衰减的，故要提高苗木含水量，可采用下列措施：提高起苗时苗木含水量，可在起苗前浇一次透水；降低失水速率，即应避免苗木风吹、日晒、高温、环境、伤口过多、受伤面积过大等；应尽量缩短起苗、分级、修剪、运输及栽植的时间，运输时也要防止失水，如搭篷布、根系蘸泥浆、喷保水剂等；运回来如不立即栽植，应赶快保存好，如假植。

二是苗木栽植后到成活体内的水分平衡。苗木栽植后，一方面苗木自身由于蒸腾作用继续失水，另一方面苗木处于一定的土壤环境中不断吸水，这两个方面使苗木在一定时间、一定环境（包括土壤和气候）中体内水分保持平衡。要使栽植的苗木成活，可采取下列措施：采用地面覆盖，增加地表粗糙度，修枝打叶等措施以减少蒸腾，提高吸水速率。因而要在起苗时注意保持完整根系（特别是吸收根）。栽植前要整地，提高栽植技术，保证苗木不窝根。有条件的栽后要浇水，使苗木尽快恢复吸水速率，保证苗木成活。

综上所述，裸根苗在植苗造林过程中，只要解决了苗木体内的水分平衡问题，就能保证成活，就可以获得比较高的造林成活率；相反，裸根苗在植苗造林过程中不能维持苗木体内水分平衡，就不可能保证苗木成活。裸根苗在植苗造林过程中应该采取一切利于维持苗木体内水分平衡的技术措施，使苗木恢复正常吸水之前，能保证苗木体内水分平衡，提高苗木培育成活率。

第二节 造林规划设计

一、造林规划设计的内容和程序

（一）造林规划设计的内容

造林规划设计的内容是根据任务和要求决定的。对于一个林场或一个区域来讲，造林规划设计是为编制造林年度计划、预算投资、进行造林作业设计或造林提供依据，主要规划造林总任务量的完成年限以及造林林种、树种，设计造林技术措施等。这些规划设计意见均需落实到山头、地块。此外，对现有林经营、种苗、劳力、投资与效益均需进行规划和估算。必要时，对与完成造林有关的项目如道路、通信、护林及其他基建等设施，也应做出规划。其具体内容如下：

1. 土地利用规划

在植被建设中，正确处理农林牧各业的关系，制定出符合国家和当地社会、经济持续发展要求的土地利用规划，是造林规划设计工作的首要任务，关系到造林工作的成败。要在调查土地利用现状的基础上，根据林业区划（规划）提出的农林牧土地利用比例，并结合本地实际情况制定合理的土地利用规划。

2. 立地类型划分

在造林规划设计中，选择造林树种是一项十分重要的内容。为了圆满完成这项任务，做到适地适树，通常根据立地类型进行造林树种的选择。所以，立地类型划分的正确与否，直接关系到造林工作的成败。

编绘立地类型图，用图面形式直观地反映立地分类的成果，并将其作为造林规划设计的依据和专用图，是世界上林业国家的普遍做法。近年来，在中国的造林规划工作中也得到了广泛的应用。

3. 林种的规划

《中华人民共和国森林法》（以下简称《森林法》）将人工林划分为防护林、用材林、经济林、薪炭林和特种用途林五大林种。林种规划要按照《森林法》划分的林种，根据规划地区的自然条件（如地形、地势、气候、土壤及自然灾害的特点等），社会经济条件，如当地的人口、耕地、粮食生产、生活水平和对林产品（木材、燃料、饲料等）的需求情况，因地制宜地确定所需培育的林种，并且落实到一定的区域范围内。

4. 树种规划

树种规划主要按照适地适树的原则，兼顾国家和群众的需要来选择树种。在地形、土壤比较复杂的地方，应根据海拔高度、地形部位、坡向、土壤种类和厚度、地下水位、盐渍化程度等影响造林的主要因子，选择适合生长的树种。规划设计必须坚持以当地优良乡土树种为主，乡土树种与引进外地良种相结合的原则，不断丰富造林树种。

在树种搭配上，应考虑国家和群众多方面的要求，尽量做到针阔结合、常绿与落叶树种结合，乔、灌、草结合。

5. 造林技术的设计

造林技术设计，是在造林立地调查及有关经验总结的基础上，根据林种规划和造林主要树种的选择，制定出一套完整的造林技术措施。它是造林施工和抚育管理的依据。

造林技术设计的主要内容包括：造林整地、造林密度、造林树种组成、造林季节、造林方法、幼林抚育管理等。

造林技术设计前，应全面分析研究本地或临近地区人工造林（最好是不同树种）主要技术环节、技术指标和经验教训，以供造林技术设计参考。

6. 造林进度规划

规划造林进度的目的在于加强造林工作的计划性，避免盲目性，便于有计划地准备苗木，安排劳力。安排造林进度是一项复杂细致的工作，搞不好就会使进度规划流于形式。因此，在安排造林进度时，既要考虑林业区划和规划提出的造林总任务，又要考虑规划地区造林的任务和种苗、劳动力、经济条件，经过全面分析研究做出切合实际的安排。根据实践经验，进度规划的年限不宜过长，一般以三年至五年为好，这样有利于把造林规划纳入发展国民经济的五年规划中去，使规划设计落到实处。

7. 种苗规划

要保证造林规划设计的实现，必须有充足的种苗。种苗规划要根据造林规划设计提出的树种和规格要求安排。规划种苗要贯彻“自采、自育、自造”的原则，尽量减少苗木调运。但对外地优良品种应积极扩大繁殖。规划时要首先计算出每年各树种种苗需要量，然后提出采种和育苗计划，并具体规划出苗圃用地、采种基地和母树林等。

8. 投资规划和效益估算

①投资规划。主要是人力、物力和资金规划。

②效益估算。主要估算造林工作完成后的森林覆盖率、立木蓄积、抚育间伐所生产的林产品和林副产品以及多种经营的实际收益等。

（二）造林规划设计的工作程序

造林规划设计工作一般分为三个阶段。

第一，准备阶段。包括成立领导班子，组建规划设计队伍，编写提纲，制订计划，组织学习，进行试点，收集有关文字及图面资料，以及仪器、工具、调查用表和文具等准备。

第二，外业调查阶段。包括立地调查与类型划分、造林地区划与调查、树种生物学特性与现有林木生长状况调查等。

第三，内业设计、编制方案阶段。包括林种布局与树种选择、造林技术设计（或造林典型设计）、种苗规划与苗圃设计、用工与投资概算、以及预期效益分析等、直至提交全部成果。

造林规划设计成果（方案）一般包括三个方面：一是造林规划设计说明书（简要叙述规划设计范围内的基本情况，规划设计的依据，造林技术设计和年度生产安排等）；二是附表（土地利用现状，造林典型设计表，种、林分经营措施表，苗需要量表，用工投资概算表等）；三是附图（土地利用现状图、立地类型图、造林规划设计图等）。

造林规划设计方案一经上级主管部门批准，施工单位要认真遵照执行，并在生产活动中依此进行检查验收。在实施方案过程中，如有重大变动，需要修改设计方案中某些主要内容时，必须经过原审批单位和设计单位的同意。

二、造林规划设计的准备工作

为了保证造林规划设计实习工作的顺利进行，在进行外业调查之前，应做好如下准备工作。

（一）收集有关资料

图面资料：图面资料是造林规划设计的基础资料，应尽量收集齐全。它包括航摄照片、地形图、林业区划图、综合农业区划图、造林规划设计图等，其中最重要的是航摄照片和 1 ： 10000 地形图。航摄照片是地面的缩影，能清楚地反映地面的现实状况。利用航摄照片能很容易地勾绘出土地利用现状，了解有林地和宜林荒山荒地的面积和分布情况，提高规划设计的精度和减少部分野外工作量。所以，有航摄照片的地区，应尽量采用航摄照片（最好是大比例尺的照片）；没有航摄照片的地区，也可采用地形图进行现场勾绘。地形图既是造林地区划与调查用图，又是最后附图成图的底图。地形图应尽量采用国家新出版的比例尺不小于 1 ： 50000 的图面资料。若采用 1 ： 50000 的地形图时，应将其放大到 1 ： 25000 或 1 ： 10000 后使用。

调查地区社会经济状况资料：主要包括调查地区总人口、农业人口，劳力情况；农、林、牧业生产经营现状和生产条件；乡镇企业发展现状及经营状况；农民人均收入情况；省、市、县及当地农民群众对林业生产发展的要求等。

农业自然资源资料：包括地貌、地质、水文、土壤、气象、植被以及水土流失、土地荒漠化和盐渍化等方面的资料。

林业资料：主要包括林业区划（规划）说明书及其成果、森林资源清查结果、立地类型调查报告和立地类型表、造林规划设计成果、营林生产（育苗、造林、抚育）单位面积用工量及经费投入、林业生产工作总结等方面的资料。

对上述收集到的资料必须进行全面分析检查，证明无误后方可引用。

（二）做好物资准备

为了保证造林规划设计实习外业调查工作任务的完成，必须做好下列物资准备工作。

调查设计用表：主要包括立地类型调查表、立地类型因子汇总表、立地类型特征表、造林地小班调查表、造林地面积统计表、立地类型面积统计表、造林典型设计表、造林典型设计与小班结合表、造林技术设计一览表、年度造林任务规划表、苗木需要量核算表、年度育苗面积规划表、年度种子种条需要量核算表、年度用工概算表、年度投资概算表等。

仪器和工具：外业调查需要的仪器和工具主要有计算器、手持罗盘、海拔仪、皮尺、钢卷尺、围尺、测高仪、生长锥、绘图板、三角尺、标本夹、土壤袋、军工铤等。

文具用品：主要有铅笔、彩色水笔、橡皮、笔记本等。

三、外业调查

（一）造林地立地调查

造林地立地是造林地与林木生长发育有关的自然环境因子的总称，立地条件就是生态环境条件。在大的区域内，首先要研究气候、地貌对林木生长发育的影响；较小的范围内，则在气候、地貌类型已知的情况下，主要对下列生态环境因子进行调查分析。

地形因子：包括海拔高度、坡向、地形、坡位、坡度和小地形等；

土壤因子：包括土壤种类、土层厚度、腐殖质层厚度及含量，土壤水分含量及肥力、质地、结构及石砾含量、酸碱度、盐碱含量，土壤侵蚀或沙化程度，基岩和成土母质的种类与性质等；

水文因子：包括地下水位深度及季节变化，地下水矿化程度及其盐分组成、土地被水淹没的可能性等；

生物因子：主要包括植物群落名称、组成、盖度、年龄、高度、分布及其生长情况，森林植物的病虫害情况等。

除此之外，还有人为活动等因子。

造林地的立地条件是多种多样的，若把这些千差万别的立地条件罗列起来一一考虑，将不仅人为地造成复杂化，使造林规划设计的工作无从着手，而且实际生产中也没有这种必要。因此，立地调查的目的在于，通过立地调查和综合分析，将复杂的自然条件划分成内部条件相近似，而与外部条件有明显差别的立地类型。然后，按立地类型划分宜林地小班和进行造林技术设计或造林典型设计。

（二）立地条件调查的方法

立地调查及类型划分，一般应在造林地的区划调查之前进行（局部小面积造林设计，可结合造林地调查同时进行）。这主要是为了在逐块进行造林地调查时，便于按照不同立地类型划分出不同的宜林地小班。也就是说，便于把大面积千差万别的造林地，归纳划分为几类或十几类不同的立地类型。这不仅能较系统地掌握造林地的自然特点，而且也可为其他技术设计的调查提供条件。

大面积造林地区，不可能对每块造林地都一一进行立地调查，因而必须考虑到，既不能使外业调查的工作量过大，又要使调查材料较为全面地反映不同立地的特征。通常是在充分收集与分析当地现有资料的基础上，采用线路调查（机械选样）和典型调查（典型选样）相结合的方法进行。

1．线路调查

立地条件的线路调查就是在规划设计区域内选择一些具有代表性的线路，沿线路进行一些概况性的调查，划分出不同立地的线段，并逐步进行详细调查记载。

（1）选设调查线路

选设调查线路的原则是，根据造林地分布情况，地形地势特点，并照顾到线路的水平分布（造林地区内分布均匀）和垂直分布（由山脚、沟底到山顶、沟顶），尽可能较多地通过各种不同自然条件的造林地。一般应先在图面上（最好是在地形图或航摄照片上）预设，然后通过现地踏查确定所需选设的几条或多条调查线路。各条调查线路按顺序统一编号。

每条调查线路应保持一定的方向，并基本上按直线进行调查。每条调查线路的长度，一般应不小于500m或1000m，以保持一条调查线路上自然条件变化规律的延续性。调查线路的数量，应根据当地具体情况而定，以能反映立地条件的变化规律，说明立地类型的特征为原则。一般各条调查线路上同一立地类型重复出现次数应不少于三次。

（2）划分调查段

在调查线路上进行调查时，应随时注意观察地形（坡向、坡度和海拔高度等）、土壤（土壤厚度、质地、结构和石砾含量等）、植被（优势种和指示性植物）等各方面的变化规律。当这些条件有明显变化（不是局部的偶然现象，而是在一定条件下出现的不同立地条件特征），而这些变化又足以引起造林树种或造林、经营措施等方面有所不同时，则应准确地划定变化界限，区分出不同立地条件的调查段，并按顺序进行编号。

调查段划分以后，估测调查段的水平距离和海拔高度（可借助于地形图和海拔仪）。在调查段内选择有代表性的位置，即选择能够充分反映本调查段立地条件特征的地段（应避免选在两个调查段之间的过渡地带），进行详细调查记载。在本调查线路或其他调查线路上，如遇到同类型的地带，仍需划分调查段进行调查记载。同一类型调查段的调查材料，一般应不少于三个。

（3）绘制线路调查草图

为了对线路调查情况有一个比较直观和概括性的了解，便于对调查材料进行整理与分析，在线路调查时，应分别为每条调查线路绘制线路调查草图。草图的内容主要包括线路长度、地形条件、调查段间距和海拔高度等。草图可用方格纸或普通纸按大致比例勾绘。

2. 典型调查

立地条件的典型调查通常是在线路调查的基础上，进行一些必要的典型补充调查；或者当局部造林地面积较小，不便设置调查线路时，可直接在造林地选择典型地段进行调查。

线路调查以后，如果发现调查材料中，尚不能包括本地区所有造林地的立地类型，或者调查材料不够典型，不能充分反映某立地类型特征，以及某些立地类型调查材料较少（一个立地类型尚不足三个调查段），汇总材料不够充分，都应进行典型补充调查。

典型调查，应根据所需补充调查的对象和数量，在该类型具有代表性的地段进行（应避免选与线路调查相重复的地点）。当某一类型需要补充两个以上调查材料时，不应在同一地段内重复选设调查点。典型调查的内容与方法均同线路调查。典型调查应另行编号。

（三）立地调查的内容和记载方法

在造林地立地调查中，一般应以主导环境因子（地形、土壤、植被）为主要调查内容，并对局部小气候和水文等方面作适当的补充调查。

野外调查一般按“立地因子调查表”的项目和顺序进行。表中所列项目较多，但某个地区和某个调查段并不一定所有项目俱全。比如，调查段内没有岩石裸露，或者没有乔木树种，则应在相应栏内注记“无”字，或画一斜杠“/”，表明已进行调查，并非是漏项。

地形因子调查记载。

1. 编号

填写调查线路与调查段的编号。调查线路以规划设计区域为整体按一定顺序编号。调查段则按每一条调查线路顺序编号。为便于区别线号和段号，可在线路编号与调查段编号间加“-”号，如第一条线路上的第七调查段编号为01-07。

2. 地点

为了准确查找调查段在图面和现场地的具体位置，应注明该调查段所在的地点，如县、乡、村和小地名。已有林业调查区划的地区，则应注明林场、分场、作业区、林班（营林区）和小班。

3. 调查段周围情况

为了反映周围环境条件对本调查段的影响，调查记载与本调查段相邻的地类、地形、植被情况，以及是否有道路、垦荒、放牧、割草、割灌、火烧等情况。

4. 坡向

坡向指坡面所指方向。调查时，记载调查段的主要坡向，一般按东、南、西、北、东南、东北、西南、西北等记载。根据坡向对立地影响的大小，归纳材料时可分为阳坡、阴坡以及半阳坡、半阴坡等。

5. 坡度

为了按坡度分类或命名，一般将坡度划分为坡度等级。如5° 以下为平，5° ~ 15° 为缓坡，16° ~ 25° 为斜坡，26° ~ 35° 为陡坡，36° ~ 45° 为急坡，46° 以上为险坡。

6. 坡位

坡位指调查段在坡面上所处的位置。一般在较长的坡面上，可分为上部、中上部、中部、中下部和下部等坡位。坡面较短时，则可按上部、中部和下部三个坡位划分。

7. 地形特点

根据当地的地貌条件，描述调查段内地形特征和小地形变化的相对高度。地形特征的描述：山地一般可分为山顶、山脊、山坡（凸坡、直线坡、凹坡和凹凸形坡等）；丘陵可分为丘顶、丘坡和丘间凹地等；河谷地可分为河床、河漫滩和阶地等；风沙区可分为固定沙丘、半固定沙丘和流动沙丘；黄土高原区可分为塬、梁、峁、斜缓坡、沟坡、沟底、阶地、河谷等。并目测内部小地形起伏变化的高度。

8. 裸岩比例

记载裸露岩石的分布状况和所占面积的比重。岩石分布状况，通常以带状、团状、均匀和零星等描述；岩石裸露面积比重以目测百分数记载。

9. 侵蚀状况

主要调查记载有无土壤侵蚀、风蚀或沙化的情况。在有土壤侵蚀的地区，应按侵蚀类型（片蚀、沟蚀、崩塌）、侵蚀程度（轻度、中度、强烈、剧烈）和侵蚀形成的原因进行调查记载。

10. 小气候特点

较大范围内的气象条件，一般通过收集当地有关气象资料即可掌握。对于局部小气候条件，如风口、迎风面、干燥、阴湿、低温、积雪、雹、霜期等，与周围其他地段有明显差别的应进行调查记载。一般可采用访问调查的方法或根据地形条件加以判断。

11. 人为活动情况

调查记载该地段内有无人为活动情况，频繁程度如何，如砍柴、割草、割条、放牧和火烧等。

四、内业设计

造林规划设计的内业工作，是对外业调查材料和初步设计意见作进一步的检查整理，统计分析和归纳研究，为调查地区制定切实可行的造林规划设计。内业工作包括外业资料的检查与整理、绘制设计附图（立地类型图、土地利用现状图、造林规划设计图）、面积计算、资料统计汇总、规划设计、编写规划设计说明书。

（一）外业调查资料的检查整理

1. 图面资料的检查

①检查相邻两个乡的地类、地形、地物界线是否衔接。

②地形图上各种行政区划线、地类、小班界线是否调绘得完整无误、清晰，有无遗漏。图上符号是否符合《林业用图图例》要求。

③小班编号有无重叠或遗漏现象。图上小班号应与调查表编号一致。

2. 调查材料的检查整理

①调查表各项调查因子是否按要求填写，调查项目有无遗漏。

②立地类型、经营类型应用是否合理。

③初步规划意见是否切合实际。

在小班调查资料检查过程中，如发现问题应即时去现场纠正。如调查材料检查无误，以林场或乡为单位，按小班编号顺序（内业资料整理时可重新编号）装订成册。

（二）透绘工作底图

图面资料检查无误，则按从上到下，从左到右的原则新编小班号。小班外业调查的编号也要作相应的变动，使图面编号与小班调查表编号一致。然后以乡、林场为单位进行成图。

1. 分图幅原则

图幅一般以 75cm × 105cm 为宜。面积较小的林场、乡，一个单位透绘一幅完整的图。否则应选择适宜的村界作为图幅界线。

2. 图面内容

除等高线、海拔高外，其余外业调绘的内容均应成图。

①行政界县、乡、村、林场界线。

②地形包括山脉、山峰、侵蚀沟、河流等。河流应标出流水方向线，主要山峰应注明高程。

③地物包括城镇、村庄、庙宇、历史文物、道路、水渠、水库、池塘、桥梁、抽水站、气象站、三角点等。三角点应注明高程。

3. 成图要求

①需按先地物、后地形、再地界的顺序进行。凡以自然地形、地物为界的各类界线，均应绘在地形、地物的一侧，除出入处需连续外，中间以断续表示。

②各类符号的形状，严格按照原林业局颁发的《林业地图图式》规定绘制。凡图式中没有的符号，根据实际情况，自行拟定。

③四周要绘出接界的走向，并注明相邻县、乡的名称。

④图名、图例、比例尺、制图单位及日期均要注记。

⑤地形、地物密集地区，图面上小于 3cm 的山脉、小河、小沟、小路，可不绘制。

（三）面积计算与统计

为保证面积求算达到一定精度要求，一般以地形图图幅面积作为控制，然后在图幅内按各级区划从大到小逐级控制求算面积。

比如，进行一个以县为单位的造林规划设计，分县、乡、村、林班四级区划，林班以下区划为造林地小班。对该地区所使用的每一张地形图，应首先查出或计算出每张图幅的面积，以此面积作为控制面积，分别求算图幅内各乡的面积（有些并不是完整的乡面积），各乡面积之和应等于图幅面积。当误差不大于1/200时，按面积比重进行平差（把在允许范围内的面积误差按各乡面积所占比重的大小进行分配）。再以图幅内经过平差后的各乡面积作为控制，分别求算各村的面积，以此类推逐级控制求算面积。村、林班和小班求积，可按1/100精度要求，在误差限度内，按面积比重进行平差。经过对所有使用的地形图幅均按此办法求算面积之后，将地形图间相接应处的乡、村、林班和小班面积相加，即可得到完整的各级区划面积和总面积。

当图幅内有县界或大面积非林业用地（农业用地、牧业用地等）不包括在规划设计区域时，则以图幅面积为控制，先分别求算规划区域内和区域外的面积，然后再以区域内的面积为控制，逐级求算面积。

（四）林种规划与树种选择

1. 林种规划

在造林规划设计过程中，要根据当地的自然条件（如地形、地势、气候、土壤以及自然灾害的特点等）、社会经济条件（如当地的人口、耕地、粮食产量、生活水平和对木料、燃料、饲料、肥料的需求情况等），因地制宜地确定所需培育的林种，并且具体落实到一定的区域范围内。一般应参照当地的综合农业区划、林业区划以及上一级规划所确定的原则，在立地条件调查和造林地调查的基础上具体落实林种布局。

2. 造林树种选择

不同树种具有不同的生物学特性和对环境条件的适应性。为了实现树种与造林地条件的统一，必须进行适地适树的调查研究，掌握“地”和“树”的本质。通过对造林地立地条件的调查，“地”的本质已经掌握。哪些树种能适合当地的造林地条件，需要通过弄清树种的地理分布和适生条件来确定。

（1）树种的地理分布

每一树种对气候条件（主要是温度和湿度）都有一定的适生范围。选用乡土树种造林，成功的把握性较大。通常，各树种自然分布区的中心是该树种生长最适宜的地区。如杉木的中心分布区是福建北部、湖南南部、贵州东南部，而河南信阳地区尽管也生长杉木，但由于地理位置已处在杉木分布的北部边缘，因此，生长状况远不如中心分布区。所以选择某树种在其自然分布的中心区造林最为适宜。

省、县级的“林业区划”或各省划分的“造林类型区及适宜树种表”，为不同地区造林树种的选择提供了很大方便。

（2）树种的适生条件

同一气候区内的不同局部地方（如平地和山地、高山和低山、山谷和山冈、阳坡和阴坡、迎风坡和背风坡等）的日照、空气湿度、风力、土壤肥力、酸碱度等都不一样，而不同树种对上述条件均有不同的要求。例如，在一定条件下，适于平原生长的泡桐、旱柳等在山地生长不良，适于山地生长的云杉在平原也生长不好。刺槐、侧柏、板栗等树种适于阳坡，而油松、落叶松等则以阴坡造林效果较好。中国北方群众所说的“高山松柏，核桃沟，沿河两岸插杨柳”和南方群众所讲的“当阳油茶背阴杉，松树山顶能安家”，正是群众对树种适生条件的经验概括。所以，在选择造林树种时，除了要掌握造林地的立地条件之外，还要充分考虑树种的适生条件。超越了树种的适生条件，不是难以成活，就是生长不良。

林木生长状况的好坏，是立地条件、树种特性、造林技术、经营措施等诸因子综合作用的反映。因此，有必要对这些因素进行详细的调查研究。造林技术和经营措施的了解，一般可采用查阅经营档案或访问、开调查会等方法；通过参阅有关技术文献，能够掌握树种的生物学特性；造林地立地调查后，可以得知立地状况；林木生长状况好坏的评价，则需要进行实际量测调查，以其调查结果，结合上面所讲的各因素情况进行分析后，评定树种的适生性，从而为选择造林树种提供可靠的依据。

（3）林木生长状况调查

造林地现有疏散零星树木的生长与分布情况，通过立地调查和造林小班调查已有初步了解，但以此作为选定造林树种的依据尚不充足，还应对造林地区或就近先有人工林、天然林或疏散树木，进行有目的的、重点的（拟选树种、拟选立地条件或不同造林技术措施等）林木生长状况的调查。调查方法一般有单株木测定、标准地调查等调查方法。

单株木测定的方法简便易行，通常在无林或少林地区借助于单株木测定，调查分析树种的生长状况。但是，散生的单株木与正常林分的生活环境差别很大，很难反映林分条件下的生长状况。在林分中进行单株木测定，首先要确定不同立地条件、不同树种所需测定的株数，以及选择单株木的原则。单株木选定之后，实测树高、胸径、年龄（可通过访问、用生长锥或借助伐根查数年轮确定）、冠幅、枝下高和干形等；调查有无病虫害以及根系分布深度、幅度；计算单株木树高、胸径生长量以及材积平均生长量等。通过调查分析，判断该树种所在立地条件下的生长情况。

标准地调查是在现有人工林或天然林内，选择具有代表性的地段，设置标准地进行典型调查的方法。标准地调查能够比较全面地反映林分所处立地条件的特征和林分生长状况，又可结合多方面的调查项目一并进行（如资源调查、立地调查、经济效益调查及防护效益调查等），所以标准地调查通常较为普遍采用。

标准地选择应根据所调查了解的对象，有目的地进行。如当地不具备选设条件，也可以在条件相似的相邻地区选设。标准地数量的多少，以能较为充分评定调查目的为原则；每块标准地面积的大小，取决于调查目的、方法，以及林分年龄、特点等条件。根据需要可设置面积大小不等的标准地；为了便于计算，标准地的形状以正方形或长方形为宜；标准地周界，可用罗盘仪测角（或手持罗盘定向），用皮尺或测绳量距（坡度大于 5° 时，应把斜距换算成水平距），闭合差应不超过边线总长度的 1/200。

标准地设置后，应进行林分因子的测定和林况、地况调查。林分因子量测与计算的主要内容，包括每木检尺、量测树高、计算个树种的平均直径与平均树高、目测或实测树种平均年龄、林分郁闭度（树冠投影与林地面积的比值，以十分法表示）、计算标准地蓄积量及平均生长量（或树高、直径的评价生长量）并换算成单位面积蓄积量与生长量等。林况及地况调查内容，记载方法可参阅立地调查与造林地调查有关部分。

总之，只有在立地调查和造林地调查的基础上，根据林种布局和造林树种选择的原则，充分考虑树种生物学特性，以及通过对现有树种生长状况的调查分析，才能最后确定本地区不同立地类型的主要造林树种和比例。

（五）造林技术设计

1. 整地设计

整地设计要根据林种、树种不同，视造林地立地条件差异程度，因地制宜地设计整地方式、整地规格等。除南方山地和北方少数农林间作造林用全面整地外，多为局部整地。在水土流失地区，还要结合水土保持工程进行整地。在干旱地区，一般应在造林前一年雨季初期整地。通过整地保持水土，为幼树蓄水保墒，提高造林成活率。

整地规格应根据苗木规格、造林方法、地形条件、植被和土壤等状况，结合水土流失情况等综合决定，以求满足造林需要而又不浪费劳力为原则。

2. 造林密度设计

造林密度应依据林种、树种和当地自然经济条件合理设计。一般防护林密度应大于用材林，速生树种密度应小于慢生树种，干旱地区密度可较小一些。密度过大会造成造林木个体养分、水分不足而降低生长速度，密度过小又会造成土地浪费、单位收获量下降。

3. 造林方法设计

造林方法设计是十分重要的一项设计内容。一般应根据确定的林种和设计的造林树种，结合当地自然经济条件而定。目前，中国已大体取得了各主要造林树种造林的经验。例如一般针叶树以植苗造林为主，刺槐可以埋根；一些小粒种子的针叶树种如油松、侧柏等，有时飞播或直播造林。在设计中可充分应用已有的特别是当地取得的成功经验，切不可千篇一律。

在设计中，对北方干旱山地造林、黄土丘陵区、沙荒、盐碱地以及平原区造林等，均要根据适用造林树种区别对待。此外，有机械造林或飞机播种造林条件的地方，可设计机械造林或飞机播种造林。

第五章 林业主要林种营造技术

第一节 速生丰产用材林与能源林营造

一、速生丰产用材林营造

（一）营造速生丰产用材林的意义

速生丰产用材林是在自然条件比较优越的地区，选用经济价值较高的速生树种造林，通过集约经营，能够取得速生、丰产、优质效果的人工林，属商品林。

与一般人工用材林相比，速生丰产用材林生长快、轮伐期短、成林成材早、生物量大、生产力高、质量好，具有较高的经济效益。

营造速生丰产用材林解决木材供应问题，国外有不少的先例。例如，意大利有 13 万 hm^2 杨树林和 6 万 hm^2 行状种植的树木，面积仅占全国森林面积的 3%，每年提供的商品材为 300 万 ~ 400 万 m^3，占全国商品材产量的 50%。又如，新西兰靠占全国森林面积 11% 的 80 万 hm^2 以辐射松为主的人工速生丰产用材林，每年生产 850 万 m^3 木材，占全国木材产量的 95%，使新西兰从木材进口国变为木材出口国。智利、阿根廷、南非共和国、韩国、法国等在速生丰产用材林营造方面也取得了显著的成就。

中国在速生丰产用材林营造方面积累了丰富的经验，取得了显著的成效。如东北地区的落叶松速生丰产用材林，南方的核桃树、杉木、马尾松、湿地松速生丰产用材林，西南地区的柳杉速生丰产用材林，华中和华北平原的杨树速生丰产用材林等，年平均生长量达 10 ~ 30m^3/hm^2，少数人工速生丰产用材林的年平均生长量甚至超过了 40m^3/hm^2。而中国东北地区的红松天然林年平均生长量为 2 ~ 4m^3/hm^2，华北山地的次生林（山杨林等）年平均生长量为 3 ~ 5m^3/hm^2，南方山地的马尾松天然林年平均生长量为 5 ~ 7m^3/hm^2，西南地区的云南松天然林年平均生长量为 4 ~ 5m^3/hm^2，西南高山地带的云杉、冷杉天然林年平均生长量为 2 ~ 3m^3/hm^2。与天然林相比，人工速生丰产用材林的产量高出几倍至十几倍。与国外速生丰产用材林相比，中国的人工速生丰产用材林的生产已达到了相当高的水平，只要采取科学合理的集约经营，中国人工速生丰产用材林还有巨大的生产潜力。

中国树种资源丰富，有不少适宜营造速生丰产用材林的树种。不少地区的热量条件、水分条件和土壤条件比较优越，适宜营造速生丰产用材林。根据中国各地的自然条件、社会经济条件和宜林地的分布状况，发展速生丰产用材林的重点地区是南方山地丘陵、东北小兴安岭长白山山地和华北中原平原。

（二）速生丰产用材林的标准

1. 时间指标

时间指标主要是成林、成材的年限，根据树种的生长速度、立地条件、培育目的，分地区、分树种确定。如杨树为 15 年、杉木为 20 年、马尾松为 30 年、樟子松为 40 年、红松为 50 年，多数桉树的主伐年限为 6 年。

2. 产量指标

产量指标主要是指单位面积蓄积量。世界公认的速生丰产用材林的年平均生长量指标为 10m^3/hm^2，中国原林业部曾制定了一些主要树种的速生丰产用材林国家专业标准（表 5-1）。随着科技的发展和营林经营水平的提高，各地根据树种和自然条件不同对一些树种的标准做了适当调整。如杨树的年平均生长量为 15m^3/hm^2，15 年蓄积量为 225m^3/hm^2；落叶松的年平均生长量为 12m^3/hm^2，30 年蓄积量为 360m^3/hm^2；樟子松的年平均生长量为 10m^3/hm^2，40 年蓄积量为 400m^3/hm^2。

表 5-1　要树种速生丰产用材林生长量标准

树种	栽培区类型	年平均生长量 /(m^3·hm^2)	目的材种	轮伐期 / 年
杉木	Ⅰ	10.5 以上	中径材	20 ~ 30
	Ⅱ	9.0 以上	中、小径材	20 ~ 25
马尾松	Ⅰ	10.5 以上	中径材	20 ~ 30
	Ⅱ	9.0 以上	中、小径材	20 ~ 30

续表

树种	栽培区类型	年平均生长量 /($m^3 \cdot hm^2$)	目的材种	轮伐期 / 年
湿地松	Ⅰ	10.5 以上	中径材	20 ~ 25
	Ⅱ	9.75 以上	中径材	20 ~ 25
水杉	Ⅰ	11.7 以上	中径材	15 ~ 20
	Ⅱ	10.5 以上	中、小径材	20 ~ 25
红松	Ⅰ	9.0 以上	大径材	65
	Ⅱ	7.5 以上	大径材	70
落叶松	Ⅰ	9.0 以上	中径材	3()
	Ⅱ	7.5 以上	中径材	40
毛白杨	Ⅱ	9.3 以上	大径材	16 ~ 20
柠檬枝	Ⅰ	12.0 以上	中径材	16
	Ⅱ	9.75 以上	中径材	20

注: ①Ⅰ类栽培区为最适宜区，Ⅱ类栽培区为较适宜区; ②原标准中使用单位为“m^3/亩”，本表以“m^3/hm^2”为单位进行了换算。

（三）速生丰产用材林的营造技术

培育速生丰产用材林必须正确应用造林六项基本技术措施：适地适树、细致整地、良种壮苗、结构合理、科学种植、抚育保护。

1. 选择Ⅰ、Ⅱ类造林地

适地适树是造林最基本的原则，各树种只有在最适生的立地条件下才能使生产潜力充分发挥出来。因此，营造速生丰产用材林必须选择热量条件、水分条件、土壤条件较优越的Ⅰ、Ⅱ类造林地。

2. 选择具备速生、丰产、优质特性的树种

速生丰产用材林树种应具有早期速生、速生期长、材质优良、适应性较广、容易繁殖、用途广泛等特性。中国的树种资源丰富，各地区有不少既有速生丰产潜力又有优良材性的树种。

东北区：小黑物、白城杨、赤峰杨、健杨、长向落叶松、兴安落叶松和樟子松等。

华北区：沙兰杨、毛白杨、群众杨、小黑杨、赤峰杨、刺槐、兰考泡桐、华北落叶松、日本落叶松和旱柳等。

西北区：新疆杨、箭杆杨、群众杨、沙兰杨、樟子松等。

西南区：楸叶泡桐、白花泡桐、川泡桐、蓝桂、直杆桉、赤松、云南松、滇杨、川

杨、杉木等。

中南区：沙兰杨、白花泡桐、兰考泡桐、水杉、池杉、杉木、马尾松、湿地松、火炬松、马占相思、厚荚相思、尾叶桉、尾巨桉、巨尾桉、尾赤桉、尾圆桉、邓恩桉、赤桉、圆角桉等。

华中区：沙兰杨、健杨、毛白杨、兰考泡桐、白花泡桐、水杉、池杉、杉木、马尾松、湿地松、火炬松、赤桉、邓恩桉、圆角桉等。

各地区应根据市场需求、造林目的、适地适树的原则，优先选用优良的乡上树种，适当引进优良的外来树种，重视优良种源选择。以针叶树种为主，针叶、阔叶树种相结合，避免造林树种单一化，保证树种布局合理化。

3. 选用良种的壮苗

营造速生丰产用材林必须选用良种壮苗。凡以实生苗造林的，培育苗木所用的种子必须是遗传品质优良的种子，并达到国家标准或地方种子质量标准的要求；凡采用营养繁殖苗造林的，应在选优的基础上建立采穗圃，培育健壮苗木。使用容器苗造林，能缩短缓苗期、提高造林成活率，可针对当地情况适当发展。

4. 合理设计林分群体结构

合理的林分群体结构让林木能够充分、合理、有效地利用光照、温度、水分、养分、二氧化碳等生活因子，既能保证林木个体得到充分发育的空间，又能最大限度地利用营养空间，发挥林分最大的生产潜力，达到速生、丰产、优质的目标。

林分的群体结构决定于林分的树种组成、比例、密度和种植点配置方式。在林分的群体结构中，密度往往起着决定性的作用，只有密度合理，林木才能达到最高的生长量和蓄积量。

对于集约栽培的速生丰产用材林，目前世界上大多数国家（包括中国），以营造纯林为主，原因是纯林的主要树种木材产量高，经营管理方便。中国在营造混交林方面也摸索出了不少成功经验，如落叶松与水曲柳、油松与元宝枫（及其他阔叶乔灌木树种）、杨树与刺槐、杉木与榛树、桉树与相思树混交。

5. 保证造林施工质量

①细致整地。细致整地是营造速生丰产用材林的基本要求，整地的方法和规格要因地制宜，兼顾水土保持的需要。

②植苗造林。林木对不良环境的适应能力强，造林成活率高、林木生长快，成林成材早。提倡以容器苗造林。

③栽植方法：

“两大一深”栽植法是国内外营造速生丰产用材林的基本经验，即大苗、大穴、深栽。大穴深栽，可以增强蓄水、保墒能力，提高造林成活率；同时，可以扩大根系分布层次，增加根系吸收面积，增强抗旱、抗风能力，提高林木生长量。

“三大一深”栽植法采用大苗、大穴、大株行距、深栽。在人少地多、土壤水分不足、有机质含量低的地方可选用此法。其特点是密度较小，等距栽植，人为供给大水大肥，以直接培养大径材为目的；亩均株数有 36 株（株行距 3m × 6m）、33 株（株行距 4m × 5m）、26 株（株行距 5m × 5m）。

6. 实行集约经营管理措施

加强幼林抚育保护，创造良好的林木生长环境，是人工用材林速生丰产的重要保证。

①松土除草。对幼林一般连续抚育 4 ~ 5 年，头两年每年抚育 2 ~ 3 次，后 2 ~ 3 年每年抚育 1 ~ 2 次。

②灌溉。灌溉是干旱地区营造速生丰产用材林的必要措施，最好采用滴灌或微喷灌技术，使林地润而不湿。

③施肥。林地施肥是一项经济效益很高的措施。施肥应该在植株生长旺盛的季节，迟效性肥料应在冬、春季施，最好在栽植前一次施完。

④林粮间作。幼林郁闭前适当间作，既能起到以短养长的作用，又能保证幼林得到及时抚育，在培育速生丰产用材林时应当大力推广。

二、能源林营造

（一）能源林的类型及意义

1. 能源林的类型

能源林是以生产木质燃料、生物柴油、生物质醇类燃料等生物质能源为主要目的的林分，包括木质燃料能源林、油料能源林（生物柴油能源林）和生物质醇类能源林。

①木质燃料能源林以利用林木木质为主，将其转化为固体燃料或直接用于发电的能源林。主要包括薪炭能源林和生物发电能源林。

薪炭能源林：以生产薪柴、木炭等燃料为主要目的的乔灌木林。

生物发电能源林：主要是指采取高密度、超短轮伐期的集约经营技术，种植和培育高热值、速生、萌蘖能力强、抗病虫害能力强的乔木、灌木人工林，主要利用其木材发电。

②油料能源林以林木茎干、果实、种子等器官所含油脂为原材料，将其转化为生物柴油或其他化工替代产品的能源林称为油料能源林。

③生物质醇类能源林利用木质纤维素类物质，林木果实、种子所含淀粉类物质，将其转化为生物质醇类燃料的能源林。

2. 营造能源林的意义

随着全球经济的迅速发展，人类对能源的需求日益增长。能源林作为生产生物质能源的主要原材料来源，以其可再生、量大、环境友好及适应地域广而越来越受到国际社会的广泛关注。营造能源林的意义表现在以下几个方面。

（1）缓解未来能源短缺状况

营造能源林，缓解未来能源短缺状况营造能源林，能缓解未来的能源压力，减缓能源危机，满足人类社会可持续发展对能源的需求。

（2）改善生态环境，减轻环境污染

以煤和石油为主的化石燃料，在燃烧的过程中释放出大量的有害废弃物，对人类环境造成危害，由此产生的环境问题已引起世界各国的关注。林木生物质能源燃烧后产生的二氧化碳、氮氢化合物和灰尘排放量远比化石燃料少，是一种可再生的清洁低碳能源，对缓解全球变暖有一定的作用。充分利用荒山荒地、退耕地、矿山、油田废弃地等营造大面积的能源林，增加绿化面积，提高森林覆盖率，可促进生态脆弱地区植被的恢复，减少水土流失、土地荒漠化，增加森林生态系统的碳汇作用，改善生态环境，减轻环境污染，促进能源的高效清洁化利用。

（3）调整农村产业结构，增加农民收入

农民利用荒芜的土地，种植能源树种，一方面可为生物质能源加工企业提供木质、果实、种子等能源材料，获得销售收入；另一方面还可利用能源树种如柳树、紫穗槐、柠条等树种的枝条编制筐篓，用栎类茎干培育食用菌等获得副业收入。

（4）延长林业产业链，推动相关产业发展，增加就业机会

林木生物质能源的开发利用，使得原料选育、种植、采集、加工、包装、销售、运输等相关产业得到发展，延长了林业产业链，为林农创造了更多的就业机会。

（二）能源林营造的原则

①因地制宜、统一规划、合理布局、多能互补、科学经营的原则。

②适地适树、区域发展，培育与利用相结合的原则。

③突出重点、先急后缓，集中连片、规模经营的原则。

④坚持以市场为导向，与国家林业重点生态建设工程有机结合的原则。

⑤坚持经济、生态、社会三大效益协调统一的原则。

⑥坚持分类经营的原则。

（三）能源林营造技术

1. 确定能源林的类型

目前在生产上，能源林的类型主要包括木质燃料能源林、油料能源林和生物质醇类能源林，根据市场需要、经营目的、立地条件等具体情况来确定。

2. 选好能源林树种

能源林树种的选择除了要遵守一般造林树种选择原则外，还要结合其特定的培育目标，选择优良的能源树种。

（1）能源林造林树种应具备的条件

①木质燃料能源林树种应选择适应性强，生长快，生物量高，萌桑力强，热值高，易燃、火旺、烟少、不冒火花、无有毒气体放出，能兼顾取得饲料、小径材、编制材料和发挥防护效益的乔灌木树种。这样的树种生物量累积速度快，开始采薪年限早，轮伐周期短，年产量高。

中国主要木质燃料能源林树种有：松树、刺槐、紫穗槐、杨树、柳树、桤木、枫杨、桉树、大叶相思树、柠条、沙棘、木麻黄、枫香、胡枝子、柽柳、麻栎、苦楝等。

②油料能源林树种具有适应性强，结实早、产量高、出油率高，油脂品质好等特性，能满足后续开发利用。

中国油料能源林树种主要有黄连木、文冠果、小桐子、无患子、油棕、光皮梾木、油桐和乌桕等。

③生物质醇类能源林树种主要是含淀粉和纤维素等高碳水化合物的树种。按照原料的进一步利用原理分为纤维素类能源林和淀粉类能源林。

纤维素类能源林主要用于生产高品质纤维素原料，再转化为醇类燃料，宜选择具有速生、高产、稳产等特性，纤维素产量高、品质好的树种。中国已开发利用的纤维素类能源林树种主要有杨树、柳树、刺槐、灌木柳、柠条等。

淀粉类能源林大多是以培育高品质的淀粉类果实为目标，因此要选择果实的淀粉含量高、品质好的树种。淀粉类能源林树种主要有栎类等。

（2）能源林树种选择的原则

①用途广、价值高的优良乡土树种，适当引进适应性强的外来树种。

②造林材料丰富，易繁殖、寿命长、易更新的树种。

3. 选用良种壮苗

选用良种壮苗造林，植株成活率高、生长快，能很快成林。

4. 选好造林地

大多数能源林树种的适应性强，对立地条件要求不严，但在立地条件差的地区，其产量低、收益率低，因此，应根据能源林的培育目的、树种特性，选择合适的造林地。营造油料能源林、淀粉类能源林，应选择较好的造林地；营造木质燃料能源林可选择较差的造林地。

5. 细致整地

营造能源林的立地多为干旱、瘠薄、有水土流失现象的荒山荒地、退耕地、沙荒地等，因此应通过合理的整地措施改良土壤性能、提高土壤肥力，确保能源林成活、成林、成材。

6. 合理确定造林密度

应根据能源林类型、树种特性、立地条件、经济条件，合理确定造林密度。

木质燃料能源林以持续稳定的高生物量为主要培育目标，为实现这一目标，既要有速生丰产的单株优势，又要靠群体优势，因此合理密植时林木更能充分利用营养空间，从而获得更高的产量。纤维素类能源林一般多为全株收获，也应该合理密植。

油料能源林、淀粉类能源林大多以生产果实、种子为目的，注重果实产量、质量以及采收的便利性，要求树干相对低矮，方便修其采摘，树冠充分见光，分枝角度大，冠幅大，结实面积大，单位面积结实量多，油脂质量好，因此造林密度一般较小。

7. 选择适当的造林模式

混交林乔木层碳储量高于同龄纯林，合理的树种搭配有利于提高林木的光能利用率，增加固碳空间。因此，能源林造林时要充分结合树种特性，选择适当的造林模式以提高产量，收获高产值。

8. 造林季节与方法

根据造林地的气候、土壤条件、树种特性，正确选择造林时间。中国大部分地区以春季造林为好。

造林方法一般采用植苗造林，也可采用插条造林、插干造林、播种造林等。

（四）抚育管理

抚育管理是影响造林后林木成活、成林以及成材的重要因子。因此造林后 3 ~ 5 年应做好幼林地松土除草、补植、间苗、林农间作等工作。对木质燃料能源林这种以收获生物量为目的的能源林类型，确定适宜的采薪平茬季节、周期、轮伐周期及强度。油料能源林和淀粉类能源林要整形修剪，确定合理的冠形，使树冠充分见光，增加产果量，提高果品质量，同时要合理施肥、灌水、疏花疏果，避免大小年。

（五）收获、利用与更新

木质燃料能源林树种，如刺槐、杨树、柠条、沙棘、柽柳等，可采用灌丛作业法，造林 3 ~ 4 年后，秋季进行第一次平茬，留茬高 10cm 左右，茬口覆土。第二年春季土壤解冻时，松土、施肥，促进萌蘖更新，1 株枝桩萌发 1 丛。平茬间隔期以 2 ~ 3 年为佳。第二次平茬宜保留 15cm 高的枝桩，促使枝桩上多发萌条。

对柳树可采用头木作业法，造林 3 ~ 6 年后，从距地面 2 ~ 2.5m 高处截干，当年在截口以下的主干上明发许多侧枝。待侧枝生长 1 年，除去弱条，在主干顶以下 50 ~ 80cm 处选留均匀分布的 5 ~ 8 条健壮侧枝，将其培养为需要规格的用材。2 年后第一次截枝，留枝桩 30 ~ 50cm 作为二级基桩，再在二级基桩上选留 2 ~ 3 条或更多的健壮枝条，将其培养为需要规格的用材。如此反复砍伐和留养，可以获得一定规格的薪材。

松树类材薪兼用林可通过修枝、间伐和主伐，收获薪炭材。造林 2 ~ 5 年后，于秋末或早春进行第一次修枝。修枝间隔期为 3 ~ 4 年。修枝强度：2 ~ 5 年生冠干比为 3 ∶ 1，5 ~ 10 年生冠干比为 2 ∶ 1，11 ~ 20 年生冠干比为 1 ∶ 2。造林 4 ~ 7 年后，第一次间伐，间伐强度按株数计不超过 40%，以后每隔 3 ~ 5 年间伐一次，一般间伐 2 ~ 3 次。间伐选木应遵循伐小留大、伐劣留好、伐弱留强、伐密留稀的原则，确保林分健康生长。

油料能源林和淀粉类能源林在采收时要针对不同果实类型采取恰当的收获方式，用手摘或枝剪剪取果实放入袋中，将果实摊放在阴凉通风处晾干，除去果皮取出种子，种子晾干后装入容器或袋中贮藏。

第二节　水土保持林与防风固沙林营造

一、水土保持林营造

（一）水土保持林的作用

水土保持林：以控制水土流失为主要功能的人工林或天然林。

水土保持林的主要作用是拦截和吸收地表径流，涵养水分，固定土壤使其免受各种侵蚀。

1. 防止水土流失，涵养水分

森林是天然的“绿色水库”。当大雨降落时，林冠和枝叶可截留 20% 以上的雨量，林地上的枯枝落叶和杂草层也能截留并吸收 5% ~ 10% 的雨量。据测定，只要林地内有 1cm 厚的枯枝落叶层，就可以把地表径流降低到裸地的 1/4 以下，泥沙量减少 94%。

2. 固持和改良土壤

林木通过庞大的根系网罗土体。林木的枯枝落叶层增加了土壤中的有机质，改善了土壤的理化性质，带有根瘤菌的树种还可增加土壤中的氮素。

3. 调节小气候，减轻自然灾害

水土保持林可以有效地降低风速，增加林内空气湿度，减小林内的温度变化率，减少水分蒸发，从而减轻霜冻、干旱等自然灾害的影响。

（二）水土流失的形式及影响因素

1. 水土流失的形式

（1）面蚀

面蚀也称为片状侵蚀，指分散的地表径流从地表较为均匀地冲走一层薄土层的现象。面蚀主要发生在没有植被的坡耕地上。面蚀会冲掉土壤中的腐殖质，溶解和流失掉植物需要的可溶性矿质营养元素，减少薄土层，恶化土壤的物理性质，严重危害农业生产。

（2）沟蚀

沟蚀也称为钩状侵蚀，指集中的水流侵蚀、破坏土壤并形成切入地面的沟壑的土壤侵蚀形态。沟蚀使完整的土地变得支离破碎，使耕地面积日益减小。黄土高原和黄土丘陵地区的千沟万壑就是沟蚀发展的结果；同时沟蚀产生的大量泥沙又是水库淤积、河道阻塞与水利设施被破坏的主要根源为。

（3）重力侵蚀

重力侵蚀是由于土壤的重力作用产生的土壤侵蚀形态。在自然界，陡坡的稳定性主要在于土体内部的凝聚力和内摩擦力以及其上生长的自然植被的固持作用。当其受到外力破坏而失去平衡时，土壤就会大量塌落。重力侵蚀的主要形式有陷穴、滑塌、崩塌等。

（4）泥石流

泥石流是受重力和水力的综合作用而形成的含有大量固体物质的洪流。泥石流沿沟道流动，具有很大的破坏力，对山区人民生产和生活的危害极大。

2. 影响水土流失的因素

（1）自然因素

包括地形、气候、土壤和植被等因素。

①地形因素。坡度、坡长、坡形、坡向、分水岭与沟谷底部高差以及沟壑密度等都对水土流失有很大影响。坡度是决定水土流失轻重的最基本因素之一。一般坡度小于3°时不会出现明显的水土流失。坡度越陡，径流的冲力越大，水土流失越严重。坡度增加1倍，土壤总流失量将增加1.8倍。当坡度相同，降雨形成地表径流时，土壤流失量随坡长的增加而增加，坡长增加1倍，土壤流失量将增加1.5 ~ 2倍。

②气候因素。在气候因素中，直接影响水土流失的是降雨，特别是降雨强度。在短时间内的大量降雨会急剧产生大量地表径流，从而加剧水土流失。另外，雨滴直接冲击地表，击碎土壤团粒结构，形成含有大量泥沙的混浊水流，加剧了径流的冲刷能力。

③土壤因素。土壤的结构性越好，土壤的持水量越大，降雨越容易下渗，土壤的抗蚀能力越强。凡是土壤结构性差或黏重的土壤，其透水性比较差，水土流失严重。

④植被因素。植被覆盖地表，可截持降雨、分散径流、减小径流速度，水土流失不易发生。一旦植被遭到破坏，就会出现地表径流，造成水土流失。因此保护和增加植被覆盖度，是水土保持工作取得成效的关键因素。

（2）社会经济因素

人类不合理的经济活动是引起和加速水土流失的直接原因。因此，在水土保持工作中，必须采用林业、农业、牧业和水利综合治理措施，才能全面消除水土流失。

（三）常见水土保持林的配置与营造

1. 梁峁（分水岭）防护林配置与营造

（1）梁峁（分水岭）防护林的配置

营造梁峁防护林的主要目的是控制地表径流的起点，分散地表径流，拦阻雨雪，保护下方农田、果园或牧场以及生产木材，解决群众的燃料、肥料、饲料等问题。梁峁防护林应根据地形、土壤及土地利用情况进行配置。原则上应当沿分水岭配置，随弯就弯，宽度也依梁峁顶部宽度与土地利用情况灵活设计。对尖削的梁峁顶，林带最好设在分水岭的附近，带宽一般不小于6m；对浑圆而开阔的梁峁，可以在坡度陡段设置防护林带。

（2）梁峁防护林的营造技术

①林带宽度。一般为 10 ~ 20m，如果梁峁为荒地，可加宽或全面造林。

②整地。穴状或鱼鳞坑整地，穴宽 45cm，深 45 ~ 60cm（适用于 1 ~ 2 年生苗木）。

③植苗造林。株行距为：乔木 1m × 2m，灌木 0.5m × 1.0m。

④种植点配置。“品”字形配置。乔木设置于林带中部，灌木设置于林带两侧。

⑤树种。视立地条件选用白榆、青杨、小叶杨、山杏、柠条、柽柳、旱柳、油松、侧柏等。

2. 坡面防护林的配置与营造

（1）坡面防护林的配置

坡面防护是指在梁峁顶以下，侵蚀沟以上的坡面上营造的森林。其主要作用是调节、吸收地表径流，防止土壤侵蚀。坡面按地形特征分为凸形坡、凹形坡、直形坡和复合型坡面。凸形坡上部径流冲刷较弱，下部径流冲刷较强，故林带设置在中部为宜，以截断径流；应营造乔、灌木混交林，灌木比重应占 60% 以上。凹形坡上部、中上部较陡，水土流失冲刷量大于下部，而下部虽然径流量大，但坡缓流速小、侵蚀量相对较小，可在斜坡上部营造以灌木为主的护坡林带、下部凹陷处营造以果灌为主的混交林；中部径流转折点部位设置林带，如果侵蚀强烈，可全面造林；直形坡侵蚀较轻，分布比较均匀，应营造以乔木为主的乔、灌木混交林。在复合型的斜坡上，林带应设置在地形转折部位。

（2）坡面防护林的营造

①整地。坡度较缓的坡面，采用鱼鳞坑整地。坑距 1.5m × 2.0m，品字形排列。地块整齐的坡面，可按等高线挖水平沟造林，沟距 2.0 ~ 4.0m，株距 1.5 ~ 2.0m。坡度较大的坡面，采用水平沟、水平阶、反坡梯田整地造林，水平阶阶距 1.5 ~ 2.5m，株距 0.5 ~ 1.0m；水平沟间距 3.0 ~ 3.5m，沟头间距 0.5 ~ 1.0m。坡度大于 35° 且坡面较完整时，可采用水平沟与穴状整地造林相结合的方法，即在坡面上沿等高线相隔 10 ~ 20m 挖断续的水平沟，两沟之间的坡面上按品字形配置坑穴，穴距 1 ~ 1.5m。条件好的阴坡或半阴坡，可采用水平阶与鱼鳞坑整地相结合的整地方法。

②树种选择小叶杨、青杨、旱柳、刺槐、白榆、臭椿、沙枣、柠条、柽柳、紫穗槐等，也可选用河北杨、钻天杨、蜀榆、楸树、山桃、小叶锦鸡儿、油松及栽培果树类。

③造林密度以各种整地规格和要求为基准，也可在沟间或阶间酌量加植灌木。

④造林类型以乔灌木混交为主。

3. 侵蚀沟防护林的营造

（1）沟头防护林的营造

沟头是坡面径流汇入沟道的集中点。溯源侵蚀直接表现为沟头前进，破坏土地。因此，沟头治理时首先要在距沟头 2 ~ 3m 处修筑封沟坡，在埂与沟头之间栽植 1 ~ 2 行灌木。封沟埂上部坡地，结合断续水平沟、小鱼鳞坑整地造林。选择根蘖性强、生长迅速、根系大、固土抗蚀的乔、灌木树种，进行行间混交造林，靠近沟边栽植灌木数行，株行距 0.5m × 1.0m，灌木内侧栽植乔木，株行距 1.0m × 1.5m。

造林树种可选择青杨、小叶杨、刺槐、旱柳、白榆、柽柳、沙棘、大果榆、刺榆、杞柳、狼牙刺、河北杨、油松等。

（2）沟沿（沟边）防护林的营造

①应视其上方来水量与陡坎的稳定程度配置。如果上方来水量小，陡坎较稳定（已成自然安息角35° ~ 45° ），林带可沿沟边以上2 ~ 3m处配置，林带宽度以5 ~ 10m为宜；如果来水量大，且陡坎不稳定，林带可沿陡坎边坡稳定线（根据自然安息角确定）以上2 ~ 3m处设置，林带宽度为10 ~ 15m，为了少占耕地，视具体情况可缩小至4 ~ 8m。

②沟边线附近土壤干旱时，可配置2 ~ 3行耐旱、耐瘠薄、根蘖性强和生长迅速的灌木（如柠条、沙棘、柽柳等），使根系尽快蔓延到侵蚀沟，使沟岸尽快固定，其上侧可采用乔、灌相间的混交方式配置。林带上缘，如接近耕地，应配置1 ~ 2行深根性带刺灌木（如柠条、沙棘），可防止林木根系蔓延到田中，又能阻止牲畜毁坏林带。

③当沟边以上地带为大面积农田，应考虑林带与封沟边埋结合。当沟边线以上农田坡度较小时，可采用林木与经济树木混交配置的方式；半沟边线以上农田坡度较大时，可在距沟边1 ~ 2m处培修高、宽各0.5m的沟边埋，边培埂边压灌木条，并在埂内隔2m设横档，以预防埂内水流冲毁土埂。在埂外可栽植1行灌木，埂内分段栽植3 ~ 5行灌木，内侧种草。整个林带宽度视侵蚀活跃程度，可适当加宽或减窄。灌木株行距为（0.5 ~ 1.0）m×（0.5 ~ 1.0）m，草类株行距不超过0.5m×0.5m，乔木株行距1.5m×2m。

灌木树种可选择沙棘、柠条、杞柳、珍珠梅、柽柳、狼牙刺等；草类以紫花苜蓿、草木樨为主；乔木树种可选择刺槐、旱柳、青杨、河北杨、小叶杨、榆、臭椿、杜梨等。条件好的地方可考虑经济树种如桑、枣、梨、杏、文冠果等。

（3）沟底防护林的营造

为了拦蓄沟底径流，防止侵蚀沟纵向（沟底下切）侵蚀，促进泥沙淤积，在无长年流水、沟底比较小、下切不严重的支毛沟要全面造林。在土壤条件较好的沟底开阔滩地可集中营造片林或栅状林，或在沟道中间留出水路，在水路两侧造林。一般是每隔30 ~ 50m营造30 ~ 50m宽的片林，迎水面设置灌木，株行距为0.5m×0.5m ~ 0.5m×1.0m，其后为乔木，株行距为1m×1m ~ 1m×2m。栅状造林即在沟底每隔10 ~ 20m栽植5 ~ 10行树木为一栅，株行距为0.5×1.0m ~ 1.0×1.0m，一般采用杨柳枝干插栅。在水流湍急、下切侵蚀严重的沟底地段，必须生物措施与工程措施相结合，在距沟头一定距离（1 ~ 2倍的沟头高度）设置编篱柳谷坊或土柳谷坊等，在下方水道两侧进行造林。选择根蘖性强、耐水淹、根冠茂密的树种，造林密度可适当加大，多以灌木为主。

（4）沟坡防护林的营造

在坡度较缓、面积较小的沟坡上可直接挖鱼鳞坑或穴状坑整地造林；沟坡面积较大时，采用水平阶、反坡梯田或水平沟整地造林。坡度较大、条件较差的沟坡，栽植根蘖性强的灌木树种，如紫穗槐、胡枝子、柠条、沙棘、荆条等；坡度较小、条件较好的沟坡可栽植刺槐、榆、文冠果、板栗、山杏等树种。对陡峭的沟坡，可先封坡育草，再进行造林。

二、防风固沙林营造

防风固沙林是指为降低风速、固定流沙、改良沙地性质而营造的防护林。

营造防风固沙林是控制和固定流沙，防止风沙危害，改良沙地性质，变沙漠为农、林、牧业生产基地的经济而有效的措施，是长远的从根本上改造和利用沙地的重要途径。

土地荒漠化是气候变化和人类不合理的经济活动等多种因素造成的，是人为因素和自然因素综合作用的结果。防治土地荒漠化，必须自觉践行“绿水青山就是金山银山”的理念，严格遵循生态系统的内在机理和规律，自然恢复与人工治理相结合，统筹山水林田湖草沙综合治理，坚持因地制宜、分类施策，全面加快荒漠化防治步伐，打造多元共生的荒漠生态系统。

（一）风沙运动的基本规律

1. 沙粒运动的形式

当风速达到并超过起沙风速（一般≥ 5m/s）时，地表上的沙粒便开始移动，产生风沙运动，形成风沙流。依据沙粒运动的主要动量来源不同以及风力、颗粒大小和质量的不同，沙粒的运动形式可分为蠕移、跃移和悬移三种基本形式。

（1）蠕移

蠕移即滚动，是指粒径为 0.5 ~ 2mm 的较大沙粒不能被风吹起，只能沿地表滚动或滑动。沙粒在风力的直接作用下发生蠕移，或在跃移沙粒的冲击下发生蠕移。蠕移沙粒的运动速度很慢，只有风速的几百分之一。一般蠕移沙量占总输沙量的 1/5。

（2）跃移

跃移是沙粒随风浪跳跃运动。粒径为 0.1 ~ 0.5mm 的中沙和细沙被风吹起进入气流以后，从气流中不断取得动量加速前进，并在沙粒自身重量的作用下，以相对于水平线的一个很小的锐角迅速下落，形成不规则的或延长了的抛物线运动，当沙粒落到地面时，由于具有动量，其可以重新反弹或溅起其他沙粒继续跃移。一般跃移沙植占总输沙量的 3/4，跃移高度距地表不超过 2 ~ 3m，多数距地表 10cm 左右，这是沙粒最主要的运动方式。在风沙运动中，跃移运动是风沙流的主要运动方式，由于跃移沙量多又贴近地表，其危害性大，是防治的重点。

（3）悬移

悬移是悬浮于气流中的沙粒运动的形式。粒径≤ 0.1mm 的粉沙和黏粒，在起沙风的作用下被冲击卷扬到空中，在气流的推动下随风飘扬。一般悬移沙量只占总输沙量的 5%。悬移沙的分布高度最低在地面 1m 左右，最高可达 1000m 以上。

2. 沙丘的形成

沙丘是沙粒的集合体。当运动中的沙粒速度减弱或遇到障碍物时，就会落下来形成沙堆。随着沙子的堆积，沙堆体积增大，最后发展成沙丘。由于风速与障碍物的不同，沙丘的形态也不同，如新月形沙丘是在单一主风或两个大小不同、风向相反的风力作用下逐渐形成的。沙丘高度多在 1 ~ 13m，大多单个存在。一般分布在沙漠、沙地及绿洲附近，移动速度较快，危害较大，是分布最普遍的一种流动沙丘。新月形沙丘链一般由3～4个新月形沙丘链接而成，较单个新月形沙丘高，高度多在8m以上。格状沙丘和格状沙丘链由新月形沙丘链发展而成，这种沙丘在腾格里沙漠中分布最广，丘间低地小而深，治理难度大。沙垄是固定、半固定沙丘中较为常见的沙丘形态。

3. 沙丘移动

（1）沙丘移动的形式

影响沙丘移动的因素较复杂，与风向、沙丘高度、水分、植被等许多因素有关。沙丘移动方向主要取决于起沙风的合成风向。影响中国沙区沙丘移动的主要为东北风和西北风两大风系。塔克拉玛干沙漠的广大地区及新疆东部、甘肃河西走廊西部等地受东北风的作用，沙丘自东北向西南方向移动，其他地区都是在西北风的作用下向东南方向移动。沙丘移动的方式取决于风向及其变律，一般有三种方式。

①前进式：是受一个方向的风力作用而形成的向前移动，这种移动方式的沙丘危害最大。如塔克拉玛干沙漠、巴丹吉林沙漠、腾格里沙漠大多受单一的西北风或东北风的作用，沙丘均以这种方式移动。

②往复前进式：是在两个方向相反、大小不等的风力作用的情况下形成的，来回摆动而又稍移向风力较强的一个方向的移动。如中国中东部沙区的沙丘，冬季在主风西北风的作用下，沙丘由西北向东南方向移动；夏季则在东南风的影响下，沙丘逆向运动。由于西北风较强，沙丘移动的总趋势是向东南方向移动。

③往复式：是在两个方向相反，但大致相等的风力作用的情况下产生的，沙丘停在原地摆动或稍向前移动，这种情况一般较少。

（2）沙丘移动的速度

单个沙丘移动快，沙丘链移动较慢，链子越长移动越慢。在风力相等的条件下，沙丘越高，体积越大，移动越慢；沙丘排列紧密，间距小，移动慢；沙丘排列稀疏，间距大，则移动快。地形平坦、起伏不大，地表光滑、粗糙度小，沙丘移动快；反之，沙丘移动就慢。

（二）沙区立地条件及立地条件类型划分

1. 沙区立地条件

沙区自然条件严酷、复杂，虽然具备有利于林木生长的充足的光热条件，但存在干旱缺水、风蚀沙埋、土壤瘠薄和含盐量高等许多不利于林木生长的限制因素。因此，沙区造林难度大、技术性强，必须做到“适地、适树、适法”才有可能获得成功。

调查沙区环境特点，除了考虑大范围的气候、土壤条件外，还要考虑局部地区的立地条件，主要包括沙地土质状况、地下水状况、丘间低地的盐渍化程度、沙丘部位、植被覆盖度等因素。

（1）气候条件

中国沙区的共同的气候特点如下。

①气候干旱，雨量稀少，蒸发量大。雨量自东向西递减，蒸发量则由东向西递增，年蒸发量达 1400 ~ 3000mm。

②热量资源丰富，温差大。全年日照时数一般在 2500 ~ 3000h，无霜期为 120 ~ 300d。平均年温差为 30 ~ 50℃；昼夜温差变化显著，一般在 10 ~ 20℃。沙地地表温度变化剧烈，夏季中午可达 60 ~ 80℃，而夜间可降到 10℃以下。

③风沙频繁，风力大。常见风速达 5 ~ 6 级，风沙日平均为 20 ~ 100d，有的地区达 146d，占全年总天数的 40%。

（2）沙地土质状况

沙漠地表多为沙丘覆盖，地表高低起伏，一般沙丘高度为 10 ~ 20m，最高的沙山可达 100 ~ 400m，低矮的沙丘高度在 5m 以下。凡流动沙丘和沙粒均有顺风移动的现象。流沙的下伏土壤因地点不同而有很大差别，肥力差别很大，适生树种也不一样。当沙地下伏物为黏质、壤质间层且深度较浅时，土壤肥力较高，保水性能好，可选择乔木树种；当沙地下伏物为基岩、卵石、粗沙时，土壤肥力低，保水性差，只能选择灌木树种。

（3）地下水状况

地下水位不超过 1m、水质淡的潮湿沙地上，可以栽植喜湿树种如杨、柳等。水位为 1 ~ 2m 的湿润沙地上，一般沙生树种均可栽植；水位 2 ~ 5m、比较干燥的沙地，应选用耐旱的乔、灌木树种；水位低于 5 m 的沙地上，只能选择栽植耐旱的沙生灌木。如甘肃民勤沙区，在没有灌溉的条件下，地下水位在 5m 以内，沙枣植株生长正常；地下水位达到或超过 6m，沙枣植株发生大片死亡。

（4）土壤盐渍化程度

土壤含盐量也是树种生长的限制因素之一。含盐量在 0.2% 以下时，一般树种均可生长；含盐量为 0.2 ~ 0.5%，只有比较耐盐的少数树种可以适应，如柽柳、白刺、沙枣、胡杨、酸刺、紫穗槐等耐盐树种；土壤含盐量在 0.5% 以上时，必须采用改良盐碱地的措施，选用特别耐盐的树种，如柽柳属的短枝柽柳、甘肃柽柳、长穗柽柳等。

（5）流动沙丘的部位

流动沙丘的迎风坡下部、中部、上部、丘顶及背风坡的水分和风蚀沙埋情况，对造林成活率及植物的生长有很大影响。一般中小型沙丘的迎风坡中、下部，风蚀较轻、水分条件好，采用沙障固沙措施后，栽植根系发达、固沙能力强的灌木树种，如梭梭、沙拐枣、沙木蓼、白刺等；迎风坡上部，沙层干燥疏松，不宜造林；背风坡脚，可根据沙丘大小和移动情况留出一定空地后，选择耐沙埋、抗干旱的乔、灌木树种造林。

（6）沙地的机械组成

沙地中沙粒的各种粒级的比例，决定着沙地的矿质养分条件、物理性质和水分状况。沙地中细粒越多，沙地肥力越高，保水性越好，细粒沙地在草原地带可以生长乔木；粗粒沙地上树木生长差。

（7）植被覆盖度

一般裸露沙地，植被覆盖度小于 15%；半固定沙地，植被覆盖度为 15% ~ 40%；固定沙地，植被覆盖度大于 40%。植被覆盖度越高，立地条件越好，造林种草越易成功。

2. 沙区立地条件类型的划分

划分沙区立地条件类型主要以沙丘高度、植被覆盖度、沙丘间地宽度等为主导因子，同时考虑丘间滩地的盐渍化程度、沙盖土性质、水文等进行立地条件划分。依据沙丘高度、植被覆盖度、沙丘间地宽度，运用聚类分析的方法将桑根达来地区划分为 2 个立地条件类型组，8 个立地条件类型（见表 5-1）。

表 5-1　桑根达来地区立地条件类型表

编号	类型组	类型	高（宽）度 /m	覆盖度 /%
1	沙丘立地条件类型组	低矮固定、半固定沙丘立地条件类型	< 11	> 15
		中高固定、半固定沙丘立地条件类型	11 ~ 19.3	> 15
		高大固定、半固定沙丘立地条件类型	> 19.3	> 15
		低矮流动沙丘立地条件类型	< 11	< 15
		中高流动沙丘立地条件类型	11 ~ 19.3	< 15
		高大流动沙丘立地条件类型	> 19.3	< 15
2	丘间地立地条件类型组	狭窄丘间地立地条件类型	< 200	
		开阔丘间地立地条件类型	≥ 200	

以沙丘高度、丘间滩地为主导因子，同时考虑沙地土层厚度、水文、植被以及风蚀等环境状况的差异，鄂尔多斯西北部地区的沙区划可分为 3 个立地条件类型组，10 个立地条件类型（见表 5-2）。

表 5-2　鄂尔多斯西北部地区沙区立地条件类型

高大沙丘组（Ⅰ）	中小型沙丘组（Ⅱ）	沙丘间滩地组（Ⅲ）
$Ⅰ_1$，沙丘坡底部及周围平缓地带	$Ⅱ_1$ 沙丘底部及周围平缓地带	$Ⅲ_1$ 无盐渍化覆沙滩地
$Ⅰ_2$ 沙丘下部缓坡地带	$Ⅱ_2$ 沙丘中下部缓坡地带	$Ⅲ_2$ 轻度盐渍化滩地
$Ⅰ_3$ 沙丘中部	$Ⅱ_3$ 沙丘上部	$Ⅲ_3$ 重度盐渍化滩地
$Ⅰ_4$ 沙丘上部		

（三）造林的技术

1. 树种的选择

防风固沙林造林，树种选择是关键，树种选择正确与否直接关系到造林的成败。树种选择的基本原则是适地适树和因地制宜，以乡土树种为主，选择适合在当地生长，有利于发展农、林、牧、副业生产的优良树种。

①乔木树种应具有耐旱、耐瘠薄、耐风蚀沙埋，生长快，根系发达，分枝多，冠幅大，易繁殖，抗病虫害，改良沙地见效快，经济价值高等优点。北方选择的树种须耐寒，

南方选择的树种须耐高温。可选树种有樟子松、胡杨、旱柳、小叶杨、合作杨、榆树、油松等。

②灌木树种要求树种的防风效果好，抗干旱，耐沙埋，枝叶繁茂，萌蘖力强，能改良土壤，有效提供饲料、肥料、薪材，耐平茬，热能高，耐啃食，适口性好。可选树种有沙拐枣、沙柳、花棒、小叶锦鸡儿、紫穗槐、柠条、白刺、沙棘等。

2. 树种的组成

从水量平衡的角度看，林木蒸腾耗水是破坏地下水动态平衡的主要原因，乔木树种的蒸腾耗水量大多明显高于灌木树种。据甘肃省民勤综合治沙试验站研究，沙枣的蒸腾耗水量约为梭梭、沙拐枣、花棒、柠条、白刺的 5 ~ 10 倍。对不同树种结构的防风固沙林地水分平衡研究表明，当梭梭纯林密度为梭梭 × 沙拐枣混交林密度的 83% 的情况下，梭梭纯林林地的土壤含水率仅为梭梭 × 沙拐枣混交林的 69%。造林 8 ~ 9 年后，梭梭纯林林地的土壤有效水年均储蓄量达到最低。因此，在干旱缺水的沙区，营造防风固沙林要避免树种单一，应营造以灌木为主、乔灌结合的混交林。树种单一，不仅容易导致病虫害蔓延，而且种内竞争激烈，林木容易提前衰败。

在树种组成上，要按各种植物的生态特性合理进行搭配，如固沙先锋植物与旱生植物搭配、深根性植物与浅根性植物搭配、灌木与半灌木搭配，这样植物可以充分利用不同部位和层次的沙地的水分与养分，减少竞争，尽快发挥防护效益。如沙坡头区油蒿、柠条 × 花棒的带间混交，甘肃民勤沙区梭梭 × 沙拐枣的混交，起到了固沙先锋植物与旱生植物互相配合的作用；再如河西走廊临泽地区柽柳属植物与梭梭互相配合，就是深根性植物与浅根性植物配合的典型。这一组合在低矮沙丘上 3 年可达郁闭，这些混交林生长均优于树种单一的纯林。此外，营造混交林可以减弱病虫害的蔓延，促进土壤水分、养分的充分吸收、利用，使林地土壤更好地起到保墒作用。

3. 造林的密度

造林密度要根据造林地的立地条件、树种的生物学特性及人工植被的种类来合理确定。

（1）固定沙地

立地条件较好的固定沙丘与丘间滩地，乔木与灌木的比例为 1 ∶ 2 或 1 ∶ 1；杨树、旱柳、白榆等栽植 300 ~ 1200 株 /hm^2，樟子松、侧柏栽植 1500 ~ 4500 株 /hm^2。

（2）流动或半流动沙地

立地条件较差的流动或半流动沙地采用沙障固沙造林，以灌木为主。单行或双行条带式密植，适当加大行带间距离，增加挡风固沙作用。株距 1 ~ 1.5m，行带距 3 ~ 6m，栽植 1050 ~ 3000 株 /hm^2。

（3）丘间低地造林

丘间低地水分尚好，宜营造乔灌混交林，行距 2 ~ 2.5m，乔木株距 1.5 ~ 2m，灌木株距 1 ~ 1.5m。

如表 5-3 所示为常用固沙树种造林初植密度。

表 5-3　常用固沙树种造林初植密度

树种	密度 /（株·hm^2）	树种	密度 /（株·hm^2）
花棒	1650 ~ 3300	杨柴	1950 ~ 3750
梭梭	600 ~ 1650	沙柳	1650 ~ 3000
沙拐枣	990 ~ 1800	沙蒿	4995 ~ 9990
柠条	2550 ~ 3300	酸刺	2490 ~ 9990
沙枣	1245 ~ 3330	紫穗槐	2490 ~ 6675
胡杨	1245 ~ 2505	樟子松	3330 ~ 5010

4. 造林季节

（1）春季造林

以春季造林为主，春季土壤比较湿润，土壤的水分蒸发和植物的蒸腾作用也比较低，苗木根系的再生力旺盛，愈合发根快，造林后有利于苗木成活生长。春季造林，宁早勿退，通常于 3 月中、下旬 ~ 4 月中、下旬进行。栽植过晚，芽苞已经开放伸展，枝叶蒸腾的水分量和根系吸收的水分量不能平衡，苗木的成活和生长都会受到影响，对干旱的抵抗能力弱，即使发芽成活，往往在夏季也会死亡。

（2）秋季造林

通常在 10 月中旬 ~ 11 月，即苗木刚落叶后进行造林较好。秋季造林，苗木往往因地上部分经较长时间的风沙侵袭、干旱和霜冻，容易干枯死亡。同时，在漫长的干旱、寒冷季节，苗木又易遭受兽害。所以一般树种的植苗造林时间，秋季不如春季好，但秋季采取插条造林时只要有防护措施，反而比春季的造林成活率高。

（3）雨季造林

西北沙区降雨多集中在 7 ~ 8 月，各地的雨季开始时间虽有退有早，但这一时期正值高温期，种子遇连续降雨即迅速发芽生长。雨季造林宜早不宜迟，以夏末秋初为佳，过迟则幼苗当年的木质化程度低，影响越冬。沙蒿、油蒿、籽蒿、花棒、杨柴、柠条、山竹子、梭梭、胡枝子等植物都适合雨季直播造林。

5. 整地

营造乔木林时，在北方的中度、轻度风蚀区和杂草丛生的草滩地、质地较硬的丘间地和固定沙丘等，应于前一年秋末冬初整地，次年春季造林。流动沙丘和半流动沙丘造林不宜整地，以免造成风蚀。重风蚀区可在春季随整地随造林。

营造纯灌木林时，可随整地随造林；营造乔灌混交林与乔木林的整地时间相同。

整地方式宜采用带状犁耕。带向与主风方向垂直，整地带宽 0.6 ~ 1.0m，保留带宽 1m，整地深度为 20 ~ 25cm，在其上再挖穴栽树。

6. 造林方法

（1）植苗造林

①穴植法。穴的大小和深浅应根据苗木大小和湿沙层情况而定，深度要达到湿沙层且大于苗木主根长度，宽度大于根幅，一般穴深不小于 50cm，穴宽约 40cm。栽时要做到“深栽、踏实、根舒展”。

②小坑垂壁栽植法。一般顺坡刨坑，坑深 40 ~ 50cm，上口宽 30 ~ 40cm，底宽约 15cm，栽时将苗木根系靠垂直壁放正，然后填土踏实。这是沙区栽植针叶树种和灌木常用的方法。

③缝植法。适于干沙层比较薄的沙地造林，比穴植法省力省工，苗木根系不太大的均可用此法造林。

（2）分殖造林

在土壤水分条件好，地下水位浅或有灌溉条件的沙区，可采用插条造林、插干造林。

①插条造林。春季造林，插穗多与地面平齐，不露头；秋季造林，插穗可略深于地面以下 3 ~ 5cm。

插条应从生长健壮、无病虫害的优良母树树冠下部或基部采集，长度要根据树种和沙地的水分状况确定，一般乔木为 40 ~ 50cm，灌木为 20 ~ 30cm；粗度一般为 1 ~ 2cm。在水分条件较差的沙地上，插穗可长 60 ~ 70cm。将插穗上端剪成平口，下端剪成斜口，造林前浸水 5 ~ 7 昼夜，每天换水 1 ~ 2 次，使其充分吸水，若使用保水剂则效果更好。

②插干造林。适用于流动沙丘背风坡或平缓沙地的固沙造林。主要采用萌发力强的旱柳或杨树造林。枝干一般用 3 ~ 4 年生的粗壮枝，长 2 ~ 4 m，粗 4 ~ 6cm，插干长度决定于沙丘的高度，以造林后插干不被沙埋过多为度。为了提高抗旱性和造林成活率，在清明前 10 ~ 15d 砍下枝干，将枝干基部 15 ~ 20cm 浸在水中，每天换水 1 次，等到清明后天气转暖、水温升高时，再把枝干全部浸入深 30 ~ 60cm 的水中泡 10 ~ 15d，每天换水 1 次，待树皮出现白色或浅黄色凸起后，取出枝干栽植。地下水位不到 2m 的沙地深栽 0.8 ~ 1m；地下水深度大于 2m 的沙地，深栽 1 ~ 1.2m。随钻孔随插干，用湿土分层填埋，再用锹把捣实。为防止沙埋后出现风蚀，每隔 10 多米再栽 2 行沙柳灌木带，以提高固沙作用。

（3）播种造林

适用于平缓沙地和种子萌发力强的树种如沙蒿、白刺、柠条、花棒、沙拐枣等造林。播种前对种子进行处理，如沙蒿的种子太小，将种子与 5 ~ 6 倍量的沙子拌匀后撒播，可提高播种的均匀度。柠条、花棒等鼠、兔喜欢吃的种子在播前必须拌农药。沙拐枣的种子又大又轻，容易被风刮走，播种前最好用稀泥浆搅拌后再播。干旱沙区直播造林一般在雨季进行。

（四）流动沙丘固沙造林模式

1. 丘间低地固沙造林

选择沙丘背风坡的丘间低地，留出一段空地（春季造林离沙丘 3 ~ 4m，秋季造林离沙丘 7 ~ 10m）后种植乔、灌、草，次年在沙丘前移的退沙畔再造林种草，连续 3 ~ 4 次，将沙丘拉平。

乔、灌、草结合是丘间低地造林治沙的关键。甘肃省河西走廊沙区的经验是第 1 年在丘间低地，春秋两季趁墒深栽植乔、灌木，造林前后都不浇水。林地上由于陆续有从沙丘吹来的流沙覆盖，保住墒情，林木生长良好。2 ~ 3 年后，在沙丘前移的退沙畔和迎风坡下部的坡面上，趁墒用大苗深栽造林，这样沙丘逐渐变低，坡面平缓，再在沙面趁墒深栽耐旱灌木，流沙被彻底固定。造林树种根据丘间低地地下水位的高低和土壤盐渍化程度而定。若地下水位较高，则选用白榆、沙枣、柽柳等树种营造乔灌混交林；若地下水位低，土壤水分条件差，则选用花棒、柠条、白刺等耐旱灌木；若土壤盐渍化严重，则选用胡杨、柽柳、白刺等耐盐树种。

2. 前挡后拉固沙造林

前挡即在沙丘背风坡后的丘间低地栽植 10 ~ 20 行乔、灌木林带以阻挡沙丘前移；后拉即在沙丘迎风坡下部栽植 30 ~ 50 行灌木，固定该部位流沙，并在灌木作用下削平沙丘顶部，起到固定流沙的作用。

3. 固身削顶固沙造林

在治理 6 ~ 7m 以下的中、小型流动沙丘时，常采用固身削顶的方法，即先在沙丘迎风坡 2/3 ~ 3/4 以下坡面上设置行列式黏土沙障。通常黏土沙障的间距为 2 ~ 4m，埋高 15 ~ 25cm，此底宽 45 ~ 75cm。在沙丘上部或坡陡处应适当缩小间距或采用高大的障埂。在平缓沙地或流动性小的沙丘，可采用低小的障埂。在沙障内营造梭梭、沙拐枣、沙木蓼等灌木混交林，固定沙丘下部（固身），风越过林带后将沙丘中上部逐渐拉平变低，再顺风推进造林，直至占领整个迎风坡。在沙丘迎风坡固沙造林的同时，在丘间低地距背风坡脚留出一段空地，留作沙丘顶部下削前伸的缓冲地段，并在丘间低地选用沙枣、旱柳、榆、花棒、柠条、柽柳等乔灌木树种，营造阻沙林带，使流沙平摊在林内，从而将流沙固定。这是甘肃河西走廊沙区广泛采用的一种固沙技术。

4. 截腰分段，分期造林，固定流沙

治理 8m 以上高大连绵的沙丘，在一次不能将其固定时，采用截腰分段、分期造林的办法，把沙丘化大为小，变高为低，最终彻底固定流沙。这种方法是先在沙层水分条件较好的迎风坡中下部设置黏土沙障，障内营造灌木林（梭梭、沙拐枣等），固身削顶。经过几年，沙丘顶部不断前移，逐渐演变成较低的另一沙丘形态，原来的高大沙丘一分为二，再如前法进行第 2 或第 3 次固身削顶，直至沙丘被完全固定。

5. 撵沙腾地固沙造林

对高不足 7m、水分条件好的沙丘，在迎风坡基部犁耕促进风蚀，使沙丘矮化后造林种草。这是内蒙古自治区巴彦淖尔地区采用的一种造林方法。

6. 又固又放固沙造林

固定一部分流动沙丘，让另一部分沙丘继续流动的方法。即选择奇数排（或偶数排）沙丘作为需要固定的沙丘，设立沙障或造林，迅速固定沙丘流动，对其余沙丘不采取固定措施，使其迅速移动，直至其移动到被固定的沙丘的位置，扩大平坦丘间低地，再行造林或开辟农田、果园。这种方法主要适用于湖盆滩地边缘地带的较小沙丘，移动较快的新月形沙丘或新月形沙丘链。

7. 环丘造林，固定流沙

在年降水量低于 100mm、流动沙丘上几乎没有湿沙层的地区，可以采用环丘造林的方法固定流沙。主要技术要点为：对零星散布的流动沙丘，先采用土埋沙丘的办法将其完全固定，然后紧靠沙丘基部周围密植沙拐枣、骆驼刺等耐旱灌木，外围栽植沙枣、杨树等乔木或栽植沙枣、杨树、柳、沙柳、柠条、花棒等乔灌混交林，将沙丘包围于林中，这样即使沙障失效，流沙也只能散布积聚在林地内，不会产生外移危害。

对固沙和造林均不适宜的小片分散起伏沙地，可以采用“聚而歼之”的办法。在下风向的适当位置插设高立式挡沙沙障，把分散的流沙逐渐拦蓄积聚成大沙丘，再土埋沙丘，将沙全部固定，然后环丘造林。

第三节　农田牧场防护林与海岸防护林营造

一、农田牧场防护林营造

农田牧场防护林是以保护农田、牧场，减轻自然灾害，改善自然环境，保障农、牧业生产条件为主要目的的森林、林木和林地。凡是在农田、牧场周围 100m 的森林、林木和林地或与沙地接壤 250 ~ 500m 的森林、林木和林地，都可以划定为农田牧场防护林。农田牧场防护林的形式有三种：第一种是农田牧场防护林网；第二种是林农间作；第三种是在农田牧场的间隙地带营造的丛状林或小片林。

（一）作用

1. 防风作用

农田牧场防护林能改变气流的物理状况。气流在运行过程中，当遇到林带的阻挡，首先由于林带的屏障作用而消耗一部分动能，林带附近风速降低。接着，气流密度加大，迫使一部分气流从林带上方越过，越过林带屏障时，因和树木枝叶摩擦而能量减弱；另一部分气流进入林带，也改变了原来的结构，原来较大的气流被林带的孔隙过滤，分散成许多方向不同、大小不等的小旋涡，它们互相摩擦、撞击并和树干、枝叶摩擦而消耗了能量，从而风力被削弱，风速降低。

林带防风效果的一般规律是：距林带越近，作用越显著。随着距离的增大，林带的防风作用逐渐减小，达到一定距离后，则恢复到原来的风速。林带降低风速的程度和林带的有效防护范围因林带的结构和高度不同而不同。

2. 调节温度

春季林带附近气温比旷野要高约 0.2℃，且最高气温也高于旷野，这有利于作物萌动出苗或防止春寒。夏季林带有降温作用，1m 高处气温比旷野低 0.4℃，20cm 高处气温比旷野低 1.8℃。9 月份与春季相似，冬季林带有增温作用。

在风力微弱的晴天，林带提高了林缘附近的最低温度。早晨 5 点，林带向阳面和背阴面温度均比旷野高 1 ~ 3℃，林带内温度比旷野高 5℃。林带提高了向阳面的地表温度，但降低了背阴面的最高地表温度，即减小了背阴面及林带内地表温度的日温差。

3. 调节湿度

①林带对蒸发、蒸腾的影响。大量的观测资料表明，林网内土壤的水分蒸发和作物的蒸腾强度比旷野的要低，从而改善了农田的水分状况。一般在风速降幅最大的林缘附近，水分蒸发量减少得最多，最多可达 30%。

②林带对空气湿度的影响。在林带作用范围内，由于风速和乱流交换强度的减弱，林网内作物蒸腾和土壤蒸发的水分在近地层大气中逗留的时间相应延长，因此近地面的绝对湿度常常高于旷野，相对湿度可增加 2% ~ 3%。

③林带对土壤湿度的影响。在林带保护范围内，土壤湿度可显著增加，背风面距离林缘 5H（H 表示带高）处的土壤湿度可比旷野提高 2% ~ 3%。但在距林带很近的区域内，林带内林木根系从邻近土壤中吸收大量水分以供蒸腾作用，使土壤湿度降低。

4. 防止干热风危害

干热风是一种在春末夏初（5 月下旬 ~ 6 月下旬）出现的具有高温低湿特点的又干又热的西南风或南风（气温≥ 25℃，相对湿度≤ 40%，风速≥ 4m/s 的旱风）。因此时正是小麦乳熟灌浆阶段，干热风的出现往往使小麦失水过多，造成青枯或籽粒干秕，产量、质量降低。中国从黄淮平原到河西走廊和南疆盆地，小麦种植面积约 1400 万 hm^2，占全国小麦播种面积的 1/2。受干热风危害的影响，小麦一般要减产 2 ~ 3 成，严重的减产 4 ~ 5 成。林带防止干热风危害的作用比较显著，因此大力营造农田牧场防护林，积极防治干热风对农作物造成的危害，是促进农牧业高产稳产的重要措施。

5. 改善土壤条件

在林带有效防护范围内风蚀较轻，可防止肥沃的表土被吹走；林带的枯枝、落叶及根茬较多，可改良土壤结构，提高土壤腐殖质含量。

（二）规划设计

1. 规划设计原则

①坚持为农牧业生产服务的方向，以农牧业总体规划要求为依据。

②坚持以农牧业为主、林业为辅的原则，正确处理好农、林、牧业三者的关系，以及当前利益和长远利益的关系。

③贯彻“因地制宜，因害设防，先易后难，由近及远，全面规划，统筹安排”的原则。对山、田、牧、渠、路、村等要统一规划，点、线、面，网、带、片，乔、灌、草相结合，对风、沙、旱、涝、碱等综合治理。

④在充分发挥林带最大防护效能的前提下，尽量少占耕地。

⑤在造林、营林技术上尽量坚持先进、适用，集约经营，生态优先，生态效益、社会效益和经济效益相统一的原则。

2. 规划设计的内容

（1）林带结构

林带结构是指林带树冠所处层次、宽度、纵断面形状、枝叶状况、密度和透光状况等综合情况。根据防护的需求，通常把林带结构划分为三种类型，即紧密结构、疏透结构和通风结构。林带结构不同，其防风效果也不同。

①有关林带防风作用的几个参数：

一是林带的有效防护范围。林带对农作物具有显著增产效果的最大距离称为有效防护范围。一般以平均蒸发量降低 20% 以上和平均风速降低 20% 为最低值，作为确定林带有效防护范围的最低指标。林带的有效防护范围以带高（H）的倍数来表示。要设计合理的林带，其有效防护范围一般为 20H ~ 25H，最高可达 30H。

二是透风系数。透风系数指林带背风面林缘 1m 处林带高度范围内的平均风速（m/s）与无林旷野相同高度范围内的平均风速之比，用十分数表示。这是鉴定林带结构优劣和防风作用大小的重要参数，是一个变数，常随风速、风向的变化而变化。

三是疏透度。林带的透光程度指林带纵断面上的透光孔隙面积与林带纵断面的总面积之比，用百分数或十分数表示。其能反映出林带的密度、枝下高、生长情况等林学特征。

②林带结构类型：

一是紧密结构。林带由乔木、亚乔木和灌木树种组成多层林冠，有叶期枝叶茂密，犹如一堵墙，透风系数小于 0.3，林带较宽，一般宽 10 ~ 20m，中等风力遇到林带时，基本上不能通过，大部分气流由林带上部绕行。在背风林缘附近常形成静风区或弱风区，风越过林带后很快恢复到旷野风速，防风距离较短，而近距离的防风效果较好。其有效防护范围为 15H ~ 20H，最小风速出现在林带背风面 1H 处，仅相当于旷野风速的 10%。

二是疏透结构。疏透结构林带由几行乔木、两侧各配的一行灌木组成，林带较窄，透光孔隙上下分布均匀。风遇到林带后被分成两部分，一部分从树干、树枝、树叶的孔隙中穿过，并在背风林缘形成许多小旋涡；另一部分从林带上部绕过，在背风林缘形成一个弱风区。林带透风系数为 0.3 ~ 0.5。在林带背风面可形成一个比较大的弱风区，最低风速出现在林带后距林缘 3H ~ 5H 处，有效防护范围为 25H。

疏透结构林带的有效防护范围较大，林带缓慢而均匀地降低风速，不会造成积沙、积雪和风蚀现象，是一种理想的林带结构。

三是通风结构。通风结构林带一般由几行乔木组成，没有下木。其按透光孔隙分布，具有两个明显的层次。一个层次由上部树冠组成，透光孔隙均匀，不透风或透风系数很小；一个层次由下部树干组成，透光孔隙均匀而大，疏透度为 0.4 ~ 0.6，透风系数在 0.5 以上，风能顺利通过。林带近距离的防护效果较差，最低风速出现在 5H ~ 10H 处，其风速恢复得较缓慢，有效防护范围最大，可达 28H。通风结构林带在冬季可使降雪均匀分布在农田地表上，但在林缘附近和林带内容易发生风蚀，适合在风沙危害较轻地区采用。

（2）林带走向

林带走向是指主、副林带配置的方向。

农田牧场防护林由主林带和副林带组成，防治主要害风的林带称为主林带，害风以外的林带叫副林带。

主林带走向应垂直于主要害风方向，副林带走向一般与主林带垂直。

当主要害风风向比较集中，其他方向的害风频率均很小时，可以不设副林带。

主要害风与次要害风的风向频率均较大，主林带与副林带所起的作用同等重要，林网可设计成正方形；主要害风的风向频率较大而不太集中，主林带方向取垂直于两个频率较大的主要害风方向的平均方向，可以不设副林带；主要害风与次要害风的风向频率均较小，害风方向不集中，主林带与副林带几乎同等重要，而且在两三个或更多方向上害风的风向频率相差无几，可以设计成正方形林网，林带走向可以在相当大的范围内进行调整。

（3）林带间距

林带间距是指主林带与主林带、副林带与副林带之间的距离。主林带间距的大小由林带的防护距离和林带的树高决定，一般规律是害风越过林带后不造成危害的距离为主林带的有效防护距离。若疏透结构林带的有效防护范围为 25H，林带高度为 15 ~ 20m，则主林带间距应为 375 ~ 500m。

副林带间距根据次要害风与当地风沙干旱危害的程度、耕地面积的大小以及机耕条件而定。若次要害风危害较大且半地风沙干旱较重，则副林带间距可小些；在次要害风危害不严重、机耕作业条件好的地区，副林带间距可适当加大。

林带间距不能过大或过小，间距过大则林带间的农田和牧草得不到完全的保护，间距过小则占地、胁地太多，同时影响田地灌溉、农机效率和作物收割等工序的进行。因此，设计时必须根据林带结构的性能、自然灾害情况和土地生产力的高低综合考虑。

在黄土高原地区，带间距离还应根据造林地的环境条件来确定。如灌溉区，速生树种的成林高度可达 15 ~ 20m，当林带的有效防护距离为树高的 20 ~ 25 倍时，林带间距可确定为 400m × 400m 或 500m × 500m 的正方形网格。在干旱地区，当林带的成林高度为 10m，有效防护距离为树高的 20 ~ 25 倍时，林带间距可确定为 200m × 200m 或 250m × 250m 的正方形网格。在坡地农田设置林网，由于迎风坡的风速较大，林带间距应为 100 ~ 200m; 若害风特别严重或有特殊要求如营造果园林网，则林带间距可更小些。

中国各地营造农田牧场防护林的主、副林带间距大体上是：东北地区西部与内蒙古东部地区，主林带间距一般为 300 ~ 500m，副林带与主林带间距相同或扩大一倍。苏北地区海岸防护林，主林带间距为 200 ~ 300m，副林带间距为 1000 ~ 2000m。豫东地区沙地防护林的主林带间距为 80m，副林带间距为 125m。西北地区及新疆沙区防护林一般主林带间距为 150 ~ 200m，副林带间距为 200 ~ 400m。

在牧场配置林带，同等条件下主林带间距和副林带间距应适当加大。

（4）林带宽度

林带宽度是指林带两侧边行树木之间的距离，再加上两侧各 1 ~ 1.5m 的林缘宽度。林带宽度是否合理，对林带结构及其防护性能会产生重大影响，它也是是否合理利用土地的一项重要指标。

林带宽度越大，占地比值越大，而林带的有效防护范围和防护效果与林带的宽度并不成正相关，并不是林带越宽，其有效防护范围越大，防护效果越好，而是林带宽度达到一定程度后林带结构会过于紧密，疏透度和透风系数越来越小，林带的防护作用反而会减小。

（5）林带横断面

农田牧场防护林由多种树种混交，就构成了不同形状的林带横断面，如由同一级乔木组成的林带，其横断面为矩形；由大乔木和亚乔木组成的林带，其横断面多为波浪形，若大乔木配置在边行，亚乔木配置在中间，则横断面为凹形；反之，若大乔木在中间，亚乔木次之，灌木配置在边行，则横断面为屋脊形。林带横断面的形状不同，其防风作用也不相同。一般来说，矩形和波浪形横断面的林带的防护能力强，其他形状的横断面的林带的防护效果弱。

（三）营造技术

1. 树种选择

树种的选择，直接关系到农田牧场防护林的生长发育和防护效能的发挥。树种选择不当，防护林的防护效能难以正常发挥，同时会产生各种负面影响，因而需要慎重选择树种。农田牧场防护林树种应具备的条件如下：

①适合当地的立地条件，以乡土树种为主，应提倡树种的多样性。

②具有一定的速生性，生长健壮、稳定，寿命较长。

③树干通直高大，根系分布较深，树冠较窄，侧枝较多且均匀分布于主干上下，有利于形成理想的林带结构。

④具有良好的抗高温、抗寒、抗旱、抗病虫害、耐水湿、耐盐碱等抗逆能力。

⑤繁殖材料的来源广泛，易于繁殖，具有较高的经济价值。

⑥避免选用根蘖性强，具有窜根性和遮阴性的树种，树种应与作物、牧草没有共同

的病虫害或不为这些病虫害的中间寄主。

2. 林带树种配置

配置林带树种时，边行和中间行的树木的生长速度与其主干高度要基本相同，避免林带出现屋脊形和凹形断面。为了达到理想的林带结构，可在林缘适当配置灌木。常见林带类型有乔木混交、乔灌混交、乔灌果混交和针阔混交四种类型，其中以乔木和灌木混交配置（乔灌混交）的混交效果最好。

3. 造林密度

乔木可采用 1m × 2m ～ 2m × 3m 的株行距，灌木的株距可为 1m。草原地区土壤多缺水，种植密度不宜过大，植株的株行距以 2m × 2m ～ 3m × 4m 为宜。

种植点的配置采用三角形配置方式，可提高防护林的防护效益。

4. 造林整地

造林前必须进行整地，农田牧场防护林的整地与常规造林的整地基本相同，多采用块状整地，有条件的地区可进行大坑整地并施基肥。

5. 栽植方法

①植苗造林。营造农田牧场防护林时，多采用 3 ～ 5 年生的大苗。栽植前可对苗木进行修根、浸水、黏泥浆等，以提高造林成活率。

②插干造林。插干造林选用较粗的基干或树枝作为造林材料，一般基干或树枝的直径为 3 ～ 8cm，长 2 ～ 3m，2 年生。在定植点挖坑扦插，基干或树枝的下端埋入土中的深度至少为 50cm。插干造林法是在地下水位较深的干旱地区常用的造林方法，造林成活率较高。

6. 减轻林带胁地的措施

由于林带树冠的遮阴作用和地下根系争水争肥，林缘附近的农作物生长发育不良而显著减产的现象称为林带胁地。

林带胁地一般在林带两侧 1H ～ 2H 处，其中影响最大的是 1H 以内，林带胁地程度与林带的树种、树高、林带结构、林带走向、农作物种类、地理条件及农业生产条件等因素有关。减轻林带胁地的措施是：

（1）挖沟断根

对林带以侧根扩展，与附近作物争水争肥的胁地情况，在林带两侧距边行 1m 处挖沟断根。沟深随林带树种的根系深度而定，一般为 40 ～ 50cm，最深不超过 70cm，沟宽 30 ～ 50cm。林、路、渠配套的林带，林带两侧的排水沟渠可起到断根的作用。

（2）合理种植农作物

在胁地范围内种植受胁地影响小的农作物，如豆类作物、薯类作物、牧草、篦麻、瓜菜、中草药等。

（3）合理配置林带和树种

在林带边行配置树冠较窄、枝叶稀疏、发芽展叶较晚、深根性树种，如新疆杨、泡桐、枣树等，可减轻胁地程度。尽量采用“窄林带，小网格”的形式配置林带，也可以减小林带胁地的面积。

二、海岸防护林营造

海岸防护林是指沿海以防护为主要目的的森林或林带。

（一）营造海岸防护林的必要性

中国海域宽广辽阔，海疆纵跨温带、亚热带和热带三个气候带。海岸防护林是中国生态建设的重要内容，是海啸和风暴潮等自然灾害防御体系的重要组成部分。加强海岸防护林体系建设，全力推动海岸防护林体系快速健康发展，为中国万里海疆构筑结构合理、功能完善的绿色屏障，是保障中国生态安全的迫切需要。

（二）海岸防护林体系工程建设分区

1. 工程建设区域

全国海岸防护林体系工程建设区域包括辽宁、天津、河北、山东、江苏、上海、浙江、福建、广东、广西、海南 11 个省（区、市）的 261 个县（市、区）。

2. 型区划分

根据中国沿海地带的地貌特征、土壤类型和气候条件，将中国海岸防护林体系工程建设区域划分为沙质海岸为主的台地丘陵防风固沙、水土保持治理类型区，泥质海岸为主的平原风、潮、旱、涝、盐、碱治理类型区，岩质海岸为主的山地丘陵水土保持、水源涵养治理类型区共三个类型区。

（三）海岸防护林体系构成与配置

1. 海岸防护林体系构成

以海岸基干林带、海岸消浪林带为主，与纵深防护林等有机配合，共同构成海岸防护林体系。

海岸防护林体系类型如下。

（1）泥质海岸防护林体系

从海岸带适宜造林的地方起向内陆延伸，形成以海岸消浪林带、海岸基干林带为主，与纵深防护林等相结合的综合防护林体系。

（2）沙质海岸防护林体系

从海滩适宜造林的地方起向内陆延伸，形成以海岸基干林带为主，与纵深防护林等相结合的综合防护林体系。

（3）岩质海岸防护林体系

从最高潮位线起向内陆延伸，形成以海岸基干林带为主，与纵深防护林等相结合的综合防护林体系。

2. 海岸防护林体系配置

海岸防护林体系配置根据“全面规划、因地制宜、因害设防、生态优先”的原则，突出各类型区的主体防护功能，合理布局，优化林种、树种结构，增强综合防护功能，提高抵御灾害的能力。下面介绍海岸基干林带、海岸消浪林带配置。

（1）海岸基干林带

林带的走向应与海岸线一致。林带宽度视地形地貌、土壤类型和潜在危害程度而定。在泥质岸段，林带宽度不少于200m。在沙质岸段，林带宽度不少于300m，具备条件的地段可加宽到500m。在岩质岸段，自临海第一座山的山脊以下，向海坡面的宜林地段应全部植树造林。

树种选择：泥质海岸选择耐盐碱、抗风折、耐涝、易繁殖的树种；沙质海岸选择抗风沙、耐瘠薄、根系发达、固土能力强的树种；岩质海岸选择抗干旱、耐瘠薄、固土护坡能力强的树种。

（2）海岸消浪林带

林带可采用篱式、丛状、团块状或行状等配置方式。按照“因害设防、因地制宜、适地适树”的原则，根据造林地的立地条件和树种特性营造混交林带，形成合理的林带结构。

树种选择：红树林选择抗污染、根系发达、自我更新能力强，防浪促淤、固岸护堤能力强的乔灌木红树植物。柽柳林以乡土树种为主，适当引进耐水浸、耐盐碱、抵御风暴和固岸护堤能力强的其他树种。

（四）造林技术

1. 海岸造林密度

（1）海岸基干林带的造林密度

根据树种特性、立地条件、防护功能和经营水平确定适宜的造林密度。

（2）海岸消浪林带的造林密度

红树林执行国家有关红树林建设技术的规定。

柽柳林植苗造林密度为10000 ~ 20000丛/hm^2，插条造林密度为20000 ~ 30000丛/hm^2。

2. 海岸整地

（1）泥质海岸整地

应在雨季前完成整地。一般可采用全面整地、开沟整地、大穴整地、小畦整地，对低洼盐碱地和重盐碱地宜采川台田或条田整地。在低洼盐碱地应先修筑台（条）田，台（条）田面宽50 ~ 100m，沟深1.5 ~ 2.0m，台（条）山长度与沟宽要便于排涝洗盐；然后再按设计进行穴状或带状整地。在重盐碱地应先设立防潮堤，开挖主干河道，修建排水系统，然后修筑台（条）田。一般条田宽50m，长100m；条田沟深1.5m以上，支沟深3m以上。面积较小的地块宜采用台田起垄（垄高30 ~ 50cm）或修筑窄幅台田整地（一般排水沟深 1.5m，台田面宽 15 ~ 20m）。

（2）沙质海岸整地

①穴状整地：整地规格可根据造林苗木大小确定，一般为（0.5 ~ 1.0）m×（0.5 ~ 1.0）m×（0.5 ~ 1.0）m。

②带状整地：带宽 1.0m，深 0.6 ~ 1.0m，带长因地而异。

③条田整地：对地势较低、地下水位较高的沿海风沙地，应实行条田整地。一般条田面宽 50m，长约 100m；条田沟深 1.5m 以上，支沟深 3m 以上。

（3）岩质海岸整地

禁止采用全面整地的方法。具体视立地条件、树种特性等情况确定是否整地；可选择适宜方法进行局部整地。

3. 海岸造林方法

（1）海岸造林方法 —— 植苗造林

①苗木种类与规格：裸根苗，选用Ⅰ、Ⅱ级苗木；在沿海瘠薄荒山、风沙地宜采用容器苗造林。

②栽植方法：穴植法，在秋季或春季截干栽植，栽后踏实，保墒。雨季应及时排涝。

（2）海岸造林方法 —— 插条造林

土壤湿润的地方可以在冬、春或雨季扦插。选 1 年生直径约 1cm 的健壮萌条，截成 30cm 长的插穗，竖直插入整好的穴中，每穴呈“品”字形或正方形插条 3 ~ 4 根，株距 30cm 左右。

（3）海岸造林方法 —— 播种造林

在土层浅薄、坡度陡峭、岩石裸露的宜林地可采用播种造林。春季或夏季均可造林，宜在大雨后 1 ~ 2d 内播种。出苗前如遇大雨冲埋，应进行补播。

（五）抚育保护

1. 培土扶正

在造林后 1 ~ 2 年内（特别是当年），每次台风或大雨后，对栽植的幼树应及时进行培土扶正等工作，以防幼树歪斜倒伏，促进其正常生长。

2. 封禁管理

造林初期，植被稀少，幼树扎根浅，林地要实行封禁管理。一般在造林前 3 年，应严禁人、畜进入林间，严禁割草、挖草根、玩火、放牧等活动，以促进杂草、植被与幼树繁茂共生，保护幼树健康生长。

3. 适时抚育间伐

幼林郁闭后直至成林前，对栽植密度大的幼林一般应进行 3 ~ 4 次抚育间伐，以防主干徒长纤细、枝下高过长和树冠狭小。适时间伐既可促使幼林高、径正常增长，又能防止风害倒木现象发生，改善幼林的生长条件。

4. 更新采伐

采取带状皆伐更新、隔带皆伐更新、逐带皆伐更新等方法及时抚育。

①带状皆伐更新：先在海岸基干林带的内侧营造新的林带，当新林带郁闭并长到一定高度，具备防风固沙作用时，再伐去前沿林带。

②隔带皆伐更新：按林带排列顺序进行隔带采伐，当采伐的地方的新造幼林郁闭并达到一定高度时，再伐去留下的各条林带进行更新。这种方法适用于小网格林带的更新。

③逐带皆伐更新：将每条林带先砍去一半进行更新，当新林郁闭并长到一定高度时，再伐去留下的一半进行更新。这种方法适用于宽度较大林带的更新。

第六章 林业树木养护技术

第一节 管护技术

一、松土除草

（一）松土的作用

可增加地表和大气的接触面积，降低地面对太阳辐射的反射率，增大对太阳辐射的吸收、增大地面有效辐射，从而使近地层空气温度增加；可增加土壤的空隙度，减少土壤热容量和导热率，使地表土壤白天温度比松土前增加、夜间温度比松土前减少，从而增大地温日较差，这有利于林木的生长；可以破碎地表结块，疏松林地表层土壤，提高土壤的保水性，同时割断上下土层之间的毛细管联系，减少土壤水分蒸发；可加速土壤空气与近地层空气的交换，使土壤空气中的二氧化碳减少、氧气增加，这有利于根部的生长，同时可促进土壤微生物的活动，加速有机物分解。但是，不同地区、不同条件下松土的主要作用有明显差异，干旱、半干旱地区雨后松土主要是为了保墒蓄水；水分过剩地区松土在于排除过多的土壤水分，增强土壤的通气性，以提高地温；盐碱地松土则希望减少春季返碱时盐分在地表积累。

（二）除草的作用

主要是清除与幼林竞争的各种植物，排除杂草、灌木对水、肥、气、热的竞争，排除杂草、灌木对林木生长的危害。杂草往往适应性强，容易繁殖，具有快速占领营养空间，夺取并消耗大量水分、养分的能力。杂草、灌木的根系发达、密集，分布范围广，又常形成紧实的根系盘结层，阻碍幼树根系的自由伸展。有些杂草甚至能够分泌有毒物质，直接危害幼树的生长。一些杂草、灌木作为某些森林病害的中间寄主，是引起森林病害发生与传播的重要媒介。未除草的幼林地，林木的径生长和高生长会降低 1/5 ～ 1/3。

（三）松土除草的一般方法

松土与除草一般可同时进行。松土除草的方式一般有全面法、带状法、块状法。一般应与整地方式相适应。也就是对全面整地的实施全面松土除草；对局部整地的实施带状或块状松土除草。但这些都不是绝对的，有时全面整地可以采用带状或块状抚育，而局部整地也可全面抚育。具体采用哪种方法，还要考虑林木生长状况、林地环境、当地劳力和经济情况来决定。

松土与除草也可根据实际情况单独进行。湿润地区或水分条件良好的幼林地杂草灌木繁茂，可只除草（割草、割灌）而不松土，或先除草割灌后，再松土；干旱、半干旱地区或土壤水分不足的幼林地，为了有效地蓄水保墒，往往以松土为主。除草一般要求是连根拔出，原则是“除早、除小、除了”。但对萌生性、根蘖性弱的草可采用割除的办法。在炎热干旱季节，杂草灌木的适当庇荫，可降低土表温度和地面辐射热，使幼树免受日灼危害，因而在干旱高温季节不宜中耕除草。除草用的工具除了锄头、镰刀、铲子等外，割草机现在用得也较多。松土的工具一般是锄、锨等，株行距整齐的人工林也可用新式步犁或小型机耕犁。松土除草同时进行，最好把草翻压在土层里，当作绿肥增加土壤有机质，达到一举多得的功效。

（四）如何确定松土的深度

松土的深度应根据幼林生长情况和土壤条件确定。苗木根系分布浅，松土不宜太深；土壤质地黏重、表土板结或幼龄林长期缺乏抚育，而根系再生能力又较强的树种，可适当深松；特别干旱的地方，可深松一些。总的原则：（与树体的距离）里浅外深；树小浅松，树大深松；沙土浅松，黏土深松；湿土浅松，干土深松。一般松土除草的深度为 5 ～ 15cm，加深时可增加到 20 ～ 30cm。

（五）怎样确定松土除草的年限和次数

松土除草的持续年限应根据造林树种、立地条件、造林密度和经营强度等具体情况而定。一般可连续进行数年，直到幼林郁闭为止。生长较慢的树种应比速生树种的抚育年限长些，如东北地区落叶松、樟子松、杨树可为 3 年；水曲柳、紫椴、黄菠萝、核桃楸可为 4 年；红松、红皮云杉、冷杉可为 5 年。干旱地区，植被茂盛的林分，抚育的年限应长些；造林密度小的幼林通常需要较长的抚育年限。速生丰产林整个栽培期均须松土除草，但后期不必每年都进行。每年松土除草的次数，一般为 1 ～ 3 次。松土除草的具体时间须根据杂草灌木的形态特征和生活习性、造林树种的年生长规律、生物学特性及土壤的水分、养分状态确定。

（六）化学除草剂有哪些类别

从不同方面分析，除草剂有以下分类方法：①根据化学结构可以分为无机化合物除草剂和有机化合物除草剂；②根据作用方式分为选择性除草剂和灭生性除草剂；③根据除草剂在植物体内的移动情况分为内吸型除草剂和触杀型除草剂；④按使用方法分为茎叶处理剂和土壤处理剂。

（七）化学除草剂的使用方法

1. 茎叶处理法

茎叶处理法把除草剂溶液直接喷洒在正在生长的杂草茎叶上以杀死杂草的方法。该方法多用触杀型除草剂，使用的喷雾器有机动喷雾器和背负式喷雾器两种。喷雾前要准备好配药容器和过滤纱布等，然后按单位面积施药量和应加水的比例，计算出水和药的数量。用药量要根据容器的大小确定，称的水量要求准确。把称好的药剂倒在纱布上，在有水的容器中搅动药剂至完全溶解为止，然后按比例加入所需水量稀释，即配成药液。药水要现配现用，不宜久存，以免失效。往茎叶上喷洒时雾点应细而均匀。

2. 土壤处理法

土壤处理法是用除草剂直接和土壤接触杀死杂草。该方法多用内吸性除草剂，采用喷雾、泼浇、撒毒土等方法将除草剂施到土壤上，使除草剂在土壤中形成一定厚度的药层，让杂草种子、幼芽、幼苗根部或杂草其他部分接触吸收除草剂而死亡。土壤处理法一般用于清除以种子萌发的杂草或某些多年生杂草。

其一，喷雾法。使用常规喷雾器把除草剂药液均匀地喷洒在土壤表面或表层，要求药剂直接接触土壤，药液量根据土壤湿度而定，一般干旱地区用量大，较湿润土壤使用中量，其雾滴直径为 250 ~ 500μm，施药时喷头距离土壤 30cm 左右。喷雾处理法有表面封闭式和表层混合式两种形式。表面封闭式即药液喷洒在土壤表面后不再翻动土壤，利用毒土层杀死萌动出土的草芽。表层混合式即药液均匀喷洒在土壤表面，然后再耙一下表层土壤，使药液在土层 3 ~ 5cm 处形成药土层，利用除草剂的挥发性在土壤中杀死草芽。

其二，泼浇法。将药剂配制成较稀的药液，装入喷壶或水车，搅拌均匀后泼洒在土壤表面。

其三，毒土法。将除草剂与湿润的细土或细沙土按一定比例均匀混合，撒在土壤上。

二、灌溉与排水

（一）干旱有哪些危害，灌溉的主要作用

干旱对树木的危害很大，它能破坏树木体内的水分平衡，使树木生长减弱或停止，造成植株矮小、林分产量降低。干旱林区树木嫩枝、根部的延伸、直径的生长，种子的发育，都会由于水分供应不足而受到限制，因此该地区的树木大都低矮。一些地区重造

轻管形成的低质低效林，相当一部分是由于不及时灌溉造成的。扩大灌溉面积是加速林业发展的重要措施。

林地缺水是一些地方林业生产的制约因子。水是土壤肥力的四大要素之一，灌溉是补充林地土壤水分的有效措施。林地灌溉对提高幼林成活率、保存率，加速林分郁闭，促进林木快速生长具有十分重要的作用。灌溉使林木维持较高的生长活力，激发休眠芽的萌发，促进叶片的扩大、树体的增粗和枝条的延长，以及防止因干旱导致顶芽提前形成。在盐碱含量过高的土壤上，灌溉可以洗盐压碱，改良土壤。

水是组成植物体的重要成分，也是光合作用的原料。在林地干旱的情况下灌溉，可改变土壤水势、改善林木生理状况，使林木维持较高的光合和蒸腾速率，促进干物质的生产和积累。

（二）怎样确定林地灌溉时期

林地是否需要灌溉要根据气候特点、土壤墒情、林木长势来判断决定。从林木年生长周期来看，幼林可在树木发芽前后或速生期之前灌溉，使林木进入生长期有充分的水分供应，落叶后是否冬灌可根据土壤干湿状况决定；从气候情况看，如北方地区 7、8、9 月这三个月降雨集中，一般不需要灌溉；从林木长势看，主要观察叶的舒展状况、果的生长状况。据对 4 年生泡桐幼树不同月份的灌溉试验表明，7、8、9 月这三个月灌溉，既不能显著影响土壤含水量，也不能显著影响泡桐胸径和新梢生长；4、5、6 月这三个月灌溉可以显著提高土壤含水量，而且 4 月灌溉还可以显著地促进胸径和新梢的生长。

（三）如何确定林地灌溉的灌水量

林地灌溉一般比农田难度大，要科学计算灌水量，避免浪费。灌水量随树种、林龄、季节和土壤条件不同而异。工作中计算灌水定额，常用蒸腾系数作依据，即植物生产 1g 干物质所消耗的水分的量作为需水量，同时要考虑地下水供应量和降水量。合理灌溉的最好依据是生理指标状况，如叶片的水势、细胞质液的浓度、气孔开度等，因为它们能更早地反映出植株内部的水分状况。但是现在这方面研究，成熟的经验、方法比较少。一般要求灌水后的土壤湿度达到相对含水量的 60% ~ 80% 即可，并且湿土层要达到主要根群分布深度，这种方法比较简单实用，只要用烘干法算出土壤含水量，再根据土层厚度算出单位面积土重，就能大概算出单位面积的灌水量。对林分灌溉时还要注意掌握合理的灌水流量，灌水流量是单位时间内流入林地的水量。灌水流量过大，水分不能迅速流入土体，造成地面积水，既恶化土壤的物理性质，又浪费用水。

（四）目前中国有哪些节水灌溉方式

传统的灌溉方式有漫灌、畦灌、沟灌。漫灌要求土地平坦，用水量大，且容易引起局部冲刷和灌水量多少不均。畦灌需将土地整为畦状后灌水，应用方便，灌水均匀，节省用水，但要求作业细致，投工较多。沟灌在株行距整齐的人工林方可采用。近年来在一些速生丰产林和城市森林公园开始较多采用节水灌溉。目前，中国重点推广的节水灌溉技术有管道输水技术、喷灌技术、微灌技术、集雨节水技术、抗旱保水技术等。

1. 低压管道输水灌溉

低压管道输水灌溉又称管道输水灌溉，是通过机泵和管道系统直接将低压水引入田间进行灌溉的方法。这种利用管道代替渠道输水灌溉，既避免了输水过程中水的蒸发和渗漏损失，又节省了渠道占地，能够克服地形变化的不利影响，省工省力。一般可节水30%. 节地5%。

2. 喷灌

喷灌是利用专门设备把水加压，使灌溉水通过设备喷射到空中形成细小的雨点，像降雨一样湿润土壤的一种方法。它的优点是能适时适量地给林木提供水分，比地面灌溉省水30% ~ 50%；水滴直径和喷灌强度可根据土壤质地和透水性大小调整，不破坏土壤的团粒结构，保持土壤的疏松状态，不产生土壤冲刷，使水分都渗入土层内，避免水土流失；可以腾出占总面积3% ~ 7%的沟渠占地，提高土地利用率；适应性强，不受地形坡度和土壤透水性的限制。

③微灌

微灌包括滴灌、雾灌、渗灌、小管出流灌溉、微喷灌等。滴灌是利用滴头（滴灌带）将压力水以水滴状或连续细流状湿润土壤实施灌溉的方法，可用电脑控制自动运行。雾灌技术是近几年发展起来的一种节水灌溉技术，集喷灌、滴灌技术之长，因低压运行，且大多是局部灌溉，故比喷灌更为节水、节能，雾化喷头孔径较滴灌滴头孔径大，比滴灌抗堵塞，供水快。渗灌是利用一种特制的渗灌毛管埋入地表以下30 ~ 40cm，压力水通过渗水毛管管壁的毛细孔以渗流形式湿润周围土壤的一种灌溉方法。小管出流灌溉是利用直径4mm的塑料管作为灌水器，以细流状湿润土壤进行灌溉的方法。微喷灌是利用微喷头将压力水以喷洒状湿润土壤的一种灌溉方法。

三、养分综合管理与施肥

（一）为什么要进行林地施肥

在现代林业生产中，肥料的作用越来越显得重要，特别是在商品用材林的经营中，合理施肥已成为提高林木产量和质量的一项重要措施。

从事林业生产和经营的土地一般比较贫瘠，往往是种不了其他作物的才去种树；间伐、修枝、森林主伐（特别是皆伐）、伐区清理等会造成大量有机质和营养元素的输出，能使林地营养物质循环的平衡受到影响；一些林地多代连续培育某种针叶树纯林，使得包括微量元素在内的各种营养物质极度缺乏，地力衰竭，理化性质变坏；一些地方受自然或人为的因素影响，归还土壤的森林枯落物数量有限或很少，以致某些营养元素流失严重。另外，一些轮伐期短的速生丰产林，如桉树林生长快、产量高，光合作用效率高，单位生物量对水、肥的利用率明显高于其他树种，如不注意林地管理，就会造成土壤养分过多消耗，导致地力衰退。

林木所含化学元素可多达几十种，但并不都是必需的，并不都需通过施肥来满足需要、促进生长。对树木生长起决定作用的是土壤中相对含量最少的养分因子，其道理如装水的木桶，施肥时，要考虑短板效应。如盐土中林木富含钠，海滩上的林木富含碘，这两种林地就不必施钠肥和碘肥。

判断植物必需的营养元素应满足以下标准：①这种元素对植物的营养生长和生殖生长是必需的。②缺少该元素植物会显示出特殊的症状（缺素症）。③这种元素必须对植物起直接营养作用，经研究林木生长需要碳、氢、氧、氮、磷、钾、硫、钙、镁、铁、铜、锰、钴、锌、钼和硼等十几种元素，在这些元素中，碳、氢、氧是构成一切有机物的主要元素，占植物体总成分的95%以上，其他元素只占植物体总成分的4%左右。碳、氢、氧从空气和水中获得，其他元素主要从土壤中吸收。植物对碳、氢、氧、氮、磷、钾、硫、钙、镁等需求量较多，故这些元素叫大量元素；对铜、锰、钴、锌、钼、硼等，需要量很少，这些元素叫微量元素。铁从植物需要量来看，比镁少得多，比锰大几倍，所以有时称它为大量元素，有时称它为微量元素。植物对氮、磷、钾这三种元素需要量较多，而这三种元素在土壤中含量又较少，因此，人们生产含有这三种元素的肥料较多，氮、磷、钾又称为肥力三要素。

施肥具有增加土壤肥力，改善林木生长环境，改善林地理化、生物性质的良好作用，通过施肥可以达到加快幼林生长，提高林分生长量，缩短成材年限，促进母树结实以及控制病虫害。施肥还可使幼林尽快郁闭，增强林木的竞争力和林分抵御灾害的能力。

（二）林木缺素的诊断方法

林木缺素诊断是预测、评价肥效和指导施肥的一种技术工作，常用的有土壤分析法、叶片诊断法等。

①土壤分析法。分别在某一树种生长正常地点及出现缺素症状的地点，各取5～25份土样，按土壤学的方法，测定各种营养元素的含量，对比两地土样养分含量差异，进行营养分析，即可得知土壤中那些营养元素缺乏。

②叶片诊断法。植物缺乏某一营养元素，叶片会表现出一些症状，利用这一现象作缺素症判断，指导合理施肥，叫叶片诊断法。这一方法简便易行，运用得较多。

（三）林地肥料的种类及作用

直接或间接供给林木所需养分，改善土壤理化、生物性状，可以提高林木产量和质量的物质称为肥料。从林木干重所含某种元素多少，林木对某种元素所需量的多少，可将肥料分为大量元素肥料、中量元素肥料、微量元素肥料。大量元素肥料为氮、磷、钾肥；中量元素肥料为硫、钙、镁肥；微量元素肥料为铁、硼、锌、钼、铜、锰、氯肥。从肥料的来源、性质、作用可分为有机肥料、无机肥料、微生物肥料。

有机肥料是以含有机物为主的肥料，如堆肥、厩肥、绿肥、泥炭（草炭）、腐殖酸类肥料、人粪尿、家禽粪、海鸟粪、油饼和鱼粉等。有机肥料含多种元素，故称为完全肥料。有机肥料中的有机质施入土壤，要经过土壤微生物分解，通过矿化过程、腐殖化过程才能被林木吸收，故又称迟效肥料；有机肥料肥效长，故又称长效肥料。有机肥料作用的特点：培肥土壤效果显著，有利于形成良好的土壤结构；提供有机营养物质和活性物质，如胡敏酸、维生素、酶及生长素等可促进植物新陈代谢，刺激作物生长，能明显地提高作物产量和质量；有机肥料在矿化腐解过程中产生的二氧化碳可提高林地二氧化碳浓度，增强光合效率；有机肥料中既有大量元素，又有微量元素，能够为林木提供多种养料，经常使用有机肥料的土壤，一般不易发生微量元素缺乏症。

无机肥料又叫矿物质肥料，它包括化学加工的化学肥料和天然开采的矿物质肥料，如氮、磷、钾、硫、钙、镁、铁、硼、锌、钼、铜、锰、氯肥等。氮肥等为化学加工肥料，磷肥多为天然开采的矿物质肥料。无机肥料的作用特点：主要成分能溶于水，或者容易变为能被植物吸收的部分，肥效快；营养元素含量比例高，使用起来省工省力；但长期使用会造成土壤板结。

微生物肥料是指含有大量活的有益微生物的生物性肥料，如“5406”抗生菌肥、固氮菌剂、磷细菌肥料、钾细菌肥料、菌根真菌肥料等。微生物肥料的作用特点：它本身并不含有植物生长所需要的营养元素，它是以微生物生命活动来改善作物的营养条件，发挥土壤潜在肥力，刺激植物生长，抵抗病菌对植物的危害，从而提高植物生长量。

（四）林地施肥的方法

林地施肥一定要注意提高肥料利用率，提高经济效益，做到合理施肥。在实施过程中，要遵循以下几个技术要求。

①明确施肥目的：以促进林木生长为主要目的时，应考虑林木的生物学特性，以速效养分与迟效养分相配合，适时施肥；以改土为目的时，则应以有机肥为主。

②按土壤施肥：依据土壤质地、结构、pH 值、养分状况等，确定合适的施肥措施和肥料种类。如缺乏有机质和氮的林地，以施氮肥和有机质为主；红壤、赤红壤、砖红壤林地及一些侵蚀性土壤应多施磷肥；酸性沙土要适当施钾肥；沙土施追肥的每次用量要比黏土少；等等。减少土壤 pH 值可施硫酸亚铁，提高土壤 pH 值可施生石灰：

③按林木施肥：不同的树木有不同的生长特点和营养特性，同一种林木在不同的生长阶段营养要求也有差别。阔叶树对氮肥的反应比针叶树好；豆科树木大都有根瘤，它们对磷肥反应较好；橡胶树要多施钾肥；幼树主要是营养生长，以长枝叶为主，对氮肥的用量较高；母树施以磷、钾为主的氮磷钾全肥，可以提高结实量和种子的质量。

④看气候施肥：在气候诸因素中，温度和降水对施肥的影响最大。它们不仅影响林木吸收养分的能力，而且对土壤中有机质的分解和矿物质的转化，对养分移动及土壤微生物的活动等都有很大影响。如氮肥在湿润条件下利用率高，雨后施追肥宜用氮肥；磷肥叶面喷洒时，在干热天气条件下效果好，等等。一般土壤温度在 6 ~ 38℃，随着温度的升高，根系吸收养分的速度加快。最适宜根系吸收养分的温度是 15 ~ 25℃。光照充足，光合作用增强，同时对养分的吸收量也多，因此随着光照增加可适当增加施肥量。

⑤根据肥料特性施肥：不同的肥料其养分含量、溶解性、酸碱性、肥效快慢各不相同，选用时要根据肥料的性质、成分及土壤肥力状况，做到适土适肥、用量得当。用量少，达不到施肥的目的；用量过多，不仅造成浪费，还会造成污染等副作用。磷矿粉、生石灰仅适用于酸性土壤，石膏、硫黄仅适用于碱性土壤；改良碱性土，宜选用酸性无机肥料，同时大量施用有机肥；改良酸性土壤，宜选用碱性肥料和接种土壤微生物，配以大量有机肥。

（五）绿肥作物的作用

在林地上引种绿肥作物和改良土壤树种，既能增进土壤肥力又可改良土壤结构，其主要作用如下。

①扩大有机肥源：种植绿肥可增加林地有机肥料。

②增加土壤氮素：豆科植物具有生物固氮能力，一般每亩林地每年可增加氮素 5 ~ 15 斤，高的可达 22 斤，相当于施尿素 7 ~ 20 斤。

③富集与转化土壤养分：有的绿肥植物根系入土较深，可以吸收土壤底层的养分，使耕层土壤养分丰富起来；如十字花科的绿肥植物对土壤中难溶性磷酸盐有较强的吸收能力，可提高土壤有效磷的含量。

④改善土壤结构和理化性质：绿肥腐解过程中所形成的腐殖质，能促使土壤团粒结构的形成，改变黏土和沙土的耕性，增加土壤的保肥保水能力，提高土壤微生物的活性，提高土壤缓冲作用。

⑤有些绿肥植物还可固沙、保土、防杂草及提供饲料和其他副产品。

（六）绿肥作物的主要栽培方式

先在贫瘠的无林地上栽植绿肥作物或对土壤有改良作用的树种，使土壤得到改良后再实施目的树种造林，在造林的同时种植绿肥作物，绿肥作物与造林树种混生或间作。在主要树种或喜光树种的林冠下混植固氮作物或固氮小乔木，以提高土壤肥力。

在低产低效林改造时，可伐除部分原有树种，间种绿肥植物或改良土壤树种。如河南民权的申集林场对沙地加杨低价值林改造时，采用隔行伐掉加杨栽植刺槐或在加杨林下栽植紫穗槐的方法均达到了良好的效果。

（七）林内凋落物的作用

森林凋落物富含氮、磷、钾和灰分元素，尤其是叶子含量很高。林内自然状态下的养分循环，森林凋落物起着重要作用，这种循环能使灰分元素及其他营养元素在土壤中富集，被人们称为森林的自肥现象。发挥森林的自肥作用，就要保护好林内凋落物。

森林凋落物对林地的作用不仅是提供营养元素，而是多方面的培肥功能。

①凋落物在土壤中分解后，自身可以增加土壤营养物质的含量，还可产生活性物质，提高林木对土壤钙、镁、钾、磷的利用率。

②凋落物在林内可保持土壤水分，减少水土流失。在雨季 1kg 枯枝落叶可吸水 2 ~ 5kg，饱和后多余的水渗入土壤中，减少了地表径流。由于凋落物的存在，提高了林地保持水土的能力。

③凋落物转化为腐殖质时，能促进土壤团粒结构形成，使土层疏松，提高土壤对水分和养分的保持能力和供应能力。

④凋落物可缓和林内土壤温度的变化。凋落物能适当地阻止地面长波辐射，并将土壤与温度变幅大的空气隔开，使林地趋于冬暖夏凉，这可延长林木根的生长。

⑤凋落物可以防止林内杂草滋生。凋落物的覆盖能抑制林地杂草的生长，限制土壤

种子库杂草种子的萌发和杂草植株的形成。

⑥森林凋落物能够协调林地水、肥、气、热关系，提高土壤肥力。因此在营林中，要禁止焚烧或搂取林内凋落物，应及时将凋落物与表土混杂，加速分解转化，最大限度地发挥其作用。

四、林地间作和矮化密植

（一）林地间作的优点

1. 能提高林地光能利用率

由于提高了覆盖度，增加了群落总叶面积，从而扩大了立体用光幅度，减少了漏光，提高了反射光的利用率。因此，单位面积林地的光能利用率增加，单位面积的生物产量增加。

2. 可更有效地利用地力

间作后林地作物根系总容积增大。林木和间种作物根系性质不同，它们在土壤中的分布层次和吸收营养物质、营养元素的种类、数量也不完全相同，从而能更充分地利用地力。

3. 可保护或提高土壤肥力

覆盖林地的作物，其枝叶和浅表土层的根系，在雨季可起到保持水土的作用，减少地表径流，保护土壤肥力。死掉的根、枯落的枝叶可转化为土壤腐殖质。

4. 可促进林木生长

依据林木和间作植物的生物学特性，利用种间共生互补的生态学原理选择林下植物，可促进林木生长。另外，对林下植物较精细的管理，如除草、松土、施肥等，被人们称作对林木的以耕代抚，也可促进林木生长。如果对间种作物进行耕作，就能促进林木根系向土壤深处伸展，扩大其吸收面。

5. 可增加经济效益

林地间作弥补了林业生产周期长、见效慢的弱点，可获得早期效益，取得以短养长的效果。黄淮海平原的桐粮间作、枣粮间作，林粮双丰收，深受群众欢迎。中国南方的胶茶间作，上层是橡胶树，第二层是药用树种肉桂萝芙木，第三层是茶树，最下层是中药砂仁，这样把喜光和耐阴程度不同、生长高度不同、根系深浅不同的植物结合起来，上层橡胶林冠的适当遮阴，能减轻春寒对茶叶的危害，茶树冠层可以起到削弱风力及蓄积地面热量的作用，从而可以有效地减轻橡胶寒害，其结果可使橡胶产量增加 1%，茶叶产量增加 1% 以上，还可获得一些药材销售收入。

（二）林地间作的主要形式

由于林地间作可以达到以短养长、以耕代抚、加快林木生长等作用，总之可提高营林收益、部分解决育林资金，所以许多营林单位和个人都把它作为扩大林业生产、发展多种经营的重要形式，积极采用和推广。各地在工作实践中总结出了许多林地间作的形式，常见的有以下几种。

1. 林—林混交型

用材树种和经济林树种混交或经济林树种之间混交。这种形式很多，仅与茶树混交的就有许多的形式。常见混交的用材树种有泡桐、杉木、杨树、侧柏、刺槐、竹子等；经济林树种有橡胶、乌柏、荔枝、板栗、山茱萸、杏、苹果、紫穗槐、黄荆等。

2. 林—农间作型

这是一种比较常见的林农结合形式，林木在与作物混合种植时，有些是不规则的散生状态，有的是按一定的株行距有规律排列的。间作的农作物要选择适应性强、矮秆、较耐阴、有根瘤、根系水平分布的种类，豆科植物为最好。树种要选择冠窄、干通直、枝叶稀疏、冬季落叶、春季放叶晚、根系分布深的树木，如泡桐、杨树、臭椿、香椿、池杉、沙枣等。

3. 林—牧间作型

这是指在林分内种植牧草。林木能够调节气候、改善环境，给牧草创造良好的生长环境条件；牧草可以发展畜牧业，同时一些牧草可以当作绿肥作物，提高土壤肥力，促进林木生长。牧草选择应以苜蓿等豆科类植物为主。

4. 林—药间作型

中国的多数中草药都生长在森林内，很多药用植物具有耐阴的特点，甚至有的只能在庇荫的条件下才能生长。所以林－药间作在中国有着特别广阔的发展前景。例如，华北地区的泡桐与牡丹间作；亚热带地区的杉木林下间作黄连；热带地区的橡胶林下间种砂仁、生姜；半干旱的三北地区杨树与甘草间种等都收到了较好的效果。

（三）矮化密植及其栽培的意义

矮化密植通常是指利用生物学、栽培学等手段，使树体矮小，树冠紧凑，便于密植的一种栽培方法。

矮化密植栽培是当前经济林集约化栽培的重要标志之一，是实现经济林早产、高产、优质、高效、低耗的重要手段。

（四）矮化密植的注意事项

①矮化密植园的建园投资较高。

②矮化砧抗寒、抗风能力较差，不耐干旱和多湿。

③砧木和接穗之间，有时会因不亲和等原因，导致接口部肿大，形成大脚（杏嫁接李）或小脚（酸枣嫁接大枣）现象，导致树势早衰甚至死亡，应注重选择适宜砧穗组合。

④矮密树的枝叶量少，成花容易，光合产物较多地用于花果的生长发育，易导致树势早衰。

⑤必须因地制宜，合理采用。

（五）确定矮化密植的栽植方式

1. 一次性定植

一次性定植指从建园开始，到最后砍伐的整个生产过程中，经济林木的密度始终不变。

密度取决于砧木种类、接穗品种、土壤类型、光能利用、经济效益、气候条件、管理水平等。半矮化砧中等密度 825 ~ 1650 株 /hm^2，矮化砧 1650 ~ 2250 株 /hm^2，乔化砧 405 ~ 660 株 /hm^2。

2. 计划密植

计划密植是指在建园时增加栽植株数，以获得较高的早期产量，其后随树冠扩大，逐步移栽或间伐，以维持适宜密度和较高产量的栽培方式。

计划密植分永久性植株和临时植株两类树。临时植株一般为永久性植株的 1 ~ 3 倍。永久株的密度，应根据当地的立地条件、栽培管理水平、砧木种类、树种品种、机械化程度及经济条件而定，如板栗永久性植株的密度可为 600 ~ 1250 株 /hm^2。

（六）如何做好矮化密植的整形修剪

1. 树形

适宜的树形有改良纺锤形、自由纺锤形、细长纺锤形、圆柱形、小冠疏层形、树篱形、开心形、扇形等。

2. 修剪

（1）要及早控制先端和直立枝，以免影响主干、中心干、主枝生长。

（2）枝组内要合理分工，留足预留枝，并控制花量，及时疏去衰老枝和过密枝，以保持结果枝组健壮、稳定。

（3）矮化树在幼树期，要促进树体生长，使其早成花，早结果，结果后再控制过旺的营养生长，逐步理顺生长和结果的关系。

（4）刻、拉、剥技术，已广泛用于促进用果类经济林木早成花、早结果，

（七）如何做好矮化密植的土、肥、水管理

1. 土壤的管理

①矮化密植的经济林根系分布较浅，并局限在较小的范围内。

②如果土层过浅，不能满足地上部需要，必须创造适合根系生长的良好土壤条件。

③根系密度大，树冠矮，栽后深翻熟化，改良土壤的操作比较困难，因此改土工作尽量在植前一次完成，进行全园深翻改土，施大量有机肥。

根系常集中在土壤表层，在生长季应避免中耕除草过度，园地覆盖有利于保持土壤水分、减少水土流失、防止土壤温度的急剧变化、提高土壤肥力。

2. 施肥特点

①枝、叶、根系密度大，产量高，需肥量较大，应遵循少量多次的原则，以免引起烧根。

②基肥以有机肥为主，秋施为宜，年年施入，可采用环状沟施、放射状沟施、条沟施肥、全园撒施等方法。

③秋施基肥后，要充分灌溉。

④追肥可在开花前后、春梢停止生长、果实膨大、秋梢停止生长时进行，氮、磷、钾搭配合理，并补充微肥。

⑤追肥主要采用土施，与根外追肥相结合。根外追肥前期，以氮为主，中期磷、钾结合，后期氮、钾结合。

⑥施肥量要根据土壤及叶分析结果来决定。

3. 水分管理

①矮化密植园蒸腾耗水量随栽植密度的增加而增加，应及时灌溉。

②灌溉以根系主要分布层内的土壤水分状况为标准。

③灌水量以水分渗入根系主要分布层内为原则，必须灌透。

④灌水可采用沟灌、喷灌、滴灌、渗灌等方法进行。

⑤雨季应及时排水，防止积涝成灾。

五、林木修枝技术

（一）移栽苗修剪的常用技术

以榆树苗为例。移栽榆树苗的修剪技术主要有以下几种方法。①去蘖培养有主干的榆树苗，移栽时要将从根部萌发的蘖条齐根剪掉，从而避免水分流失。②疏枝对冠丛中的病枯枝、过密枝、交叉枝、重叠枝，应从基部疏剪掉。对根蘖发达的榆树苗，应多疏剪老枝，使其不断更新，旺盛生长。③为提高成活率，避免榆树苗不必要的部分消耗养分需保留合适的 3 ~ 5 条主枝，其余的疏去。保留的主枝短截 1/2 左右，侧枝也需疏去 2/3 左右的弱枝；对于夏季在当年生枝条的榆树苗，移栽后应重剪。可将保留的枝条剪去 2/3，以便集中养分促发新枝的目的。

（二）怎样修剪绿化树和材质树

树木修枝是造林绿化抚育管理措施之一。通过修枝，人为的“助、减、缓”等技术措施调节、控制通风与透光，给树木生长发育创造适宜条件，造就通直干形、冠形优美的优质材质。修枝应根据林种与树种的不同、造林密度与造林目的差异而采取不同的方法。

针叶树种造林时，可修掉残枝、死枝、多头枝，只保留一个直立枝。造林后 5 ~ 15 年修掉过密的枝条，修去侧枝一两轮，每隔四五年修一次。杨树用于营造防护林与用材林，应及时选留主干上的中心枝作为领导枝，将其竞争枝及时除掉，摘、指侧芽，修掉多余的侧枝，促进高、粗的生长。

修剪切口要光滑，严防壁裂。茬高以 1 ~ 2cm 为宜。过高过低都会影响创面愈合和树木的生长。修剪季节以早春或晚秋和冬季为宜。早春以树液流动前为宜。如树木发芽时修剪，树体水分蒸腾快，失水，消耗养分多，不利于树木生长。有的速生树种，如杨、柳等也可以夏季修枝。但是，注意不要在阴雨天修枝，以免伤口浸水，感染病害。

修枝要注意“冬剪枝，夏控侧”，即冬季实行强树重剪，弱树轻剪，重点把直立强壮的竞争枝从基部修掉。夏季实行强旺枝重控，控强留弱，把树势调整均衡，掌握强侧打头，壮枝重剪，弱枝轻剪、小枝多留的原则，以达到突出主干并促进树木加快生长的修剪目的。

第二节 森林防火技术

一、森林的防火技术

（一）森林防火基础知识

1. 扑打山火的基本要领

扑打山火时，两脚要站到火烧迹地内侧，一脚边缘内，另一脚在边缘外，使用扑火工具要向火烧迹地斜向里打，呈 40° ~ 60° 角。

拍打时要一打一拖，切勿直上直下扑打，以免溅起火星，扩大燃烧点。拍打时要做到重打轻抬，快打慢抬，边打边进。

火势弱时可单人扑打，火势较强时，要组织小组几个人同时扑打一点，同起同落，打灭火后一同前进。

打灭火时，要沿火线逐段扑打，绝不可脱离火线去打内线火，更不能跑到火烽前方进行阻拦或扑打，尤其是扑打草塘火和逆风火时，更要注意人身安全。

2. 扑救林火，怎样做到既扑灭火灾又不伤亡人员

扑打火线中，严禁迎火头扑打；不要在下风口扑打；不要在火线前面扑打；扑打下山火时，要注意风向变化时下山火变为上山火，防止被火卷入烧伤。清理火场时，要注意烧焦倾斜“树挂”、倒木突然落倒伤人，特别是防止掉入“火坑”，发生烧伤。

3. 扑救森林火灾的战略

①划分战略灭火地带。根据火灾威胁程度不同，划分为主、次灭火地带。在火场附近无天然和人为防火障碍物，火势可以自由蔓延，这是灭火的主要战略地带。在火场边界外有天然和人工防火障碍物，火势不易扩大，当火势蔓延到防火障碍物时，火会自然熄灭。这是灭火的次要地带。先灭主要地带的火，后集中消灭次要地带的火。

②先控制火灾蔓延，后消灭余火。

③打防结合，以打为主。在火势较猛烈的情况下，应在火灾发展的主要方向的适当地方开设防火线，并扑打火翼侧，防止火灾扩展蔓延。

④集中优势兵力打歼灭战。火势是在不断变化之中的，扑火指挥员要纵观全局，重点部位重点布防，危险地带重点看守，抓住扑火的有利时机，集中优势力量扑火头，一举将火消灭。

⑤牺牲局部，保存全局。为了更好地保护森林资源和人民生命财产安全，在火势猛烈，人力不足的情况下采取牺牲局部，保护全局的措施是必要的。保护重点和秩序是：先人后物，先重点林区后一般林区；如果火灾危及林子和历史文物时，应保护文物后保护林子。

⑥安全第一。扑火是一项艰苦的工作，紧张的行动，往往会忙中出错，乱中出事。扑火时，特别是在大风天扑火，要随时注意火势的变化，避免被火围困和人身伤亡。在火场范围大、扑火时间长的过程中，各级指挥员要从安全第一出发，严格要求，严格纪律，切实做到安全打火。

4. 扑灭森林火灾的三个途径

①散热降温，使燃烧可燃物的温度降到燃点以下而熄灭。主要采取冷水喷洒可燃物物质，吸收热量，降低温度，冷却降温到燃点以下而熄灭；用湿土覆盖燃烧物质，也可达到冷却降温的效果。

②隔离热源（火源），使燃烧的可燃物与未燃烧可燃物隔离，破坏火的传导作用，达到灭火目的。为了切断热源（火源），通常采用开防火线、防火沟，砌防火墙，设防火林带，喷洒化学灭火剂等方法，达到隔离热源（火源）的目的。

③断绝或减少森林燃烧所需要的氧气，使其窒息熄灭。主要采用扑火工具直接扑打灭火、用沙土覆盖灭火、用化学剂稀释燃烧所需要氧气灭火，就会使可燃物与空气形成短暂隔绝状态而窒息。这种方法仅适用于初发火灾，当火灾蔓延扩展后，需要隔绝的空间过大，投工多，效果差。

5. 脱险自救方法

①进入安全区。扑火队（组）在扑火时，要观察火场变化，万一出现飞火和气旋时，组织扑火人员进入火烧迹地、植被少、火焰低的地区。

②按规范点火自救。要统一指挥，选择在比较平坦的地方，一边点顺风火，一边打两侧的火，一边跟着火头方向前进，进入点火自救产生的火烧迹地内避火。

③按规范俯卧避险。发生危险时，应就近选择植被少的地方卧倒，脚朝火冲来的方向，扒开浮土直到见着湿土，把脸放进小坑里面，用衣服包住头，双手放在身体正面。

④按规范迎风突围。当风向突变，火掉头时，指挥员要果断下达突围命令，队员自己要当机立断，选择草较小、较少的地方，用衣服包住头，憋住一口气，迎火猛冲突围。人在 7.5s 内应当可以突围。千万不能与火赛跑，只能对着火冲。

6. 常用的扑火战术

①“单点突破，长线对进突击”战术。扑火队从某一个地点突入火线，兵分两路，

进行一点两面作战，最后合围。这种战术选择突破点是关键，一般是选择接近主要火头的侧翼突入，火势较强的一侧重点配置兵力，火势较弱的一侧少量布兵力。这种战术的特点是：突破点少，只有一个扑火队连续扑打的火险和火势突变可能性小的情况下采用，但由于扑火队能力有限，大面积火场不宜采用。

②多点突破，分击合围战术。这是一种快速分割灭火的实用战术，实施时，若干个扑火小队（组），选择两个以上的突破口，然后分别进行“一点两面”作战，各突破口之间相互形成分击合围态势，使整个火场分割成若干个地段，将火迅速扑灭。这种战术的特点是：突破口多，使用兵力多，全线展开，每个扑火队（组）间的战线短，扑火效率高，是扑火队常用战术。

③四面包围，全线突击战术。这种战术是以足够的兵力扑打初发火、小面积火时的实用战术。主要是采用全线用兵，四面围歼的办法扑火，既扑打火头又兼顾全局，一鼓作气扑灭火灾。蔓延强烈的一侧兵力多于较弱的一侧，顺风火的兵力多于逆风火和侧风火，上山火的兵力多于下山火。

④一次冲击，全线控制战术。这种是将全部兵力部署在火线的一侧或两侧，采用一个扑火层次，全力扑打明火，暂不清理余火，也不留后续部队和清理火场队伍，力求在短暂时间内消灭明火，以控制火场局势，然后再组织消灭残余火。“一次冲击”的距离一般荒坡 400 ~ 500m，危险地段 150 ~ 200m，有林地 500m 左右。这种战术多半用在火危及居民区、重要设施时，会给国家和人民生命财产安全造成巨大威胁时使用。

7. 扑灭森林火灾基本原理和方法

在扑灭森林火灾时，只要控制住发生火灾的任何一种因素，都能使火熄灭。

（1）原理

降低可燃物的温度，低于燃点以下；阻隔可燃物，破坏连续燃烧的条件；使可燃物与空（氧）气隔绝。

（2）基本方法

①冷却法。在燃烧的可燃物上洒水、化学药剂或湿土用来降低热量，让可燃物温度降到燃点以下，使火熄灭。

②隔离法。采取阻隔的手段，使火与可燃物分离，使已燃的物质与未燃的物质分隔。一般采取在可燃物上面喷洒化学药剂，或用人工扑打、机翻生土带、采用高速风力、提前火烧、适度爆破等办法开设防火线（带）等，使火与可燃物、已燃烧的可燃物与未燃烧的可燃物分隔。同时通过向已燃烧的可燃物洒水或药剂，也能增加可燃物的耐火性和难燃性。

③窒息法。通过隔绝空气使空气中的含氧率降低到 14% 以下，使火窒息。一般采用机具扑打，用土覆盖，洒化学药剂，使用爆破等手段使火窒息。

（二）国内森林防火技术

1. 国内森林的防火技术

（1）地面巡护

地面巡护，主要任务是向群众宣传，控制人为火源，深入瞭望台观测死角进行巡逻。

对来往人员及车辆，野外生产和生活用火进行检查和监督。

（2）瞭望台监测

瞭望台监测，是通过瞭望台来观测林火的发生，确定火灾发生的地点，报告火情，它的优点是覆盖面较大、效果较好。

（3）航空巡护

航空巡护是利用巡护飞机探测林火。它的优点是巡护视野宽、机动性大、速度快，同时对火场周围及火势发展能做到全面观察，可及时采取有效措施。

（4）卫星遥感

卫星遥感，利用极轨气象卫星、陆地资源卫星、地球静止卫星、低轨卫星探测林火。能够发现热点，监测火场蔓延的情况、及时提供火场信息，用遥感手段制作森林火险预报，用卫星数字资料估算过火面积。它探测范围广、收集数据快，能得到连续性资料，反映火的动态变化，而且收集资料不受地形条件影响，影像真切。

2. 什么是森林防火隔离带

森林防火隔离带即为了防止火灾扩大蔓延和方便灭火救援，在森林之间、森林与村庄、学校、工厂等之间设置的空旷地带。森林防火隔离带的设置是一种重要的森林防火途径。

开辟森林防火隔离带的目的是把森林分割成小块状，阻止森林火灾蔓延。林业发达的国家很重视开辟防火隔离带。对此，中国十分重视，开辟防火隔离带是国内防止林火蔓延的有效措施之一。在大面积天然林、次生林、人工与灌木、荒山毗连地段，预先作出规划，有计划地开辟防火隔离带，以防火隔离带为控制线，一旦发生山火延烧至防火隔离带，即可阻止山火的蔓延。

3. 森林防火隔离带的分类

林内防火隔离带。就是在林内开设防火隔离带，设置时可与营林、采伐道路结合起来考虑。其宽度为 20 ~ 40m。

林缘防火隔离带。在森林与灌木或荒山接连地段，开辟防火隔离带，也可结合道路、河流等自然地形开辟，其宽度一般为 30 ~ 40m。

4. 怎样设置林场森林防火带

森林防火隔离带设置要与主风方向垂直。首先应找出林区的主风方向，在最前端与主风方向垂直处开设第一条防火隔离带。此处是林场的前缘，设置防火隔离带保护的面积最大、作用最好。

森林防火隔离带设置的位置为山脊向下（背风面）或山谷向上（迎风面）处。这些地方是火势发展最慢区，是最宜控制的地区，同时是植被较少区。在此设置防火隔离带可以有效减少风力作用，效果最好。

森林防火隔离带设置的密度一般是结合林地实际和地形确定，但不宜突破 5km，太远效果差。

森林防火隔离带的宽度 40 ~ 60m。草坡一般设 10m 宽，而乔木、灌木林地一般要设 60m 宽。

5. 如何开设森林防火带

（1）伐除地上物

对于植被较好的林地，经技术人员设计并标好位置，经过审批首先要伐除地上物。伐除顺序是先灌木后乔木，以防被压。伐除工具用油锯。伐倒后彻底清理，把伐除地上物全部清出防火隔离带界线外。

（2）杂草的清理

用森草净采用喷雾或撒土方法，一般每亩用量 50 ~ 100g，喷、撒一次即可。此农药毒性大使用之前必须经过详细考察论证，以免出现不良后果。喷、撒时间在当地是夏初植物刚发芽的时候。为保证效果，一定要喷、撒均匀，同时选择晴天进行。此药是通过根部吸收所以时间较长，一般一个月后见效，待植被根部死亡植株完全干枯后用铁耙人工清理出防火隔离带，使防火隔离带土壤全部裸露出来，发挥出防火隔离带的隔离作用。

（3）人工破土

如果森林防火隔离带开设地不宜使用森草净就需要进行人工破土。方法有三：一是用拖拉机进行机械破土，此法适宜在较平坦且土层较厚的地方实施；二是用步犁耕，对于立地条件较差的地方，拖拉机无法作业时使用此法效果较好，北线防火隔离带采用了此法，效果很好；三是在坡陡土少的地方人工用镢头进行翻土。不论哪种方法都必须翻够一定深度，把植被根全部翻出来，保证防火隔离带全部露出土壤来。

第三节　病虫鼠害防治技术

一、中国常见的森林病虫害

最常见的有松毛虫、松干蚧、竹蝗、光肩星天牛、青杨天牛、粗鞘双条杉天牛、杨干象、松毒蛾、松梢螟、杉梢小卷蛾、落叶松鞘蛾、落叶松花蝇等害虫，以及落叶松落叶病、落叶松枯梢病、杉木炭疽病、泡桐丛枝病、枣疯病、松苗立枯病、松针褐斑病、松树萎焦病，毛竹枯梢病、油茶炭疽病、杨树烂皮病、木麻黄青枯病等病害。

二、危害花木苗圃的主要地下害虫有哪些，如何防治

危害花木苗圃的地下害虫主要有地老虎、蝼蛄、蛴螬、金针虫、白蚁等。

（一）地老虎的防治方法

①诱杀成虫。根据成虫的趋光性，在成虫羽化盛期点灯诱杀，或用糖醋毒液毒杀成虫。

②种植诱集作物。春季在苗圃中撒播少量苋菜籽，吸引害虫到苋菜上危害，以减轻对花木的危害。

③人工捕杀。清晨在断苗周围或沿着残留在洞口的被害枝叶，拨动表土 3 ~ 6cm，可找到幼虫。每亩地用 6% 敌百虫粉剂 500g，加土 25000g 拌匀，在苗圃撒施，效果好。

（二）蝼蛄的防治方法

①灯光诱杀成虫，晴朗无风闷热天气诱集量尤多。

②用 50% 氯丹粉加适量细土拌匀，随即翻入地下。约每亩地用药 2500g。

③蝼蛄具有强烈的趋化性，尤喜香甜物品。因此，用炒香的豆饼或谷子 500g，加水 500g 和 40% 乐果乳剂 50g，制成毒饵，以诱蝼蛄。

（三）蛴螬的防治方法

①用 40% 氧化乐果 500 倍液、5% 敌杀死 1800 倍液喷杀成虫。

②用 50% 氯丹粉剂加适当细土拌匀，翻入土下，毒杀幼虫。

③在幼虫盛发期用 50% 辛硫磷 600 倍液浇于土中，对消灭幼虫有良效。

（四）金针虫的防治方法

①金针虫的卵和初孵幼虫，分布于土壤表层，对不良环境抵抗力较弱。翻耕暴晒土壤，中耕除草，均可使之死亡。

②用防治蛴螬的方法氯丹粉剂处理土壤。

（五）白蚁的防治方法

①白蚁有趋光性，五六月间点灯诱杀有翅蚁。

②用 50% 氯丹乳剂 1000 倍液浇根，驱杀地下白蚁。

③对准蚁巢喷灭蚁。

三、森林病虫害的危害

中国病虫杂草鼠害年均发生面积达 54 亿亩，虽经防治挽回大量经济损失，但每年仍损失粮食 4000 万 t，约占全国粮食总产量的 8.8%。其他农作物如棉花损失率为 24%，蔬菜和水果损失率为 20% ~ 30%。

四、森林病虫害的预报预测流程

森林病虫害预测预报就是在病虫害发生之前，预先估测出其未来的发生期、发生量，对森林的危害程度以及分布、蔓延范围等。并在掌握一定时间、空间范围内害虫数量变动、病害流行规律的基础上，再进一步研究出便于群众掌握的可操作性强的测报指标和方法。

五、森林病虫害常用的预报预测技术

①发育进度预测法。

②害虫趋性预测法。

③依据有效基数预测法。

④数理统计预测。

⑤异地预测法。

⑥电子计算机预测法。应用电子计算机技术和装置，将经研究得出的有害和有益生物发育模型、种群数量波动模型、作物生长模型、防治的经济阈值和防治决策等存入电脑中心，通过各终端系统输入各有关预报因子的监测值后，即可迅速预报有关病虫发生、危害和防治等的预测结果。

六、森林植物检疫的常用技术方法

植物检疫是以法规为依据，通过法律、行政和技术的手段，对生产和流通中的某些感染特定病虫害的植物和植物产品采取禁止和限制措施，以防止这些病虫杂草和其他有害生物的人为传播，保障国家农、林业生产安全的各种措施的总称。

森林植物检疫主要包括以下常用检疫检验方法。

①直接检验：利用肉眼或借助扩大镜、显微镜来直接识别病虫种类。

②过筛检验：根据健康种子与虫体、虫卵、虫瘿、菌核、菌瘿等个体大小的差异，利用不同孔径的筛层，通过筛动把它们分离开来检查。

③解剖检验：把怀疑感染某种病害或潜藏有某种害虫的植物及其产品用工具剖开检查。

④比重检验：利用健康种实与被害种实以及混杂在种实间的菌瘿、菌核比重之间的差异，使用不同浓度的溶液或清水，把它们漂选分离开来检查。

⑤染色检验：利用不同种类的化学药剂对植物及其产品的某一组织进行染色，然后根据植物组织颜色的变化来判断植物体是否感病或带虫。

⑥洗涤检验：把依附于植物及其产品表面的病原物用无菌水冲洗下来，用离心机将洗涤液中的病原物沉淀，然后再将沉淀液进行检查。

七、利用昆虫病毒防治害虫有哪些优点

①对寄主昆虫具有高度的致病性，极少或不产生抗性。

②对环境因子适应性强，不宜丧失活性。

③保护生态环境，维持生态平衡，对人、畜、植物安全。

④自然条件下容易引起害虫群体病毒流行，控制种群数量。

八、林业有害生物的生物防治有哪些内容

生物防治实质上是利用生物种间关系调节有害虫群密度的措施，也即利用害虫天敌控制害虫的方法。它包括以下几个方面的内容。

（一）天敌昆虫的利用

利用赤眼蜂防治松毛虫，利用管氏肿腿蜂防治天牛类害虫，利用茧蜂防治松毛虫、舞毒蛾等害虫，利用啮小蜂防治舟蛾、白蛾等都得到了一定的应用。常见的捕食性天敌昆虫有瓢虫、螳螂、草蛉等。近年来利用瓢虫防治蚜虫、蚧壳虫方面取得了一定的进展。

（二）微生物治虫

微生物治虫包括利用细菌、真菌、病毒、线虫、原生动物、立克次体等防治害虫。

①细菌的应用。苏云金杆菌作为一种微生物杀虫剂，与化学农药相比，其突出优点就是对人畜无害，不污染环境。

②真菌的应用。

③病毒的应用。目前病毒杀虫剂的剂型有可湿性粉剂、乳剂、乳悬剂、水悬剂等。

九、林业有害生物的物理防治有哪些内容

物理防治作为综合治理措施中的一种，以其简便实用、无环境污染、效果直接等特点。物理防治的主要措施有以下几种。

（一）人工捕杀

对于昆虫个体较大，容易捕捉的种类，如果暴发成灾，可动员周围居民进行人工捕捉以配合其他防治措施进行防治，可达到成本低、见效快的效果。如银杏大蚕蛾与松毛虫的幼虫与茧的人工捕杀、栗山天牛灯诱捕捉、青杨天牛的人工剪除虫瘿等都是人工捕杀的实例。

（二）隔离法

对于在一定区域内传播快，扩散蔓延迅速的害虫，为防止和限制其进一步传播蔓延，达到保护未发生地森林资源安全的目的，可在病虫害的发生地与被保护地之间建立一定宽度和长度的无寄主隔离带，阻碍病虫害的进一步扩散。

（三）诱杀法

利用害虫的某些趋性特征诱集捕杀，不但方法简便易行，而且经济高效。

①灯诱捕杀：利用大多数昆虫的趋光性特征灯诱捕杀。

②信息素：林间弥散昆虫性信息素合成物的气味，干扰昆虫雌雄间的交配通信；利用信息素诱捕器对害虫实施诱捕。

信息素具有专一性、无公害、保护天敌等优点，已逐步成为农林害虫综合防治中不可缺少的手段之一。较常用的有舞毒蛾、杨树透翅蛾、小蠹虫等性信息素。

十、林业有害生物的化学防治有哪些内容

在森林生态系统中，由于一个或几个昆虫种群的急剧增加，导致森林生态系统失去

平衡，而其他防治措施又不能迅速地降低虫口，为保护林木，维护正常的生态平衡，这时化学防治措施作为一种急救手段，发挥着重要的作用。

高效、低毒、安全、经济，每公顷使用几克或几十克就能有效地控制病虫、草害的药剂已不罕见。农药的安全性是十分复杂的问题，它包括药剂本身及其代谢产物对人畜等高等动物，对天敌、对水生生物和土壤中一切有益生物低毒，没有环境污染和残留毒性问题。所谓“无公害药物”或“无污染农药”，其核心就是其安全性较常规农药有显著的提高，在正常使用下，不会造成“公害”或“污染”，高毒、环境污染严重、选择性差的农药将逐步被淘汰。

第四节　防寒防冻技术

一、树木防寒防冻措施

（一）树木防寒防冻的措施

根茎培土、覆土、架风障、涂白与喷白、缠裹草绳、塑料薄膜防寒法、喷洒植物防冻剂、防冻打雪、树基积雪。

（二）覆土防寒的适用性及具体方法

覆土防寒法适用于油松、樟子松、云杉、侧柏、桧柏等常绿针叶树幼苗和部分落叶的花灌木，如蔷薇、月季以及常绿的小叶黄杨等。易霉烂的树种不宜采用此法。覆土防寒应在苗木已停止生长、土壤结冻前 3 ~ 5d（立冬前后），气温稳定在 0℃左右时进行。覆土防寒具体方法：用犁将步道（或垄沟）犁起，碎土后向床（垄）面一个方向覆土，使苗梢向一边倒，不要从苗上头向下盖土。覆土要均匀，埋严实，以免土壤透风引起冻害。覆土后要经常检查，发现露苗及时补盖。翌年春天起苗前 1 ~ 2 周，气温稳定在 5℃左右时开始分两次撤土，不要在大风天撤土，这样有利于缓苗，使其逐渐适应环境条件的变化。撤土不宜过迟，否则覆土化冻下沉，黏附苗木，影响生长，且不便作业。撤土后要及时灌溉，以防春旱。

（三）怎样架风障

为减轻寒冷干燥的大风吹袭造成树木冻旱的伤害，可以在树木的上风方向架设风障。风障材料常为高粱秆、玉米秆或芦苇捆编成篱，其高度要超过树高。常用杉木、竹竿等支牢或钉以木桩绑住，以防大风吹倒，漏风处再用稻草在外披覆好，绑以细棍夹住，或在席外摸泥填缝。此法用于常绿针叶树幼苗或一些珍贵树种和新引进树种及阔叶树幼苗的防寒中。

（四）树干涂白有哪些好处

树干涂白可使用石硫合剂或者专门的树干涂白剂，树体枝干涂白可以减小向阳面皮部因昼夜温差过大而受到的伤害，并能杀死一些越冬的病虫害。涂白时间一般在10月下旬到11月中旬，不能拖延涂白时间，温度过低会造成涂白材料成片脱落。树干涂白后，减少了早春树体对太阳热能的吸收，降低了树温提升的速度，可使树体萌动推迟2～3d，从而有效防止树体遭遇早春回寒的霜冻。对花芽萌动早的树种，喷白树身，还可延迟开花，以免受晚霜之害。

（五）塑料薄膜防寒法如何分类

塑料薄膜防寒法可分为苗床的防寒和大树树体缠裹防寒。塑料薄膜苗床防寒法近年来生产上广泛推广应用，如苗床幼苗云杉、侧柏、桧柏等床作播种苗采用铁筋、竹片在苗床上支撑成拱形，上覆盖塑料薄膜做成小拱棚，四周用土埋严，简便易行；也适用于道路分车带内各类灌木和草、花的越冬防寒。另外，覆膜前要灌透底水。此法保温保湿，温湿度适宜，管理方便。若遇冬季寒冷，可在塑料拱棚上面再覆盖厚草帘起防寒保温作用。大树树体防寒主要就是针对一些刚移栽或者较大规格的名贵树种，采用树体缠裹塑料薄膜，以达到防寒保温的目的。

二、苗圃防寒防冻措施

（一）苗圃的防寒防冻措施主要有哪些

可采用设防风障、增加覆盖物、增施有机肥、修剪清理、灌封冻水、树干涂白、设暖棚、假植、熏烟等措施。

（二）在苗圃设防风障有哪些好处

土壤结冻前，对苗床的迎风面用秫秸等风障防寒。一般风障高2m，障间距为障高的10～15倍。第二年春晚霜终止后拆除。设风障不仅能阻挡寒风，降低风速，使苗木减轻寒害，而且能增加积雪，利于土壤保墒，预防春旱。对于高干园林植物可在其主干、大枝缠绕草绳，并在草绳外围自下而上顺时针方向缠绕宽10～20cm的带状薄膜，预防植株主干及大枝发生冻害。

三、温室大棚防寒防冻措施

（一）怎样做好温室大棚防雪措施

①加固棚室。做好农作物防冻和对温室大棚等重点部位的加固、防风工作。防止雪大使棚室压塌（或变形）和大风掀棚的现象发生，确保棚室内作物的安全，并能正常生长发育。

②除雪保棚。雪后要及时清除棚室积雪，减轻棚室负重，防止棚室变形、倒塌。

③加膜增温保暖。对棚室作物要多层覆盖，棚室外覆盖草帘，棚室内挂二道幕；大

棚内的小拱棚上盖保暖布苫等覆盖物进行增温，或用煤炉加温；有条件的地方，可用地热线、电热丝、空气加温线或暖气等加温设施进行增温，防止在棚作物的受冻。

④采取补光措施。可采用张挂反光幕补充光照或安装电灯补光。

⑤控制湿度。及时清除棚室四周的积雪，保证排水通畅降低棚内土壤湿度。尽量不浇水或少浇水，水分管理以维持为主，将温室内湿度控制在85%以下。

⑥防止“闪”苗。连续阴雨雪天后突然转晴后不要全部揭开草苫，防止刚度过灾害性天气的瘦弱秧苗突见强光，棚内温度骤增，使秧苗加大水分蒸腾而发生萎蔫，应部分遮光降温，待植株恢复生长后，再揭开，经过几次反复，不再萎蔫后再全部揭开草苫。

⑦防病治病。低温光照天气，容易发生倒苗及叶部病害，应注意加强猝倒病、立枯病、灰霉病等病害的防治工作。及时用烟雾剂熏棚，防止病害发生蔓延。可用一熏灵或百菌清烟雾剂熏蒸。也可拌药土撒在苗床上防治病害。

⑧清除死苗。及时清除受冻致死的幼苗，以免组织发霉病变，诱发病害。

⑨补施肥料。受冻作物可喷施容大丰、美洲星、世纪星等有机无机生态活性肥，促进植株尽快恢复生长。

⑩及时补种：遭受严重低温的，秧苗被冻死的，要及时利用设施条件重新种植或改种其他作物。

（二）怎样设计大棚的棚形结构和走向

大棚棚形结构和走向最为关键，棚形多为圆弧形，大棚较好的走向为坐北朝南，东西走向比较好，这样冬季可以充分地接受日光的照射，提高棚室内的温度，并且有利于通风、降低棚内湿度，减少病虫害。棚大小最好为8m标准棚，棚的长度不得大于45m。大棚结构中，钢管的间距80cm为宜，间距不宜太宽，不然棚膜易被风吹掉。如果为连栋大棚，要求连栋位置要安装排水的沟槽，以防止雨天雨水从连栋的位置滴入棚内，增加棚内的湿度，降低棚内的温度。在建造大棚时，最忌讳的是偷工减料。大棚结构中，钢管的间距不能大于1m，如果钢管间距大于1m，容易造成大棚棚膜被风吹得上下波浪状翻滚，甚至被大风吹走，起不到保温防寒最起码的要求。

四、冰雪灾害受害林木恢复补救主要措施

（一）竹林的受害类型及救护措施有哪些

①弯曲。竹株上因积存冰雪而致冠梢下垂甚至着地，单株竹竿弯曲呈弓形。冰雪融化后弯曲竹会自然恢复，对竹林影响较小。

②破裂。竹株上积存冰雪使竹竿折断，且撕裂成长达数米的篾片。

③翻蔸。竹株上积存冰雪致使竹竿被连蔸拔起，立竹倒伏翻蔸。翻蔸竹地下部分露出地面，破坏了林分的地下系统，对竹林影响最大。

④救护、恢复措施。

⑤切梢。弯曲的楠竹尽快组织切梢，即将竹株梢部斩去，留枝10～12盘。

⑥竹林清理。根据竹林受害程度不同而区别对待，弯曲竹要保留，不得砍伐；梢部

断裂竹如断裂部位高，可砍去梢部。对翻蔸竹、劈裂竹可全竹砍伐。如是大年竹林，受害竹株要等到四五月新竹展枝开叶时才能清理。因为受害竹株即使被折断，由于其根系并未破坏，养分还可供应新竹。如是小年竹林，可适度进行清理利用。如是花年竹林（大、小年不明显的竹林），视受害程度而定，一般老、弱、病、虫的，可一次全部清光；健康的一两年生的，可等到四五月新竹展枝开叶时再清理。

⑦施肥。为多发笋，快成竹，有条件地方，可在 3 月初至清明节这段时间施肥。在离竹蔸 40 ~ 50cm 环状挖沟、挖穴埋肥，注意免伤竹鞭，肥料以尿素（5kg/ 亩）或复合肥（20kg/ 亩）为主。

⑧禁挖禁伐和补植。当年严禁挖春笋，立竹度低于 150 株 / 亩的受灾竹林当年不得进行采伐。竹林损害严重，出笋少，达不到一定密度的地方，下半年抓紧补植。

（二）用材林的受害类型及救护措施有哪些

1. 用材林林木受害类型

①断梢（包括树干折断）。这一类型受害比较普遍，受害程度也比较严重，主要是由于林木树冠截获的雪的重量超过了树梢、树干本身的负荷极限所致。

②弯斜。这一类型受害也比较普遍。树木向侧面偏斜，或梢冠向下弯曲呈弓形。

③倒伏。这是用材林林木最主要的受害类型之一，受害率比较高。

④翻蔸。这一类型也是主要的受害类型，受害率也比较高。主要发生于陡坡及土层较浅薄立地，林木因雪压而形成头重脚轻，被连根拔起，根系完全离地或根系严重扯断

2. 救护、恢复措施

清理现场。清理现场做到“三砍三不砍”：砍冻死、压死的，不砍活的和能够恢复生长的；砍倒伏、折断的，不砍压弯压曲的；砍主干撕裂的，不砍断梢、断枝的。对折断、倒伏、翻蔸这类受害林木，恢复比较困难，予以伐除，及时利用，减少损失。对弯斜这类受害林木大都仍可恢复生长发育，需要保留。

要尽可能避免大面积皆伐，在清理完现场后出现天窗的林地，要及时补植补造，迹地面积较大的要及时更新。

在林分管理上要注意密度管理、立地控制和树种选择，适地适树适法，最大限度地抵御冰冻雪灾。

（三）生态林的受害类型及救护措施有哪些

生态林（风景林）林木受害类型有断梢（包括断干）、树干撕裂、弯斜、倒伏、翻蔸等几种。救护、恢复措施如下。

①在生态区位、作用重要。容易引发次生灾害的地段，对倒伏、翻蔸这类受害林木，予以伐除，及时利用，减少损失。及时清理林下枝丫杂物，也可考虑在合适地方完整保留小面积的冰冻灾害现场遗迹，作为生态宣传和教育的景点。

②禁止皆伐。在清理完现场后出现天窗的林地，要及时补植补造或实施封山育林。

③注意林分物种保护。以自然恢复为主，以恢复生态系统和功能为主，注重森林火灾和病虫害防控，减少人员活动。

第七章　林业生态修复与保护

第一节　生态修复理论

一、生态修复的基本原理

（一）生态修复的基础原理

1. 污染物的生物吸收与积累原理

土壤或水体受重金属污染后，植物会不同程度地从根际圈内吸收重金属，吸收数量的多少取决于植物根系生理功能及根际圈内微生物群落组成、氧化还原电位、重金属种类和浓度、pH 值以及土壤的理化性质等因素。

2. 有机污染物的转化原理

植物对重金属的吸收可能存在以下三种情形：一是完全的“避”，究其原因，可能是当根际圈内重金属浓度较低时，植物根系依靠自身的调节功能完成自我保护。但也不排除无论根际圈内重金属浓度有多高，植物本身就具有这种“避”的机理，但这种情形存在的可能性很小。二是植物通过自身的适应性调节，对重金属产生耐受性，虽然植物吸收根际圈内重金属，本身也能生长，但根、茎叶等器官及各种细胞器会受到不同程度的伤害，使植物生物量下降。这种情形可能是植物根对重金属被动吸收的结果。三是某些植物体内可能存在某种遗传机理，将一些重金属元素作为其生长增殖的营养源，所以即使根际圈内该元素浓度过高，植物也不受其伤害，超积累植物就属于这种情况。

植物根对中度憎水有机污染物有很高的去除效率，如BTX（苯、甲苯、乙苯和二甲苯）、氯代溶剂和短链脂肪族化合物等。有机污染物被植物吸入体内后，植物可以通过木质化作用将它们及其残片储藏在新生的组织结构中，也可以利用代谢或矿化作用将其转化为二氧化碳和水，抑或使其挥发。根系对有机污染物的吸收程度取决于植物的吸收率、蒸腾速度和有机污染物的浓度。植物的吸收率取决于污染物的种类、理化性质及植物本身特性。其中，蒸腾作用可能是决定根系吸收污染物速率的关键变量，这涉及土壤或水体的物理化学性质，有机质含量及植物的生理功能，如叶面积，根、茎和叶等器官的生物量，蒸腾系数等因素。一般来说，植物根系对无机污染物，如重金属的吸收强度要大于对有机污染物吸收的强度，植物根系对有机污染物的修复，主要是依靠根系分泌物对有机污染物产生的络合和降解等作用。此外，植物根死亡后，向土壤释放的酶如脱卤酶、硝酸还原酶、过氧化物酶和漆酶等，也可以继续发挥分解作用。

细菌等微生物也可以积累大量的重金属，但由于这些微生物难以去除，并且虽然重金属在这些微生物体内可能会发生转化而暂时对环境无害，但微生物死亡后重金属又会重新进入环境并继续形成潜在危害。因此，这种机制对于重金属污染土壤或水体的修复意义不是很大。

植物降解功能也可以通过转基因技术得到增强，如把细菌中的降解除草剂基因转导到植物中产生抗除草剂的植物，这方面的研究已有不少成功的例子。因此，筛选、培育具有降解有机污染物能力的植物资源就显得十分必要。目前，植物降解有机污染物的研究多集中在水生植物方面，这可能是水生植物具有大面积的富脂性表皮，易于吸收亲脂性有机污染物的缘故。

3. 有机污染物的生物降解原理

生物降解是指通过生物的新陈代谢活动将污染物分解成简单化合物的过程。这些生物包括部分动物和植物，但由于微生物具有各种独到的化学作用，如氧化还原作用、脱羧作用、脱氯作用、脱氢作用和水解作用等，同时本身繁殖速度快，遗传变异性强，也使得它的酶系能以较快的速度适应发生变化的环境条件，并且微生物对能量利用的效率比动植物更高，因而具有将大多数污染物降解为无机物（如二氧化碳和水）的能力。由此可见，微生物在有机污染物降解过程中起到了很重要的作用，所以生物降解通常是指微生物降解。

微生物具有降解有机污染物的潜力，但有机污染物能否被微生物降解取决于这种有机污染物是否具有可生物降解性。可生物降解性，是指有机化合物在微生物作用下转变为简单小分子化合物的可能性。有机污染物是有机化合物中的一大类。有机化合物由天然的有机物和人工合成的有机化合物两部分组成，天然形成的有机物几乎可以完全被微生物降解，而对于人工合成的有机化合物，其降解过程则复杂得多。在数以百万甚至千万计的有机污染物中，绝大多数都具有可生物降解性，并且有些专性或非专性降解微生物的降解能力及机理已被研究得十分清楚，但也有许多有机污染物是难降解或根本不能降解的，这就要求在加深对微生物降解机理的了解，以提高微生物降解潜力的同时，也要合成新的化学品用于可生物降解性试验。此外，对于那些不能生物降解的化学品应当明令禁止，只有这样才能更有利于人类和生态的可持续发展。

细菌不仅可以直接利用自身的代谢活动降解有机污染物，还能以环境中有机质为主要营养源，对大多数有机污染物进行降解，如多种细菌可利用植物根分泌的酚醛树脂（儿茶素和香豆素）降解多氯联苯（PCBs）以及2.4–二氯苯氧乙酸（2.4–D）。细菌对低相对分子质量或低环有机污染物如多环芳烃PAHs（二环或三环的）的降解，主要是将有机物作为唯一的能源和碳源进行矿化，而对于高相对分子质量的和多环的有机污染物，如多环芳烃PAHs（三环以上的）、氯代芳香化合物、氯酚类物质、多氯联苯、二噁英及部分石油烃等则采取共代谢的方式降解。多数情况下这些污染物是被多种细菌产生的联合作用降解的，但有时也可被一种细菌降解。

（二）生态修复的相关原理研究

生态修复原理的各种研究已经谈了很多，其基本原理应是在符合生态规律的前提下以人为本，做到人与自然和谐。此外，还有如下基本原理在研究中很少提及。

1. 纯人工生态系统不存在原理

如前所述，迄今为止，一定规模的纯人工生态系统至今尚不存在，因此生态修复主要是修复，而不是再造。所以，生态修复的目标就是把退化系统尽可能恢复到可知的原有状态或退化程度较低的同类生态系统的现有状态。

2. 生态退化不可逆原理

要认识到生态系统是变化且不可逆的，修复退化生态系统，不可能复原。所谓“修复”，是指将系统的动态平衡和良性循环恢复到以前的水平。

3. 生态系统再生原理

生态系统本身有自恢复和再生功能。在生态修复中最为重要的是要修复生态系统的自恢复能力，如把人工蓄水变成活水，即所谓“流水不腐”，修复其自恢复能力，利用自然再生水的能力。

4. 生态承载力原理

生态承载力原理是生态修复的基本原理。如果修复沙漠绿洲，不考虑在人增多和生产发展下用水激增和当地水生态系统的承载力，而主观恢复，其结果必然是事与愿违，即便存在短期效果，最终也必然回归沙漠。

5. 维系系统动平衡原理

在修复退化生态系统时，最重要的是在过程中持续不断地维系系统的动平衡。如在植树的同时种草；抽地下水浇灌时注意地下水回补；在上游蓄水的同时向下游放流。

二、生态修复的主要方法

（一）物理修复

物理修复是根据物理学原理，利用一定的工程技术，使环境中污染物部分或彻底去除，或转化为无害形式的一种污染环境治理方法。相对于其他修复方法，物理修复一般需要研制大中型修复设备，因此其耗费也相对昂贵。

物理修复方法很多，如污水处理中的沉淀、过滤和气浮等，大气污染治理的除尘（重力除尘法、惯性力除尘法、离心力除尘法、过滤除尘法和静电除尘法等），污染土壤修复的置稳定化、玻璃化、换土法、物理分离、蒸汽浸提、固定和低温冰冻等。

（二）化学修复

化学修复是利用加入环境介质中的化学修复剂能够与污染物发生一定的化学反应，使污染物被降解、毒性被去除或降低的修复技术。

由于污染物和污染介质特征的不同，化学修复手段可以是将液体、气体或活性胶体注入地表水、下表层介质、含水土层，或在地下水流经路径上设置可渗透反应墙，滤出地下沉淀水中的污染物。注入的化学物质可以是氧化剂、还原剂、沉淀剂或解吸剂、增溶剂。不论是现代的各种创新技术，如土壤深度混合和液压破裂技术，抑或是传统的井注射技术，都是为了将化学物质渗透到土壤表层以下或者与水体充分混合。通常情况下，都是根据土壤特征和污染物类型，在生物修复法的速度和广度上不能满足污染土壤修复的需要时，才选择化学修复方法。

化学修复方法应用范围十分广泛，如污水处理的氧化、还原、化学沉淀、萃取和絮凝等；气体污染物治理的湿式除尘法、燃烧法，含硫、氮废气的净化等。在污染土壤修复方面，化学修复技术发展较早，并且相对成熟。污染土壤化学修复技术目前主要涵盖五方面的技术类型：①化学淋洗技术。②溶剂浸提技术。③化学氧化修复技术。④化学还原与还原脱氯修复技术。⑤土壤性能改良修复技术等。

化学淋洗技术能更有效地去除低溶解度和吸附力较强的污染物。化学氧化修复技术是一种对污染物类型和浓度不是很敏感的、快捷的、积极的修复方式；化学还原与还原脱氯修复技术则作用于分散在地表下较大、较深范围内的氯化物等对还原反应敏感的化学物质，将其还原、降解。

（三）微生物修复

微生物修复即利用天然存在的或人为培养的专性微生物对污染物的吸收、代谢和降解等作用，将环境中有毒污染物转化为无毒物质甚至彻底去除的环境污染修复技术。微生物是人类采取生物手段来修复污染环境最早的生命形式，而且对于污水处理来说其应用技术比较成熟，影响也极其广泛。

第二节　森林植被的生态修复技术

一、气候与植被恢复

地球上任何地区的植被都是在一定的气候条件长期作用下的结果。因此，任何明显的气候变化都会对植被产生影响，改变着植被演替的方向或速度。对于退化植被来说，有利的气候条件更是其自然恢复的动力和机制。

（一）植被分布与气候的关系

陆地植被的分布有水平地带性分布和垂直地带性分布。研究结果表明，植被的地带性分布规律既与气候的空间分布特征有关，又与植物的生态类型及其对环境响应能力有关。

1. 植被的地带性分布与气候的关系

气候的空间变化是有规律的。在地球表面上，太阳辐射随着地理纬度变化：低纬度的赤道地区，全年地面接收太阳总辐射量最大，季节分配较均匀，终年高温，长夏无冬；随着纬度的增高，地面受热逐渐减少，一年中季节差异明显；到了高纬度地区（如北极），地面受热最少，终年寒冷、长冬无夏。这样，从南到北就形成了各种热量带，赤道地区是地球上最热的地区，从赤道向两极沿纬度气温逐渐下降，形成了以温度划分的热带、亚热带、暖温带、温带冷温带、寒带等不同热量带。另外，由于地球上的大陆均为海洋所环绕，海洋上产生的大量水汽，通过大气环流和降水输送到陆地。由于海洋向陆地输送的水汽沿途不断形成降水而减少，同时受到大陆高山、高原阻隔，陆地上的降水量在同一纬度的不同地点，往往差异很大，呈现从沿海到内陆渐次减少的现象。因此，在同一个热量带内，沿海地区空气湿润，降水量大；距离海洋较远的地区，大气降水量减少，干旱季节长；到了大陆中心，大气降水量更少，气候极为干旱。例如，中国的大陆性气候明显，从沿海到内陆，按降水量多少依次分布着湿润、半湿润、半干旱、干旱和极端干旱气候区。而在中国北方内陆高山地区，随着海拔的升高，温度逐步降低，降水量逐步升高，温度和降水呈负相关。

地球表面植被的空间变化也是有规律的。地球表面植被的地带性分布规律包括水平地带性分布规律和垂直地带性分布规律，其中水平地带性分布规律分为径向和纬向地带性分布规律。植被的径向地带性分布规律在北半球的欧亚大陆区最为明显，它从沿海向内陆植被类型依次从森林、森林草原、典型草原变化到半荒漠、荒漠。例如，在中国北方地区从沿海到内陆植被类型径向变化规律为森林、森林草原、典型草原、草原化荒漠、荒漠。在北半球，从赤道热带地区到极地寒带地区，植被类型的纬向地带性变化规律依次是热带雨林、亚热带常绿阔叶林、温带落叶阔叶林、寒温带针叶林、极地苔原带。在中国，从南到北沿纬度也依次分布着热带雨林区、亚热带常绿阔叶林区、温带落叶阔叶林区和寒温带针叶林区，表现出明显的纬度地带性。植被的垂直地带性分布规律主要发生于高山地区，从山底平原到山顶，常可看到植被呈带状依次变化。例如，分布于中国内陆干旱区的祁连山山脉，从山麓到山顶依次分布有荒漠、荒漠草原、草原、森林高山草甸等植被。

地球表面植被的空间变化规律与气候的空间变化规律是一致的。植被类型的纬度地带性分布与温度的纬度地带性分布是一致的，山地植被的垂直变化规律受温度、降水的垂直变化规律抑制；植被类型的径向变化与降水量的径向地带性变化一致。由于水、热、光照条件是一切植物生存和繁衍的必要、限制条件，光照强弱、气温高低、降水量多少直接影响植物的生存、生长发育和生物产量。因此，一定的气候条件下总是对应着一定的植被种类和植被类型，而植被类型的空间变化总是随着气候的空间变化而变化。这说明，植被变化与气候变化存在着密切关系，植被变化取决于气候变化。

2. 植物的气候生态位

地球上的一切植物的生存和繁衍都需要一定的气候条件，特别是光照、水、热条件，所以地球上的植被随气候条件的空间变化而呈现地带性分布。达不到这样的气候条件，植物在自然状况下就不能正常生存或者说不能长期存活下去，这种植物所需要的气候条件，就是植物的气候生态位。由于一个地区的气候条件总是处于不断变化之中，植物经过了长期的自然选择，也逐步适应了气候条件的变化，能够在变化中的气候条件下生存。

但是，植物并不是对所有的气候变化都能够适应，它只是在一定的气候条件下生长发育最好，种群繁衍最为迅速。当气候条件发生轻微改变时，植物也能够适应，但生长发育、种群数量和生物产量可能会受到抑制。当气候变化超过了植物的适应能力时，植物往往会受到伤害，特别是极端气候事件的发生往往给植物造成致命的伤害。也就是说，每一种植物都有自己适宜的气候生态位，在这个生态位上，适合植物的生存和繁衍，在气候条件偏离这个植物生态位时，植物的生长就会受到影响，严重时会导致植物消亡。

不同植物生存和发展不仅所需要的气候条件有很大不同，而且所能适应的气候变化也有很大区别。也就是说，不同植物有着不同的气候生态位，不同植物气候生态位的宽度也有很大差别。

3. 植被分布和气候的关系

根据气候条件对植物的作用及植物对气候变化的响应，人们将植物的气候生态位分为微气象生态位、基础气候生态位和功能气候生态位。植物的微气象生态位是植物需要的局部近地表微气象条件。这些微气象条件包括近地表温度湿度辐射、风沙活动等，这些微气象条件既打着区域气候背景条件的烙印，也受局部地形、土壤、水分等环境条件的影响。这些微气象条件对植物的生存和繁衍影响极大，它可能导致植物种组成、局部植物群落类型、优势种类、群落的功能特征发生明显改变，产生与地带性植被完全不同的隐域或半隐域植被，产生偏离顶极气候群落的偏途顶极群落。基础气候生态位，是指植物生存与繁衍所需要的气候背景条件。从植被的演替系列来看，基础气候生态位决定着地带性植被的类型、种类组成和顶极群落的基本功能特征。因此，对于一个顶极气候群落来说，没有人为干扰的情况下，大的气候背景稳定，其群落类型植物种组成及生物多样性一般也不会发生大的波动。功能气候生态位是指植物展现其功能特征所需要的气候条件。对于一个植物群落来说，其植被高度、盖度和生物产量等属于功能特征，这些功能特征往往是功能气候生态位所决定的。由于年际气候条件总是不断变化的，其植被盖度、高度和生物量也会随着降水的多少、温度的高低而变化。

（二）气候对植被恢复的驱动机制

在退化植被恢复过程中，气候的驱动作用是显而易见的。其主要表现在三个方面：①在消除人为干扰后，群落的物种组成、丰富度、盖度、高度和生物量会自然增加，气候条件的改善可以加速这一过程。②大部分一年生植物或短命植物都在雨季萌发，较多的降水和较高的气温，有利于其萌发和存活，使土壤种子库的潜在植被转变为现实植被。③大多数退化植被恢复演替的方向都是地带性植被，终点为顶极群落，这是气候驱动机制的最根本体现。

在全球尺度上，人类对环境的干扰，如二氧化碳等温室气体排放量的增加，可能会引起世界性的气候变化。但在区域或更小尺度上，人类对植被的破坏，一般不会引起大尺度的气候变化，如区域年均降水和年均温度很少受到局地植被破坏的影响。但是，局域植被的破坏可以引起局地小气候的明显恶化，如造成空气湿度的下降、裸露地表温度的升高、地面反射增强、无霜期的缩短、地表风沙流增强等。当局域人为干扰消除以后，大尺度的气候背景条件仍不会发生明显改变，降水和气温仍会随其发展规律而呈有规律的变化，只有那些对局部植被产生影响的微气象条件有可能发生明显变化。因此，气候对退化植被恢复的驱动作用和作用机理，在不同尺度和层面上有很大不同。下面主要从降水的短期、中期和长期变化三个尺度论述气候变化对退化植被恢复的驱动作用和机制。

1. 降水年际变化对退化植被恢复的驱动机制

一般来说，各种气候因子年际间都会发生变化，但年际变化最明显、对植被影响最大的还是降水的变化，包括降水量、强度、时间和频率。大多数情况下，降水条件的改善，包括有效降水量的增加、降水持续时间延长，都有利于退化植被的恢复。反之，如果降水不是限制条件时，降水量的增加、降水强度的增大，其对植被恢复的驱动作用可能会不明显，甚至反而对退化植被产生不良影响。

（1）降水年际条件改善对退化植被恢复的驱动作用

降水年际条件改善对退化植被恢复的驱动作用主要体现在三个方面：①降水量的增加和降水持续时间的延长，有利于植物种子萌发和幼苗生长，可提高植物种子萌发成活率，增加实生苗数量，增大种群密度。特别是在干旱荒漠地区，春、夏降水是植物种子的萌发和幼苗生长的决定小生因素。在降水多的年份，沙漠一年生植物大量萌生，而在干旱的年份，则可能极少有植物种子萌生。另外，降水量丰沛，也对幼苗的存活和生长有利，使幼苗的成活率明显提高。显然，降水增加对种子萌发和幼苗成活率的促进作用对于退化植被的恢复是有利的。②当年降水量的增加，植株生长大多数情况下会表现出生长旺盛，分枝分蘖增多，叶色光亮，植被高度、盖度和地上生物量都会明显增加。而植被高度、盖度和生物产量的增加，也意味着植被功能特征得到改善，说明退化植被的功能恢复。③降水量增加，植物的繁殖能力特别是无性繁殖能力明显增强，加快了种群蔓延和扩散速度。干旱区，对于大多数植物来说，降水增加使得植物在保证基本生存的条件下，有更多的水资源可以用于繁衍和种群扩散。这时，植物不仅会由单一繁殖方式向多种繁殖方式转变，而且繁殖率也会增高。干旱年份的科尔沁沙漠草类一般只进行营养繁殖，种子繁殖能力很差；而在丰雨年份，不仅营养繁殖和种子繁殖并举，而且营养繁殖和种子繁殖数量明显增加，从而使其种群数量增加，种群蔓延速度加快，种群覆盖度增大。

（2）降水年际条件改善对退化植被恢复的驱动机制

如上所述，降水年际条件的改善可以促进退化植被的恢复，其主要机制包括以下几个方面：

第一，降雨量增加带来降水持续时间的延长，为土壤种子的萌发提供了较为充裕的时间，使萌发的有效种子数量增加。种子萌发不仅需要适宜的土壤含水量，而且需要其持续一定的时间，否则即使种子萌发了，也很难出苗，或在苗期死亡。如果降水持续时间得到延长，就会使萌发的种子很快出苗和扎根，成活率升高。

第二，降水量的增加可以改善植物的土壤水肥条件。降水不但可以使植物得到更多的水分供给，保证植物恢复生长所需要的水分，而且在干旱条件下，土壤水分含量的增加，也可促进土壤养分的有效性，使更多的土壤养分能够被植物吸收，用于恢复生长。特别是在干旱地区，土壤水分含量一般较低，直接限制着植物的生存和繁衍。降水量的增加对土壤水分的补充很重要，可以提高植物生存和繁衍的概率。

第三，降水量的增加可以改善植物群落中的微气象条件，有利于植物的生长。一般情况下，降水量的增加可以增加空气湿度，降低夏季地表温度，减少地表反射，使植物体温下降、蒸腾耗水减少。特别是在多风的沙质土壤地区，降水还可以降低风沙活动强度，减弱风沙流活动对植物的危害。微气象条件的好坏与植物生长关系相当密切，因此降水增加对植物微气象条件的改善显然是退化植被恢复的重要机制。

由于降水存在明显的年际变化，多雨年份有利于退化植被的恢复，但干旱年份退化植被的恢复也会受到抑制。那么，在消除人类干扰之后，退化植被在降水的年际变化间逐步走向恢复的过程是：植被在多雨年份的恢复，一般情况下是不会完全被干旱年份降水减少的影响抵消的。因为对于乔木、灌木和多年生草本来说，在多雨年份可能会新生很多枝条或根茎苗，使地表覆盖增加，而在干旱年份这些枝条或根茎苗一般是不会死亡的。虽然当年降水量也会引起一年生植物种的增加，但次年如果遇到干旱年份，新侵入的一年生植物种就会消亡。研究结果表明，一年生植物的物种数量会随着年际降水量的变化而波动，年度降水量的改善在群落恢复的早期不能成为群落植物种组成变化的驱动因素。

2. 中期降水变化对植物恢复的影响

植被高度、盖度和生物量的恢复是和年际降水量变化密切相关的。群落的植物组成的饱和度、生物多样性同样与年降水量有密切的关系。研究结果表明，一般情况下，无论是年降水量还是季节降水量的增加，都会引起群落的植物组成的饱和度和生物多样性的增加。因为降水的增加，使一些种子的萌发和侵入加快，导致植物种数量增加。但这些新增加的种对降水往往非常敏感，如果在生长后期，甚至是来年降水量减少，它们就会消失，使植物种的数量随降水的年际变化或季节变化而波动，而不像植被盖度高度和生物量那样存在明显的累积恢复效应。因此，群落植物组成和生物多样性，一般不会随着短期降水的增加而呈现增加的趋势，而只有中期降水量的增加，才有可能使植物种数量、生物多样性得以逐步增加。

（1）中期降水增加对退化植被恢复的驱动作用

连续几年的降水量增加称为中期降水量增加。连续几年降水的增加可以对退化植物群落的物种结构产生重要影响。中期降水量的增加对退化植被恢复的驱动作用主要表现在两个方面：

①促进植物种群数量稳定增加。连续几年降水条件的改善，大部分植物种群的数量都会明显增加，特别是新侵入种一般能够形成具有维持种群稳定和发展的最小群体数量。对于这些新的侵入种，只有当其种群数量达到一定水平时，其种群才会形成一定的结构，才具有繁衍、竞争的能力，才能长期存活下去。因此，最小种群数量的形成，是保证群落植物种增加的必要条件。

②使群落中植物种群的分布更加分散，均匀度增加。植物种群是否均匀分布，是群落生物多样性能否增加的一个重要决定因素。气候条件的持续改善，会减弱或消除退化植被或草地环境条件的空间异质性，使植物更容易从原有斑块中向外扩散，随机扩散的概率也会提高，导致均匀度增加。

（2）中期降水增加对退化植被恢复的驱动机制

气候条件的连续改善会形成良好群落微气象条件且持续存在，有利于更多植物种的侵入。例如，在半干旱地区，如果连续几年多雨少风，流动、半流动沙丘的地表则可能会形成物理或生物结皮，不仅风沙活动会明显减弱，而且地表温度会下降，在消除了春季风沙流的打磨和夏季地表高温灼伤的危害后，更多的植物种就会侵入，使群落植物种组成数量增加。

促进植被盖度的增加，使一些窄生态位植物在其他植物的庇护下得以生存。气候条件的连续改善，首先会使退化植被高度、盖度明显改善。而植被高度和盖度的连续改善，会对新侵入的植物种产生有效的庇护，使其得以稳定发展，从而使群落的植物种组成数量稳步增加。使多年生植物在侵入早期安全越冬。对于大多数多年生植物来说，都具有苗期生长缓慢，当年越冬能力差的特点。虽然某个季节或年份降水量增加也会促进一些多年生植物的侵入，但如果下个季节或年份降水量减少，这些新侵入的多年生植物就难以抵御严冬低温和春季风沙干旱的胁迫，会造成其再次消亡。只有连续的气候条件改善，才能够保证更多的多年生草本植物的侵入并稳定存活，增加群落的植物种组成和生物多样性。

3. 长期气候变化对植物恢复的影响

长期气候变化，是指能够影响一个地区平均气温指标变化的，以10年为尺度的气候变化，也可以说是一个地区气候背景的变化。它一般受全球气候变化的影响，如温室气体排放量增加和全球气候变暖所引起的区域气温升高和降水量变化等。这种气候变化比较缓慢，具有一定的持续性，对植被的影响比较深远，不仅决定着植被演替的方向和速度，也影响着植被恢复的终点和气候顶极群落的特征。

不同时间尺度气候的变化对植被恢复的作用表现在空间尺度上。短期气候变化的作用空间应该主要在植物个体和种群上，中期气候变化的作用空间主要为植物群落，而长期气候变化的作用空间主要为地带性植被。而实际上，它们之间的作用范围并不是可以截然分开的，相互之间的界限也不是非常明显。特别是在湿润地区，或受隐域性气候条件，或其他环境条件影响的地区，不同时间尺度气候条件的交叉作用、重叠作用是显而易见的。

（三）植物的生态修复功能

植物是初级生产者。它通过光合作用利用太阳能将二氧化碳和水转化为生物能有机质，在维持生态系统的物质循环和能量流动中发挥着重要作用。除此之外，植物还具有调节气候促进土壤发育、保持水土、净化空气、防风固沙、减轻环境污染等重要功能，在修复退化生态环境、维系生态系统健康等方面具有重要作用。

1. 促进生态系统的物质循环和能量流动

（1）促进生态系统的物质循环

生态系统的物质循环（又称为生物地球化学循环），是指地球上各种化学元素，从周围的环境到生物体，再从生物体回到周围环境的周期性循环过程。

植物为生态系统的物质循环提供了丰富的物质基础。各种生态系统的第一性生产量：河口海湾、冲积平原的植物区系和集约程度高的农田（如甘蔗田）生态系统的生产量最高，每昼夜为10 ~ 20g/m²；森林、浅湖泊和灌溉农田生态系统的平均生产量每昼夜为3 ~ 10g/m²；高山、海洋和深湖泊生态系统的生产量每昼夜为0.5 ~ 3g/m²；海洋和沙漠生态系统的生产量最低，每昼夜为0.1 ~ 0.3g/m²。因此，可以说没有植物的光合作用，在生态系统中就没有物质的生物地球化学循环。

植物对生态系统物质循环的贡献：既为消费者提供了食物，又为生态系统物质循环提供了物质基础，而且植物在水的地球物理循环中扮演着重要角色，因为植物每生产1g干物质需要蒸腾大约500g水。与此同时，植物还会分泌包括酶类在内的各种分泌物，这些分泌物对于土壤矿物质的分解起到了重要的促进作用。

生态系统物质的生物地球化学循环依赖于植物的光合作用，因此植物生长情况的好坏、生物产量的高低，都会影响到生态系统的物质循环。虽然生态系统的物质循环受到多种因素的影响，但从某种意义上讲，茂密的植被、较高的生物产量，对于生态系统的物质循环总是有利的，而衰退的植被、较低的生物产量，则使生态系统缺少物质循环的基础。

（2）促进生态系统能量流动

在生态系统中，能量流动伴随物质循环同步发生。在植物利用太阳能将空气中的二氧化碳、环境中的水和其他物质转化为有机物的同时，也将太阳能转化为化学能或生物能。植物可以通过各种方式转换能量，并储存于有机物中。生态系统中，能量是依靠食物链传递的。无论是消费者还是分解者，它们都是通过与生产者建立直接或间接的生物关系，并通过这种关系来完成物质的循环和能量流动。而在生态系统中，能量传递进程的长短，不仅取决于食物链的长短和能量的转化效率，而且与生态系统初级生产者储存的能量有关。在食物链长短和能量转化效率相同的情况下，初级生产者储存的能量越多，能够为消费者和分解者提供的能量就越多；在能量转化效率相同的情况下，初级生产者储存的能量越多，其食物链就可能延伸得越长。

2. 消费者食物和栖息地的提供者

（1）为食草动物提供食品

植物处于生态系统食物链的最底层，主要是为食草动物提供食物。在地球上并不是所有的植物都可作为动物的食物，绝大多数植物都存在一定的消费者。即使是对人类或家畜有毒的植物，在其周围也或多或少地存在一些草食消费者。食草动物通过采食植物获得所需要的蛋白质、脂肪、碳水化合物、维生素、矿物质等养分及水分。另外，很多植物都具有药用价值，可以为动物治疗疾病并起到保健作用。

对于食草动物来讲，植物种类的多少、生长的好坏、产量的高低，都直接影响着动物种群的种类和数量。茂盛高产的植被类型，往往可以孕育多种多样的动物类群和数量。对于退化动物类群和种群，如果能够获得充足的食物来源，对于其种群的恢复是极其有利的。因此，加强对退化植被的管理，既可促进退化植被的恢复，也可为退化食草动物种群提供更多的食物来源，从而加快其恢复。

（2）为动物提供栖息地

植物之所以能够为动物提供栖息地，与其生物学特性有关。稠密繁茂的叶片既可以遮风、避雨、挡光，又可以很好地遮挡猎食动物的视线，使之得到很好的保护，强劲的枝干还可以支撑动物在其上行走、休息或搭建巢穴。因此，很多动物或长期生存于植物之上，或以植物作为隐蔽、休息、繁衍后代的场所。其中，乔木一般比较高大，树干明显，枝条硬实，叶片稠密，可为猴子等树栖动物提供良好的栖息条件，也是鸟类搭建巢穴的良好场所；灌木一般较乔木低矮，但枝叶更为稠密，对动物的遮蔽性更好；草本植物较为低矮，但很稠密，因此灌木和草本植物均是一些小型鸟类和一些小型动物搭建巢穴和栖息的场所。还有很多植食性昆虫，既以植物为食，又以植物为栖息地，常年生活于植物之上。

在植物物种极其丰富的热带雨林地区，从林冠上方到地面垂直距离最大可达到50m，光照条件越来越弱，温度依次降低且变幅越来越小，湿度依次增大且更少变化，风力降低。在这个纵深的空间范围内，许多有着不同生活方式的动物都能找到适合自己的生存环境，而退化生态系统的结构趋于简单，能够为动物提供栖息的环境种类也很有限，从而也成为退化生态系统中动物物种逐渐趋于单一的重要原因。

植物作为动物的栖息地，对于动物种群的生存和繁衍极为重要。当植物群落类型、结构发生改变或退化、丧失，最终都会导致依靠其为生的动物种群发生改变或丧失。维持植物群落的稳定，对于维持以其为生存环境的动物种群，特别是与其具有共生关系的动物种群，具有重要意义。

（3）为人类提供各种食品和其他生产生活用品

植物也是人类的主要食物来源。人类通过取食植物获得生存的大部分营养物质。可供人类食用的植物主要包括白菜、萝卜、马铃薯等蔬菜作物，苹果、梨、橘子等水果作物，水稻、玉米、小麦等粮食作物，葵花、油菜、胡麻等油料作物。这些作物均由人工种植，属于人工栽培作物。另外，还有很多野生植物及其果实，如野生桑葚、蕨菜、核桃、松子等，可供人类食用。这些植物为人类提供碳水化合物、维生素、蛋白质、脂肪、矿物质等必需营养，关系着人类的健康与发展，因此建立可持续的植物性食物来源，丰富其种类，保证其质量，对于人类的健康发展具有重要意义。

人们利用植物的另一个用途是其药用价值。具有药用价值的植物，称为药用植物。世界上的很多植物具有药用价值，很多国家和地区，特别是具有古老文明史的国家，如中国、印度、埃及等，都在使用药用植物进行疫病防治。如金莲花、香蒲、菖蒲、泽泻等具有补血、化瘀、消炎功效；香蒲的蒲棒和花粉（蒲黄）具有消炎、止血作用；芦苇的根茎具有清热解毒、利尿、生津止渴、镇吐等作用。

很多植物还有很多其他用途。如植物是造纸的重要原材料；可为机械制造、仪器仪表、化工建筑、交通、通信、农业等行业提供生产所需木材；也可为生活所需家具生产和家居装潢提供原材料。

3. 涵养水源，保持水土

（1）涵养水源，调节供水

植被通过时间上对降水吸收、释放的调控，空间上对降水的再分配，起到涵养水源、调节供水的作用。植被的这种作用，对于保持水土，减缓干旱和洪涝灾害起着重要作用。其机制主要表现在以下几个方面：

第一，植物可以拦截降水，使一部分降水截留于树叶和树干之上。这部分被植冠截留的降水，一部分通过蒸发返回大气中，可以调节小气候；一部分被植物茎、枝干、叶片吸收和利用，成为植物体水分的组成部分；还有一部分会落到地面，或顺着植物茎干，进入土壤中，但其时间明显滞后。不同植物冠层截留降水的能力有很大差别。其中，以草本植物冠层截留降水的数量相对最少，灌木、半灌木居中，截留水量最大的是稠密的森林林冠。研究表明，林冠截留降水的能力与上层树种的生态特性有关，耐阴性树种由于枝叶茂密，截留的降水要比阳性树种多。同时，群落截留水量的大小，还取决于群落结构的复杂程度和降水的强度。群落的结构层次越多，截留的降水量越多；降水的强度越小，则群落截留降水的百分比就越高。

第二，植冠下的枯枝落叶层及活的地被物对水分的吸收，使大量水分蓄积在地被层中，既导致地表径流形成时间滞后，又减少了地表径流的形成，涵养了水源。据研究，枯落物吸水可达自重的40% ~ 260%。这些蓄积在枯枝落叶层中的水量，一方面通过蒸发缓慢释放，维持冠层下的小气候；另一方面逐步下渗，缓慢补充土壤水分，从而起到涵养水源、调节供水的作用。

第三，植物根系对降水入渗具有促进作用，使降水较为迅速地渗入土壤之中，减少地表径流的形成，并在以后再缓慢地补充河川流量，从而起到蓄水、减洪和保持水土的作用。其机制为：①被植冠截留的水分可以沿着枝干向下流，到达地面后再顺着根系进入深层土壤。②由于植物根系的作用，森林、草地等植被土壤有许多孔隙、裂缝和孔洞，这些孔隙、孔洞和裂缝既是水的贮藏库，又是水从地表向地层深处移动的通道。据调查，草原和森林的土壤孔洞：在地下5 ~ 10cm处，草原为4%，森林为27%；15 ~ 20cm处，草原为4%，森林为16%；25 ~ 30cm处，草原为零，森林为17%。

（2）保护土壤，减少水土流失

植被枝叶可以形成对地表的覆盖，根系可以紧固土壤，因此植被能够减轻强风、水流、波浪对土壤的侵蚀，起到减少水土流失的作用。其作用主要表现在三个方面：①减轻雨水对地表的直接冲击，减少地表径流的形成，从而减轻水土流失。②减轻海洋、湖泊、河流中水流或波浪对河堤、湖坝海岸的冲刷，防治毁岸、塌堤，减少水土流失。③防止或减轻强风对地表的作用，使表土免受风蚀。

植被具有降低风速，减少风能，防止土壤风蚀的作用。其机制有：①茎干、枝叶较为柔软，当风吹时，随其摆动，大量动能被消耗或向下传导，使风的动能降低。②枝叶较为稠密，相当于在地表形成一层屏障，使风无法直接作用于地表。③植被的存在增加了地面粗糙度，使土壤侵蚀的临界风速明显提高。

植被降低风速，防止土壤侵蚀的作用，受诸多因素影响，其中最主要的因素包括：①植被类型。一般情况下，乔木的防风能力大于灌木，灌木的防风能力大于草本，即高大植被的防风效果要好于低矮植被。②植被的盖度。盖度越大，防风效果越好；反之则越差，植被越茂密，其防风效果越好，植被越稀疏其防风效果越差。③植被配置格局。一般情况下，乔、灌、草组成的复合植被其防风效果要大于单一结构的乔木植被、灌木植被和草本植被。

植被防止水土流失的作用是极其显著的。植被之所以能够起到保持水土的作用，主要源于四种机制：①植物的枝叶可以起到拦截降水的作用，不但可以使部分降水储存于枝叶上或顺茎干流入地下，减少降水对地表的直接冲击，而且被植物枝叶拦截再落到地面的雨水其动能明显降低，冲击地表的动能减弱。②植被可以对地表径流起到拦截作用，使其流速降低，从而减轻对表土的冲刷。③地面枯落物既可以对地表形成覆盖，减轻降水对地表的直接冲击，又可蓄积一定数量的降水，减少地表径流量的形成。④稠密的植物根系可以有效固结，提高土壤抗风蚀和水蚀的能力。

影响植被防止水土流失的因素也有很多，主要包括：①植被类型。一般来说草本植被保持水土的能力要高于灌木植被，灌木植被保持水土的能力高于乔木。②植被的稠密程度。一般情况下植物越稠密其保持水土的能力越强，植被越稀疏其保持水土的能力越低。③植物的根系类型。一般情况下，稠密的须根系能够较好保护表土，而直根系保持表土的能力较差。④植被的凋落物厚度。凋落物层越厚则减少地表径流形成和保持水土能力越强，地表凋落物越少其保持水土能力越差。

植被保持水土的另一个重要方式是保护河岸、湖岸、海岸免受水流和波浪的冲刷。例如，当海洋暴风雨上岸时，沿海盐沼和红树林湿地可作为巨大的暴风雨缓冲器，处于第一位置，可以减轻它的狂暴袭击。植被保护堤岸的作用：第一，源于植物茎干、枝叶能够阻挡水流、波浪对堤岸的直接冲刷或冲击。第二，源于植物茎干、枝叶能够降低水流流速或消减波浪的动能，使水流或波浪冲刷堤岸的能力减弱。第三，植物强大的根系能够固着堤岸土壤，使其抗击冲刷或冲击的能力增强。

4. 改善小气候，提高环境质量

植被对小气候的调节机制主要表现在以下几个方面：

（1）降低光照强度和紫外线辐射

照射到植物群落的阳光，一部分被植物吸收，另一部分被反射，剩余一部分透过枝叶间隙而到达地面。由于冠层下直射阳光的减少和照射时间的缩短，使冠层下光照强度降低，紫外线辐射降低，从而减少阳光直射对人体或其他生物体造成的危害。

（2）降低风速，减少空气流动

植物的枝叶大多数比较柔嫩，可随风发生摆动。风作为携带动能的气流，在遇到植物时会将动能传送给植物，从而本身携带能量减少，致使风速下降。当植被较为高大、浓密时，可将风所携带的能量大幅消减，使风速明显降低。另外，在茂密的植物群落内部，由于枝叶的相互遮蔽，气流也是很难流动的。风速降低，空气流动缓慢，有利于保持植物群落内部的空气湿度和气温的稳定，从而控制小气候变化。

（3）改善植物群落内部的空气湿度

研究表明，一般情况下，群落内部的空气湿度要比空旷地明显高很多。其中，高原草地内部空气湿度较空旷地高 20% ~ 80%；发育良好的森林植被其内部空气湿度比空旷地高 50% ~ 150%。植被之所以能够提高空气湿度，主要原因是植被具有较为稠密的林冠层，可以抑制空气向外扩散，使地面蒸发的水分被很好地控制在林冠之下。同时，冠层下的枯枝落叶层比土壤能够蓄积更多的水分，其水分的缓慢蒸发可以有效增加和保持林中空气的湿度。另外，夏季林中温度较低，也减少了空气干燥。

不仅如此，因为植物群落对外界环境是开放的，各种群落内的小气候势必会扩展到群落以外，影响一定范围的外界气候。

（4）减弱温度的波动

阳光进入植被冠层下照射强度和持续时间减少，群落内的温度会较空旷地发生明显变化。一般情况下，在森林群落内，白天和夏季的温度比空旷地要低，但是昼夜及全年的温差要小得多。同时，冠层上植物叶片相互遮盖，阻止空气流通，热量不易消失。群

落地面还有枯枝落叶层，能缓和土壤表面的温度变化速度，也保证了群落内较小的温差。

5. 减轻环境污染，保持空气清新

（1）保持空气清新

植被可以净化空气，保持空气清新。其主要途径有三条：①绿色植物通过光合作用吸收二氧化碳，放出氧气，能有效维持大气中氧气和二氧化碳的比例平衡。据估计，陆地上绿色植物提供地球上 60% 以上的氧。②有些植物的叶片具有阻挡、滞留、吸附、过滤粉尘的作用，可以看作“天然的吸尘器”。③某些植物叶子的挥发气体及根系的分泌物可以杀灭空气中的一些病原菌，对大气进行消毒，成为“天然的防疫员”。因此，大面积植被的建立，特别是城镇绿地的建立，可以有效保持空气清新，改善生活环境。植物进行光合作用，有效地调节了空气的成分。

（2）消除大气污染

植物可以吸收、固定、转化大气中的某些有害、有毒气体，从而起到消除大气污染的作用。植物消除大气污染物的作用主要通过两个途径：①通过叶片吸收，减少大气中的毒物含量。②植物可将某些毒物在体内分解，转化为无毒物质，自行解毒。例如，二氧化硫进入植物叶片内形成毒性很强的亚硫酸和亚硫酸根离子，亚硫酸根离子能被植物本身氧化并转变为硫酸根离子，硫酸根离子的毒性比亚硫酸根离子的毒性小30倍。这样，植物就能自行解毒，避免受害。

影响植物消除大气污染能力的因素有很多，归结起来主要有三点：①植物的种类。不同植物种类净化大气污染物的能力不同，而且能力也不同。例如，木槿和雀舌黄杨对氯气的净化作用就强于龙爪柳和夹竹桃。而一般情况下，阔叶树比针叶树吸收二氧化硫的能力强。②污染源的距离。一般情况下，净化效果与污染源距离成反比，即离污染源越近，净化效果越好，离污染源越远，净化效果越差。③污染物的浓度。一般情况下，植被的净化效应与有毒气体的浓度成正比，即浓度越高净化效果越好，但其浓度不能超过植物的忍受程度，否则将对植物造成危害。

（3）减少土壤和水体环境污染

植物具有固定、吸附、吸收分解土壤环境中污染物的能力，从而可以降低或消除土壤环境污染程度。其途径和机制主要包括五个方面：①植物对污染物的黏附和固定，即植物在新陈代谢的过程中，从体表和根系中分泌大量黏性物质，这些物质可以对污染物进行黏附和固定，从而减少污染物的毒害和影响。②对污染物的吸收同化，即植物在生长过程中大量吸收土壤、水体中过多的氮、磷等，减少土壤氮、磷过多对地下水的污染或水体的富营养化。③植物在水体中可以降低水的流速，使水流携带的污染物发生沉积，从而减轻水体的污染浓度。④对污染物的分解或降解。⑤对污染物的富集提取作用，即很多植物在污染环境中都能吸收一定量的污染物，有的植物对某些污染物具有很强的富集作用。被植物吸收或富集在植物体内的污染物，主要是重金属，可以通过枯萎凋落或收割利用等方式使之离开受污染土壤，从而减轻土壤的污染程度。因而，利用富集植物对污染物专性吸收的性能，将土壤和水体中的有害污染物转移和储藏到植物的茎叶中，通过收割茎叶搬运处理，从而达到净化污染物的目的。

（4）屏蔽环境噪声

森林具有减弱噪声的作用。宽度为50m的绿化地带，交通噪声可下降20 ~ 30dB，为人类提供安宁、舒适的工作、学习环境。人们把森林比喻为“噪声隔音板”，是森林减弱噪声的形象表述。事实上，人类采用森林降低噪声强度已取得明显的效果。

汽车、建筑业等的发展，使城市噪声污染问题愈显突出。噪声污染的控制有多种措施，包括草地在内的植被作用也十分重要。草坪植物具有良好的吸音效果，能在一定程度上吸收和减弱125 ~ 8000dB的噪声。乔、灌、草结合其效果更好，据北京市园林研究所测定，20m宽的草坪，可减噪声2dB左右。在国外有一些飞机场，用草坪建设机场地面，既可减少飞机场的扬尘，又能减缓噪声。

影响植物减污能力的因素很多：①植物的种类，即不同植物消除污染物的种类、途径和能力有很大差别。例如，灯芯草等对酚的净化能力较强，香蒲和眼子菜对石油废水的有机污染物消污减污能力较强等。②污染物的种类，即有些污染物容易被植物吸收、吸附、降解和转化，有些则不易受到植物的影响，或者说植物对其吸收、吸附和降解转化能力较弱。例如，大多数植物均可吸收利用土壤和水体中过量的氮、磷、钾，而只有少数专性富集植物能够对镉、铜、锰、锌等重金属污染物发挥作用，对于地膜等塑料污染物则几乎没有任何植物能够对其起到分解作用。③污染物的浓度，即污染程度低于植物的耐受能力时，植物能够较好地发挥净化作用，如果污染浓度超过了植物的耐受程度，植物不仅不能发挥其净化作用，反而会受到伤害。④环境条件，如阳光照射强度、土壤水分含量、土壤酸碱度、阳离子代换量、土壤质地等，都会影响植物对污染物的净化能力。

值得注意的是，植物对污染物的吸收和同化作用，很多情况下还会导致某些污染物在植物体内的滞留和富集，如果这种植物被人类或其他生物作为食物利用，将引起新的污染和毒害，造成二次污染。因此，利用植物消除土壤环境污染时，除了应根据污染物种类选用最适合的植物外，避免其二次污染也十分重要。

6. 改良土壤，促进土壤发育

（1）土壤的形成和改良

土壤的形成和发育是生物与环境相互作用、共同发展的产物，并主要由生态系统中的生物作用维持更新。其过程是：①植物枯死、衰老以后都要回到土壤中去，经过分解者的分解后，成为土壤有机物质的重要来源。②根系的分泌作用改善了根际的微环境，为土壤微生物的活动创造了条件，微生物的氧化、还原、分解等作用成为土壤物理、化学性质改变和土壤结构改良的重要生物条件。

（2）促进土壤发育

草地植被在土壤表层下面具有稠密的根系并残遗大量的有机质。

这些物质在土壤微生物的作用下，可以改善土壤的理化性状，并能促进土壤团粒结构的形成。

（3）生物固氮作用

草地中的豆科牧草，根系上生长大量的根瘤菌，具有固定空气中游离氮素的能力，可为草地生态系统提供大量的氮肥。因此，具有改良土壤的作用。以豆科牧草为主的草地，平均每公顷每年可固定空气中氮素 150 ~ 200 kg。例如，生长 3 年的紫花苜蓿草地可形成氮素 150 kg，相当于 330 kg的尿素。

二、生物自我修复

（一）植被自我修复的主要表现

虽然自然界的植物种类数以万计，但其生命形式多种多样，因此不同的植物群落对环境的适应方式和能力更是千差万别,但是大多数植物在受到自然和人为干扰的情况下，会表现出相同或类似的受害方式，在自然和人为干扰消除以后，又会展现相同或类似的修复途径，只是不同植物所表现出的受损程度或修复的起点、速度有所差别而已。在大多数情况下，退化植被的自我修复主要表现在以下几个方面。

1. 植物种群在流沙裸地中迅速蔓延，覆盖地表

严重的滥垦、滥牧和滥伐，会导致植被的严重破坏，甚至造成流沙和裸地。在外界干扰消除之前，这些流沙裸地一般植物种类和个体很少，地表裸露。但在外界干扰消除以后，无论气候条件是否改善，大部分流沙裸地都会逐步被植物占据，植物种类和种群数量明显增加，地表也会被植被覆盖。在流沙裸地上迅速出现的植物种中，一般都以一年生植物为主。

但是，土壤基质不同，其所出现的植物种类有很大差别。例如，在半干旱地区的科尔沁沙地，在沙质草甸土的裸地斑块中，最先出现的植物多为一年生的禾本科植物，如画眉草、虎尾草、狗尾草等，而在流动沙丘上，最先出现的植物种主要是藜科的一年生植物沙米，伴生种为狗尾草。其中，沙米属于沙地的先锋植物，无论是原生演替，还是次生演替，大部分流动沙丘植被恢复的起点都是沙米，而虎尾草、画眉草只是当地退化草地沙化前某一阶段的优势种。

2. 植物生长旺盛，个体增大

在放牧、樵采、砍伐等人为干扰下，大多数退化植物会出现枝叶稀疏、生长不良、生产力下降、无花少果的现象。而在外界干扰消除以后，退化植被中的大多数植物会表现出生长速度加快、分枝数量增加、个体增大、生长繁茂、枝叶稠密的迹象，整个群体显示出生机勃勃的景象。这种现象，无论气候条件是否有所改善，都会出现。但是，如果在人为干扰排除的同时，气候条件又有所改善，这种现象将更加明显，如果气候条件没有改善，还略有恶化，这种现象依然会出现，只是表现程度会有所降低。

3. 植物种群中幼苗比例增加，年龄结构趋于合理

对于多年生植物来说，如果生态环境明显恶化或受到人类活动的强烈干扰，其繁殖能力都会减弱，群落中实生苗或新生根茎苗数量就会减少，一些乔木或灌木种甚至多年

不会出现实生苗，植物种群年龄结构呈倒金字塔形，呈现衰退性。这时，群落中以老龄植株为主，种群缺乏更新能力。在环境得到改善或人类干扰消除之后，植被在修复过程中多年生植物的繁殖更新状况会明显改善，群落中的实生苗或新生根茎苗就会增加，种群年龄结构发生逐步逆转，由倒金字塔形变为正金字塔形，群落中幼龄植株会逐步占据优势，呈现发展趋势。

影响植物更新的因素很多，除了自然因素外，植物种类、年龄结构、分布格局是最重要的因素。相比之下，在多年生植物当中，乔木的繁殖系数相对较低，繁殖周期较长；大多数灌木的繁殖系数较高，而且很多灌木也具有种子繁殖、根茎繁殖、劈蘖繁殖等多种繁殖方式；草本植物的自然更新能力较强，其繁殖周期短，繁殖率高，而且很多植物具有多种繁殖方式。因此，在退化植被修复过程中，一般情况下，乔木的修复进程较慢，草本植物的修复进程相对较快。植物的分布格局也对植物的更新和扩散有很大影响，因为很多植物的种子散播距离较近，一些靠营养繁殖的植物蔓延范围更是有限的，这时如果植物分布较为均匀，则有利于植物的扩散和植被修复。如果聚集分布，则植被修复速度受到限制。

4. 种的丰富度增加，群落结构趋于复杂

对于大多数退化植被来说，消除外部干扰以后，无论气候条件是否会得到改善，在一定时期内群落中植物种的数量都会有增加的趋势，使群落结构趋于复杂化。这种物种多样性和群落结构的修复速度，不但会受气候变化的影响，而且随其所处退化阶段和环境条件的不同而有很大的差异。一般情况下，修复早期其物种丰富度相对增加较快，修复后期物种丰富度相对增加较慢，退化程度越严重，修复速度越慢，退化程度越轻，修复速度越快。

5. 群落处于修复演替阶段

在植被消除干扰后，随着环境的改善和植被修复过程中植物种间竞争的加剧，各种植物在群落中的地位就会发生改变。一些早期占优势的种，随着在群落中地位的减弱，而变为非优势种，甚至消亡，而另一些种则因在群落中作用的增强，而升为优势种。这时，群落就出现了修复演替。修复演替是植物群落自修复和自发展的明显标志，每一次修复演替的发生，均说明群落修复又递进了一步。如果植被始终处于没有外部干扰的情况下，在区域气候的控制下，退化植被修复演替的终点是区域气候顶极群落或偏途顶极群落。

（二）退化植被的自我修复机理

在外部干扰消除以后，退化植被之所以能够显现自我修复作用，主要是因为其具有如下机制：

1. 在土壤中储存了大量种子，为植被修复奠定了物质基础

不论是陆生植物，还是水生植物，大多数植物都具有种子繁殖能力。这些具有种子繁殖能力的植物，繁殖能力强弱不同，有些种子繁殖量较高，可以高达数万个，有些植

物种子繁殖能力较低，只有几十个甚至几个。但无论其繁殖能力高低，绝大多数植物产生的种子都会落到地面，进入土壤，并被保留在土壤之中。因此，土壤成为植物种子的保存库，即成为人们常说的土壤种子库。由于不同植物的寿命有很大差别，如一些植物种子的寿命可长达几十年甚至几百年，而另一些植物的种子只能保存几年甚至几个月，因此，在土壤种子库中积累了不同年份形成的种子，数量极大。在退化植被的土壤中，甚至在流沙裸地中植物种子的数量仍然很大，表层土壤中的种子库数量也可达数百至上千个。这些土壤种子库中的种子被认为是一种潜在植被，是退化植被，特别是严重退化植被迅速修复的重要种源。一些研究结果已经表明，植物地上幼苗群落的密度与土壤种子库密度存在显著相关性。其中，在地上幼苗与土壤种子库的关系中，一年生植物和多年生草本植物表现更为密切。这说明，当外界人为干扰排除以后，或当环境有所改善时，土壤种子库中的植株种子就会迅速萌发，将潜在植被变为现实植被。土壤种子库的这种作用，既是退化植被得以迅速修复的物质基础，也是决定退化植被修复进程和速度的主要内在因素之一。

2. 灌丛的保种作用及其种源特性

灌丛是一类没有主干或主干不明显，茎干矮小，树高一般低于 3m、枝叶稠密的木本植物。无论是在湿润地区，还是在干旱地区，都存在大量灌丛。通过野外观察发现，退化植被，特别是退化草地或沙地植被中，虽然草本植物退化很严重，有些地方甚至接近流沙裸地，但有时还会残留灌丛，而且在灌丛下还有一些生长发育较好的草本植物。当外界干扰排除或外界条件改善后，不但灌丛本身会通过各种途径进行扩散，而且灌丛下的草本植物也会迅速从灌丛下向外扩散。此现象说明，在外部干扰较为强烈的情况下，这些灌丛具有明显的保种作用，而在外部环境得以改善时，其冠层下的草本植物就会向外蔓延，使之成为植被修复的重要种源。显然，灌丛的这种保种和“种源”作用不仅对于防治外界干扰对草本植物的彻底破坏起到一定的保护作用，而且对于退化植被的自我修复具有重要意义。

灌丛之所以在植被退化及修复过程中起到保种和种源作用，其机制主要有以下几点：①由于灌丛具有稠密枝叶，因而其林冠下的小气候较灌丛外要好，特别是在环境恶劣的干旱、半干旱风沙区，灌丛枝条既可以有效防止风沙流对林冠下草本植物的打磨，又可减轻地面高温对草本植物的灼伤，因而对草本植物的保护作用更为明显。②很多灌木种具有稠密枝条，而一些灌木枝条上长有尖刺，所以可以有效保护冠层下草本植物免受或少受家畜啃食。一般情况下，枝条越稠密，尖刺越多，对其林冠下草本植物的保护作用越强，反之则越差。③灌丛具有拦截凋落物、降风滞尘的作用，因而灌丛的冠层下面凋落物的数量、有机质含量以及土壤细顺粒含量往往较高。另外，灌丛的根系也具有一定的改土作用。因此，灌丛下的土壤较冠层外面具有更高的肥力，形成肥岛效应，促使草本植物的定居和生长。

3. 改变繁殖、生长方式，以促进自我修复

为了适应环境的变化和取得较好的生长效果和繁殖效率，大多数植物在不同环境条

件下会采取不同的生长、繁殖方式。无论是多年生植物还是一年生植物，在受到环境胁迫时都会将更多的物质和能量用于营养生长，以增强存活概率，而环境改善时会将更多的物质和能量用于生殖生长，以增加繁殖效率。多年生植物，在恶劣环境中会更多地采取无性繁殖方式，以保证繁殖的有效性；而在环境条件改善时，则更多采取有性繁殖方式或有性无性相结合的繁殖方式，以提高繁殖效率。

此外，在恶劣环境下植物结的种子硬实率较高，其种子萌发具有分批性，以躲避环境多变造成种子和幼苗的损失；在良好环境下植物结的种子硬实率会有所下降，其种子萌发整齐性较高。研究结果表明，在环境胁迫中，大多数植物会加快根系生长，并将更多的物质和能量用于根系生长，以使在环境改善的情况下，植物会加快上部的生长，并将更多的物质能量分配于地上生长。

三、植物与微生物的修复机理

（一）植物修复的生理生态学原理

污染环境的植物修复就是利用植物本身特有的利用污染物、转化污染物的能力，通过氧化－还原或水解作用，使污染物得以降解和脱毒。利用植物根际圈特殊的生态条件加速土壤微生物的生长，显著提高根际圈微环境中微生物的生物量和潜能，从而提高对土壤有机污染物分解作用的能力，以及利用某些植物特殊的积累与固定能力去除土壤中某些无机和有机污染物的能力，被称为植物修复。

1. 修复植物对污染土壤的治理

修复植物对污染土壤的治理是通过其自身的新陈代谢活动来实现的。植物为了维持正常的生命活动，必须不断地从周围环境中吸收水分和营养物质。根是植物吸收水分和营养物质最主要的器官，这是因为植物的水分和矿物质元素等主要来源于土壤。

植物对污染物质的吸收源于三种情形：①“躲避”作用，即在植物根际圈内污染物质浓度较低时，依靠自身的调节功能完成自我保护，也可能无论根际圈内污染物质浓度有多高，植物本身就具有这种“躲避”机制，可以免受污染物质的伤害，但这种情形可能很少。②植物通过适应性调节，对污染物质产生耐性，吸收污染物质。这时植物虽也能生长，但根、茎、叶等器官以及各种细胞器受到不同程度的伤害，生物量下降，此种情况可能是植物对污染物被动吸收的结果。③植物能够在土壤污染物质含量很高的情况下正常生长，而且生物量不下降，如重金属超积累植物及某些耐性植物等。

植物根系对污染物质的降解在污染土壤修复中起重要作用。植物的根系在从土壤中吸收水分、矿物质，合成多种氨基酸、植物碱、有机氮和有机磷等有机物的同时，也向根系周围土壤分泌大量的糖类物质、氨基酸、有机酸和维生素等有机物。这些物质既能不同程度地降低根际圈内污染物质的可移动性和生物有效性，减少污染物对植物的毒害，也能刺激某些土壤微生物土壤动物在根系周围大量地繁殖和生长，这使得根际圈内微生物和土壤动物数量远远大于根际圈外的数量。而微生物的生命活动如氮代谢、呼吸作用和发酵及土壤动物的活动等，对植物根也产生重要影响，它们之间形成了互生、共生、协同及寄生的关系。

生长于污染土壤中的植物通过根际圈与土壤中污染物质接触，通过植物根及其分泌物质和微生物、土壤动物的新陈代谢活动对污染物产生吸收、吸附等一系列行为，在污染土壤植物修复中起着重要作用。另外，植物根系的生长也能不同程度地打破土壤的物理化学结构，使土壤产生大小不等的裂缝和根槽，这可以使土壤通风，并为土壤中挥发和半挥发性污染物质的排出起到导管和运输作用。

进入植物体内的污染物质在植物的代谢过程中会通过分泌、挥发等途径排到体外。分泌的器官主要是植物的根系和茎、叶，分泌的物质主要有无机离子、糖类、植物碱、萜类、单宁、酶、树脂和激素等生理上有用或无用的有机化合物，以及一些不再参加细胞代谢活动而需要去除的物质，即排泄物。挥发性物质除随分泌器官的分泌活动排出体外以外，主要是随水分的蒸腾作用从气孔和角质层中间的孔腺扩散到大气中。进入植物体内的污染物质虽可经生物转化过程成为代谢产物，并经排泄途径排出体外，但大部分污染物质与蛋白质或多肽等物质具有较高的亲和性而长期存留在植物的组织或器官中，在一定的时期内不断积累增多而形成富集现象，还可在某些植物体内形成超富集，这是植物修复的理论基础之一。但是，当这些污染物质含量在植物体内超过临界值后，就会对植物组织、器官产生毒害作用，进而抑制植物生长，甚至导致其死亡。在这种情况下，植物为了生存，也常会分泌一些激素（如脱落酸）来促使其积累量高的污染物质的器官如老叶加快衰老而脱落，重新长出新叶用以生长，进而排出体内有害物质。这“去旧生新”方式也是植物排泄污染物质的一条途径。

2．选择修复植物及强化修复作用

受损生态系统生物修复的重要途径是利用植物对污染环境进行的修复。而选择或培育修复植物，并采取有效措施强化其对污染物的吸收积累、降解、转移等作用，是人工修复污染的重要工作。

（1）选择与培育修复植物

筛选修复植物是生物修复的首要工作。由于修复植物必须能在特定的污染环境、特定的污染土壤上生长，因此应尽可能筛选与特定污染土壤条件相一致的修复植物或从污染现场去寻找在污染条件下可以生长的修复植物。如果满足不了这一要求，也应该尽可能地人为模拟，以便筛选出的修复植物更有实际应用的价值。当选定了修复植物的种类之后，可以通过人工培育的方法提高其修复性能。选育工作的效率和水平影响很大的是选育目标的确定，要根据植物修复的各种作用方式和修复植物的一些缺陷来确定选育目标。根在植物修复中的作用是至关重要的，根系吸收表面积大小、根系分布情况、根系分泌能力及特性等影响对污染物质的吸收降解及根际圈微生物区系的繁殖能力的因素，都会直接影响到植物吸收吸附污染物的性能，因而根系表面积、根系分布方式及根分泌特性等根部性状是重要的选育目标。叶片是植物重要的自发和排泄器官，同时较大的叶面积及较长的光合作用时间也利于植物的蒸腾作用和生物量增加，叶面积指数和功能叶片寿命长短也是重要的选育目标。茎主要起到水分和物质运输的作用，同时是多数植物保持整株直立的关键因素，因而发达的茎组织和抗倒伏能力是必不可少的选育目标。对于提取污染物的植物来说，生物量越高越能提高修复效果，而生物量通常与株高成正比，因而株高也是重要的选育目标。

（2）促进修复植物的早萌快发

修复植物大多数为野生植物。野生植物的种子一般较小，发芽率低，既不容易播种，也不容易保护全苗。在这种情况下，可应用种子包衣技术，在种子外部包上一层拌有一定数量微肥和农药的包衣剂，既可使种子个体增大，便于播种，也有利于种子吸水萌发和苗期生长。为了提高修复植物的生物量，还可以适时适量进行灌溉和施肥，并进行必要的病虫害防治。

（3）修复植物的搭配种植

对于污染土壤来说，多数情况是几种污染物质混合在一起的复合污染，如果待一种污染物质治理后，再种植另一种修复植物去治理另一种污染物质，既费时又费力。因此，根据污染物的种类，将几种具有相应修复功能的植物进行搭配种植，可以同时对复合污染进行治理，不仅有利于提高修复效率，而且可以节约财力、物力和时间。

（二）微生物的生态修复功能

1. 微生物的营养类型和营养需求

（1）微生物的营养类型

微生物的种类繁多，主要有细菌、真菌和原生动物几大类，各种微生物对营养的需求也有很大不同。根据微生物最初获得能源的方式不同，可分为光能菌和化能菌，前者利用光能，后者利用氧化无机物或有机物产生的化学能。从摄取碳源形式的不同，又可分为自养菌和异养菌。自养菌又称为无机营养菌，它是利用空气中的二氧化碳或环境中的碳酸盐作为合成细胞中的唯一碳源。异养菌又称为有机营养菌，主要利用有机形式的碳作为碳源。根据摄取碳源和最初获取能源方式的不同，微生物又可再分为光能自养菌，如蓝细菌、绿硫细菌、紫硫细菌、藻类等；化能自养菌，如硝化细菌、铁细菌、硫化细菌、氢细菌等；光能异养菌，如紫色非硫细菌等；化能异养菌，包括绝大多数细菌和全部真核微生物。在生态系统或污染环境中，担负有机物降解的微生物都是化能异养菌和光能异养菌。

（2）微生物的营养需求

微生物的营养物主要包括碳、氮、生长因子、无机盐和水。碳主要来源于大气中的二氧化碳、无机碳和有机碳。对于异养微生物来说，其碳主要来源于有机物，而不同种类的微生物利用有机碳的能力也有所不同，如洋葱假单胞菌可从 90 多种有机物中摄取碳。在各种碳源中，单糖、双糖、淀粉、醇类、有机酸脂肪、纤维素较为容易被微生物利用和分解。

氮是微生物合成蛋白质和核酸必需的物质，而蛋白质是微生物细胞中主要的结构物质，核酸是细胞中重要的遗传信息物质。环境中的氮源主要来自铵盐、硝酸盐和蛋白质分解产生的氮。含氮有机化合物，如有机农药、有机染料也可为微生物提供氮源。在有机污染环境中，氮源经常是微生物种群生长的限制因子。人们经常用碳氮比来判断氮源供应是否充足。为了污染物安全迅速降解，一般要求碳氮比例为 200 ∶ 1 ~ 10 ∶ 1。

生长因子是指那些需求量很少，但缺少它们微生物则不能生长和繁殖的物质，如氨基酸、嘧啶碱以及维生素等。在自然环境中，大多数微生物可以自己合成生长因子，但也有一些微生物需要其他微生物合成自己所需生长因子进行生长和繁殖，如乳酸菌就需要多种外源维生素供应。

微生物还需要氮素以外的其他矿物元素，如磷、硫、钾、钠、钙、镁、铁、锌、硒等。这些元素或构成细胞内的生物分子，或参与细胞的生理代谢。微生物需要的这些元素可从环境中的矿物盐中获得，也可从一些有机杀虫剂中获取。

水在微生物生长繁殖中具有重要作用，水分不足或水分过量对于微生物的生存繁衍或生物降解都是不利的。

2. 微生物对污染环境的修复作用

微生物能够从有机、无机物中获取所需养分，因而对某些污染物具有降解、去毒等作用，起到净化环境的效果。

（1）微生物对污染物的降解作用

降解微生物种类繁多，如细菌、真菌和藻类都可以降解有机污染物。其中，细菌是降解有机污染物的主力军。由于不具有细胞核的一类微生物都归入细菌之列，所以细菌种类很多，能够降解污染物的细菌种类也很多。真菌和藻类也具有降解有机污染物的能力，在净化污染环境中发挥着重要作用。藻类主要生活在水中，主要利用二氧化碳合成有机物，但在黑暗时也会利用少量有机物，在自然界藻类和菌类共栖降解有机物。

（2）微生物的去毒作用

微生物除了对污染物具有降解作用外，另一个重要作用是可以使污染物的毒性降低，使污染物在毒性上发生改变，即所谓去毒作用。去毒作用是指在微生物的作用下污染物的分子结构发生改变，从而降低或去除其对人、动物、植物和微生物等敏感物种的有害性。

促使活性分子转化为无毒产物的酶反应通常在细胞内进行，形成的产物通常有三种转归方式：①直接分泌到细胞外。②经过一步或几步特殊的酶反应，进入正常代谢途径，然后以有机废物的形式分泌到细胞外。③进入正常代谢途径后以二氧化碳的形式释放出来。

微生物对污染物的去毒作用可以通过多种途径实现：①水解作用，即在微生物的作用下，脂键或酰胺键水解，使毒物脱毒。②羟基化作用，即在微生物作用下，苯环上或脂肪链上发生羟基化，即由 OH 代替 H，使污染物失去毒性。③去甲基或去烷基作用，即许多杀虫剂含有甲基或其他烷基，这些烷基与氮、氧和硫相连，在微生物作用下会脱去这些基团变为无毒性的。④脱卤作用，即许多杀虫剂和有毒工业废物含有氯或其他卤素，去除卤族元素可以使有毒化合物转化为无毒产物。⑤甲基化，即对有毒的酚类加入甲基可以使酚类钝化。⑥其他途径。例如，将污染物的硝基还原为氨基，或通过脱氨基，使其毒性降低等。

但是，并不是所有的反应都有去毒作用，有一些反应的产物比前体化合物的毒性更强。而且毒性的含义是有范围、有条件的。对某一种物种是无毒的，但对另一种可能是有毒的，所以在使用之前要考虑周全，防止二次污染的发生。

3. 改良土壤，促进植物生长

（1）固氮作用

氮素是植物正常生长发育不可缺少的养料，因为没有氮素植物便不能合成生物细胞的蛋白质。植物对于氮素的需求量很大，农作物要想达到高产，土壤持续供应氮量非常重要。但由于岩石中基本上不含氮素，土壤的氮素成分不能从成土母质中得到，因而土壤中贮藏的可供植物利用的氮素非常有限。空气中约 80% 是氮气，相当于每公顷土壤上空的大气柱中含有分子态氮约 80000t，但是植物却不能从大气中直接利用。土壤中有一类微生物，能直接吸收空气中的氮气作为氮素养料，把氮转化为氮的化合物或蛋白质，在它们死亡和分解后，这些氮素就能被植物吸收利用。这是土壤氮素的主要来源，也是大多数植物合成有机蛋白质的氮素养料。能固氮的这类微生物被称为固氮菌，其吸收利用空气中氮气的作用称为固氮作用。

固氮菌分两类，一类是单独生活在土壤里的能独自固定氮气的细菌，称为自生固氮菌或非共生固氮菌；另一类是生长在植物体内的与植物有共生关系的固氮菌，这种固氮菌只有在与植物共生情况下才能进行固氮，这种固氮菌称为共生固氮菌。

共生固氮菌与植物存在四种共生固氮关系：①形成菌根的根菌，如与兰科、杜鹃科植物形成菌根的甜菜茎点霉的固氮能力较显著，在 100g 无氮培养基中培养，能固氮 10.52 ㎎。②与豆科植物共生的根瘤菌，生活在豆科植物的根瘤中，与豆科植物形成共生关系，并固氮。③与非豆科植物形成根瘤的微生物，如非豆科植物马桑和橙木也能形成根瘤并固氮。④形成叶瘤的固氮细菌，如茜草科和薯蓣科的个别热带植物种类能在叶上形成叶瘤，这些叶瘤也具有固氮作用，这是因为茜木的叶瘤中含有和根瘤菌相类似的细菌，能固定氮素。非共生固氮菌包括多种细菌、放线菌、真菌、酵母菌等，如好氧型的固氮菌、厌氧型的梭菌能利用其呼吸作用中的能量，直接将空气中的氮合成蛋白质。非共生微生物的固氮量相当大，为 2 ~ 56kg/（hm^2 · a）。微生物的固氮作用将使土壤中的含氮量明显增加，从而可以有效促进植物的生长。

（2）改良土壤，增加土壤肥力

土壤中的微生物长期作用于土壤，可改良土壤，增加土壤肥力。土壤微生物的这种作用源于三种机制：①土壤中的微生物数量极其巨大，在肥沃的土壤中每克有细菌 54 万个，最多时有 1 亿个细菌存在。微生物个体虽小，但其合成的生物量是不可忽视的。如在生长紫花苜蓿的黑钙土中，每公顷的细菌数量高达 8000 ㎏，而一般农田土壤平均也有 500 ㎏以上。这样巨大的微生物生物量对于增加土壤有机质，改善土壤肥力无疑起着重要的作用。②分解动物尸体、粪便、植物的凋落物和施入土壤中的有机肥料，释放出营养元素，供作物利用，并且形成腐殖质，同时对大量植物残体进行腐殖质化，促进土壤团粒结构的形成，改善土壤的理化性质，提高土壤蓄水力，增加土壤肥力。③分解矿物质。例如，磷细菌能分解出磷矿石中的磷，钾细菌能分解出钾矿石中的钾，以利于作物吸收利用。

（3）促进植物生长，提高植物抗旱能力

某些微生物对于植物生长具有明显的促进作用，提高植物的生产能力；有些微生物可以提高植物的抗逆性和竞争能力。例如，研究发现，内生真菌对布顿大麦草的侵染可以显著促进寄主植物的生长，与不带菌植株相比，其分蘖数增加 136.8%，牧草产量增加 33.3%，根干重增加 30%。

微生物之所以能够促进植物的生长，提高植物的抗旱性和竞争力，其主要原因有：①某些微生物具有固氮作用，能够为植物生长提供更多的养分。例如，豆科植物根瘤菌的固氮作用不仅可以促进豆科植物本身的生长，还可促进其他共生植物的生长。②某些微生物，如丛枝菌根真菌可以提高植物对水分的吸收，从而可以增强植物的抗旱性和竞争能力。③某些微生物可以促进植物对营养元素的吸收。例如，丛枝菌根真菌对植物产量的促进作用就主要是由于丛枝菌根真菌促进植物对磷元素的吸收。④某些微生物，如菌根菌的入侵，可以降低植物叶面气孔阻力，增强植物的蒸腾作用，提高植物水势，从而影响植物对水分的吸收和敏感性。

（4）防治草地或农田毒害杂草

杂草生物防治的重要内容之一是利用微生物防治草地或农田毒害杂草。用来防治毒害杂草的病原微生物一般寄主范围狭窄或专一，以保证对其他植物无害。如澳大利亚利用锈菌防治灯芯草粉苞苣，该种锈菌在田间传播速度很快，很快就可控制该种杂草的危害。在中国北方的天然草原，已经发现防除醉马草的锈菌、白粉菌和黑粉病等专性寄生菌，从而使醉马草的生物防治成为可能。

4. 病虫害防治

（1）植物虫害防治

植物虫害的防治方法很多，如挖沟填埋、机械捕捉、喷洒各种杀虫剂消灭宿主等。其中，最经济有效的方法是生物防治法，如利用其天敌或专杀微生物对其进行防控等。采用微生物进行植物虫害的防治，主要有四种途径：①利用某些微生物能在植物体内产生生物碱。这些生物碱对害虫具有一定毒害作用，因而使其植物的抗虫性明显提高。少量采食生物碱往往改变其肠道上皮细胞膜的渗透性，导致带菌植物的昆虫消化系统功能停止，最终导致害虫死亡。②利用内生病原菌侵袭植物害虫。侵染单位通常是一个在寄主体壁表面萌发的孢子。然后由于酶的作用和机械力，一种特殊的根状结构穿过体壁，并且一旦寄主组织被侵入，真菌能正常地完成其生活史。体壁被成功穿过之后，菌丝通常都分布到寄主的全身，直到侵染的昆虫几乎都被真菌充满。然后子实体壁产生释放到外界环境去的孢子。最常用的防虫真菌是白僵菌和绿僵菌，二者都是半知菌类，能导致美洲谷长蝽等很多害虫的消亡。③利用致病细菌直接感染植物害虫，使之发病死亡。比如，日本金龟子是引入美国东部的严重害虫，它的成虫可吃250种以上的植物叶和果实，并且幼虫危害植物根系。后来，人们发现日本甲虫芽孢杆菌可以有效防治土壤中的日本金龟子幼虫，从而生产出土壤接种用的孢子粉。不仅感染幼虫，使土壤附近的其他幼虫死亡，而且杆菌孢子可一直留在土壤中危害其后代幼虫。因此，幼虫群体大量减少，并且能够在几年之内稳定在比较满意的水平。④利用病毒进行植物虫害的防治。目前，普遍采用的是多角体病毒和颗粒病毒。根据在寄主细胞内病毒粒子的繁殖，多角体病毒可分成核和细胞质的形状，核多角体病毒大多在毛虫和叶蜂幼虫中发现，感染表皮、脂肪体和血细胞。病毒分子通过嘴或角质侵害寄主，或一代传一代，或在卵里传下去。核多角体病毒在寄主组织中繁殖时，幼虫就变迟钝，并且时常爬到高枝条尖端，在这里它们从它的腹部顶上开始吊死。在这个阶段幼虫皮肤变得虚弱，因而容易腐烂，病毒分子溅到叶下面。

（2）植物病害防治

微生物对植物病害具有防治作用早已为人所知，并在生产中被广泛利用。微生物对植物病害的防治作用，主要源于四种机制：①可以提高植物的抗病性。研究表明，很多微生物可以明显提高植物的抗病性。②通过抗生作用防治植物病害。很多微生物可以产生抗生素，对植物病害起到有效防治作用，如链霉菌、芽孢杆菌、假单胞菌、青霉菌、木霉菌及曲霉菌等，均为常见的合成抗生素的微生物，常可有效地防治病害。③通过重寄生防治植物病害。在植物防治中应用最广的方法之一是利用重寄生真菌防治植物病害。其中，木霉是迄今为止应用最广的重寄生真菌，已被制成多种制剂来防治病害。④诱导植物抗性，防治植物病害。一些微生物，包括病原物、病原物的弱毒系、非病原物以及一些微生物的不同结构组分或代谢物，可以诱导植物体内产生一系列防御性物质及与抗病有关的酶类（PAL、SOD、POD 等酶），从而增强植物抵御病害的能力，减轻病害。

第三节　森林资源的生态保护与发展

一、森林资源生态保护与发展目标

森林资源是生态建设的物质基础，是林业实现可持续发展的根本。加强森林资源管理，不仅关系到林业生产，而且关系到全国经济社会可持续发展。建立保护和发展森林资源目标责任制，对于保护和发展森林资源，维护生态建设，进一步深化林业改革，加快林业发展具有重要作用。各级人民政府及办事处，各有关部门要高度重视，切实加强领导，认真履行职责，把保护和发展森林资源目标责任落实到相关部门，把防治森林火灾、制止乱砍滥伐、打击破坏林地、林业有害生物防治，作为履行政府职能的重要工作来抓，切实把森林资源保护好、管理好、发展好。

（一）指导思想与方针

确立以生态建设为主的林业可持续发展道路，建立以森林植被为主体、林草结合的国土生态安全体系，大力保护、培育和合理利用森林资源，构筑生态屏障。通过管好现有森林资源，扩大保护区范围，抓好封山育林，增加森林资源，增强森林生态系统的整体功能，增加林业职工收入，使林业更好地为国民经济和社会发展服务。

（二）森林资源保护与发展目标

通过严格保护、积极培育、保育结合、休养生息，实现天然林资源有效保护与合理利用的良性循环。尽快扭转天然林生态系统处于逆向演替的局面，逐步扩大天然林保育实施区域，继续加强对天然林资源的管护；利用封山育林促进天然林生态系统的恢复和加速其恢复与发展演替的进程。根据不同地区的自然条件，因地制宜地选择人工培育措施；对自然条件优越，已处于顶极状态的天然林，应加强管护，充分发挥其生态功能；对破坏较为严重、恢复与发展缓慢甚至逆向演替的天然林，应采取人工促进天然更新和加强抚育等措施，以加速其进展演替的进程。在保证森林生态系统完整的前提下，保证生态系统和生物物种的恢复和发展，实现基因、物种和生态系统的多样化。

（三）森林有害生物防治目标

在加速促进可持续发展林业生态工程建设的基础上，积极探索研究和发展可持续减灾、控灾的森林生态系统经营机制；按市场规则制定相适应的政策，在灾害监测及控灾体制上，充分发挥省级森防部门的积极性，强化中央的宏观管理职能，提高群众参与防灾减灾的积极性；开展对重大森林病虫害的早期监测、预报和严格的检疫工作，早期控制，促使灾害控制在一个可以接受的水平。逐步建立和完善国家外来入侵物种的数据库信息共享技术平台；构建主要外来入侵物种的预防预警技术与快速反应体系；构建定量风险评估的技术与方法；建立野外监测技术方法与系统；发展持续治理的技术与方法，使主要外来入侵生物的危害与蔓延得到有效遏制。

（四）森林防火目标

通过建立和健全严密的森林防火管理组织体系、准确的林火预测预报体系、现代化的林火监测体系、强大的森林火灾扑救体系、发达的森林航空消防体系、科学的森林可燃物管理体系、完备的林火阻隔体系、通畅的信息传输与处理体系、科学的林火评估体系、高素质的森林消防队伍体系和有创造力的森林防火科研体系、高效的森林防火专业培训体系十二大系统，全面提升了森林消防的综合能力，降低了森林火险，提高了林火管理水平，实现了林火监测无死角，林火信息传输无盲区，使特大火灾得到了有效控制。

二、森林资源生态保护与发展措施

为实现森林资源保护发展目标，需要进一步加快森林资源培育，增加森林资源总量，提高森林资源质量，改善森林资源结构，增强森林生态系统功能，确保森林资源持续快速、协调健康发展。

（一）建立健全法律法规体系

加强林业法律法规体系建设，完善森林资源管理和保护的行政制度，使森林资源发展建立在法治的基础上。一是要加快林业立法工作，抓紧制定天然林保护、国有森林资源经营管理、森林林木和林地使用权流转、林业工程质量监管、林业重点工程建设、公益林补偿等方面的法律法规，并根据新情况对《森林法》等相关内容进行修订。二是提高林业综合执法能力，强化执法机构和队伍建设，依法加强森林防火、森林病虫害防治和自然保护区、野生动植物保护管理工作。加强林业执法监管体系，充实执法监督力量，改善执法监督条件，提高执法监督队伍素质。三是健全林业行政决策责任制度，合理划分中央和地方政府森林资源保护发展的事权，继续落实领导干部保护发展森林资源任期目标责任制，实行任期目标管理，把责任制的落实情况作为干部政绩考核、选拔任用和奖惩的重要依据，建立重大毁林案件、违规使用资金案件和工程质量事故责任追究制度。四是进一步加大执法力度，严厉打击乱砍滥伐林木、乱垦滥占林地等违法犯罪行为，巩固森林资源培育成果。五是进一步提高全民族依法保护森林资源和生态环境的意识，为依法治林奠定基础。加强林业法律法规体系建设，推进依法治林，使森林资源保护与发展建立在法治的基础上，真正做到有法可依、有法必依、执法必严、违法必究。

（二）全面完善林业基础设施的建设

在发展森林资源的时候，林业基础设施的建设在其中占据着十分关键的地位，因此相关林业工作人员的办公条件需要得到有效的改善，在配备先进仪器设备的同时，需要更加积极地构建起科学示范地点和森林资源的保护措施去全面推广，并有效地防治森林中所出现的有害生物。同时，需要对林业的建设需求去充分地考虑，不断完善木材检查站和林业调查队伍以及林场管护站等方面的建设。如果想要更好地增强对森林资源保护的效果，就需要给那些在基层林业中的工作者提供更加理想的生活条件，同时在工作站相关信息网站的建设中加大资金的投入力度，以此来确保信息传递的及时性，逐渐地促进信息化的全面建设。还需要组建专门的扑火队伍，完善森林防火方面的通信网络，并配备普及现代化的火情信息系统，实现在火灾发生时的防火指挥，让火灾扑救能力可以全面提高。最后，在林业布局和设计上，多引进国外先进的品种，在不同的地域种植适合的品种。比如，在气候恶劣的地方种植抗逆性较强的品种，以此进一步改善生态环境，缓解环境压力。

（三）宣传保护森林资源的重要性并提高生态保护的意识

在实际宣传的时候有很多宣传方式可以使用，电视广告、广播以及网络宣传都是可以利用的方式，利用这些宣传方法来确保森林资源保护的重要性可以得到全面宣传。领导干部要积极深入基层群众当中，让人们不断地增强森林资源保护的意识，并让其明白如果想要更好地推进经济建设，首先需要进行生态环境的建设，从而让所有人都可以参与到生态环境建设之中。

（四）加快森林资源培育步伐

大力培育森林资源，不断增加森林资源数量，是加强生态建设、维护生态安全、建设生态文明社会的重要基础，也是实现自然保护区可持续发展最根本、最紧迫和最有效的措施。森林资源数量多、质量高是建立完备的森林生态体系和发达的林业产业体系的基础和根本。以森林可持续经营为手段，在增加森林资源总量的同时，努力提高森林资源质量，加快建立和培育高质量的森林生态系统，满足社会日益增长的生态和林产品的需求。一是加强对封山育林的管理，通过补植、移植等手段，促进幼苗生长，提高成活率和保存率，有效增加森林的后备资源。二是调整林业投资结构，加大森林经营投入，大力组织开展森林抚育和低质低效林改造，改变树种结构单一、生态功能低下、林地生产力不高的状况，提高林木单位面积蓄积。三是引进先进的管理方法、管理理念，以质量为先导，实行全过程的质量管理，逐步实现森林资源保护管理科学化、规范化。

（五）加大资金投入

继续保持并逐步加大对保护区建设的投入力度，根据保护区建设的特点，增加对保护区的财政和金融支持，实行长期低息甚至无息的信贷扶持政策。在各级政府不断加大林业投入的基础上，要积极争取来自国际组织、外国政府及民间组织的各种无偿资金和优惠贷款，拓宽林业投融资渠道。认真落实国家对林业各项税费优惠政策，切实减轻林业经营者的负担。将森林资源保护管理和重大林业基础设施建设的投资纳入本级政府的财政预算，并予以优先安排。将森林生态效益补偿基金分别纳入中央和地方财政预算，并逐步增加资金规模，逐步规范各项生态公益林工程建设的造林补助标准。

（六）发挥当地优势特色，增加收入来源的多样性

首先，大力发展林业经济，系统地、有规划地对林业资源进行开发，促进林业产业化发展。比如，对当地特色的农产品加以利用，利用特色农产品来对优势产业进行强化，提供优质无公害的产品，在实现生产规模扩大的同时建设集中的生产基地。其次，想要提高人们保护森林资源与生态环境建设的意识，还可以大力发展具有农村特色的林产品制造业与旅游行业，再配合森林观光，实现收入多样化的同时调整农村收入的构成，让林业经济逐渐地走向良性发展的道路。

（七）加强森林资源保护与发展的科技支撑

科学技术特别是高新技术的发展给林业科学研究带来了新的机遇和挑战，世界各国正在不断将各项高新科技成果应用于林业生产和实践“3S”技术使森林资源管理迈上了一个新台阶。今后，科学技术特别是高新技术和交叉科学技术，如生物技术、信息技术和新材料技术在林业各个领域的应用将日益广泛，并将进一步推动林业的发展。要加大森林病虫害防治的科研和技术推广力度，切实抓好森林病虫害的监测、预报和防治工作；建立健全外来有害生物预警体系，防止境外有害生物的侵入和国内危险性病虫害的异地传播；积极开展对森林资源动态监测技术与方法的研究，不断增强对森林资源逐级监督、动态监测和及时预警的能力；对林木重大病虫害防治、森林资源与生态监测、种质资源

保存与利用、林火管理与控制、主要经济林产品加工转化、森林资源可持续经营的标准和指标，以及森林生态系统经营管理等方面的研究应大大加强。

（八）开展森林资源生态环境修复工程

山水田林路湖草是一个生命共同体，既要花大力气治理绿化国土，同时对破坏后的或脆弱的生态环境进行修复。政府应加大投入，吸收民间资本，利用各种方式方法大力绿化国土，大力开展义务植树活动，打造一个安全的森林生态屏障。同时对脆弱的及破坏后的生态实施修复工程，实行封山禁牧、封山育林，加快荒山荒漠的绿化，加快城市美化绿化进程，加快农村乡镇绿化美化，最大限度地控制林地的征占用，把退耕还林工程及天然保护工程有机地结合起来。

第八章 现代林业的管理与发展

第一节 林业生态工程建设与管理

一、现代林业生态工程建设与管理

（一）现代林业生态工程的建设方法

1. 要以和谐的理念来开展现代林业生态工程建设

（1）如何构建和谐林业生态工程项目

构建和谐项目，要在具体工作上一项一项地抓落实。一要检查林业外资项目的机制和体制是不是和谐。二要完善安定有序、民主法治的机制，如林地所有权、经营权、使用权和产权证的发放。三要检查项目设计、施工是否符合自然规律。四要促进项目与社会主义市场经济规律相适应。五要建设整个项目的和谐生态体系。六要推动项目与当地的“三农”问题、社会经济的和谐发展。七要检验项目所定的制度、配套与所定的产出是不是和谐。总之，要及时检查项目措施是否符合已确定的逻辑框架和目标，要看项目林分之间、林分和经营（承包）者、经营（承包）者和当地的乡村组及利益人是不是和谐了。如果这些都能够做到，那么林业外资项目就是和谐项目，就能成为各类林业建设项目的典范。

（2）努力从传统造林绿化理念向现代森林培育理念转变

现代林业要求引入现代森林培育理念，在森林资源培育的全过程中始终贯彻可持续经营理论，从造林规划设计、种苗培育、树种选择、结构配置、造林施工、幼林抚育规划等森林植被恢复各环节采取有效措施；在森林经营方案编制、成林抚育、森林利用、迹地更新等森林经营各环节采取科学措施，确保恢复、培育的森林能够可持续保护森林生物多样性、充分发挥林地生产力，实现森林可持续经营，实现林业可持续发展，实现人与自然的和谐。

在现阶段，林业工作者要实现营造林思想的“三个转变”。首先要实现理念的转变，即从传统的造林绿化理念向现代森林培育理念转变。其次要从原先单一的造林技术向现在符合自然规律和经济规律的先进技术转变。最后要从只重视造林忽视经营向造林经营并举，全面提高经营水平转变。“三分造，七分管”说的就是重视经营，只有这样，才能保护生物多样性，发挥林地生产力，最终实现森林可持续经营。要牢固树立“三大理念”，即健康森林理念、可持续经营理念、循环经济理念。

2. 现代林业生态工程建设要与社区发展相协调

现代林业生态工程与社会经济发展是当今世界现代林业生态工程领域的一个热点，是世界生态环境保护和可持续发展主题在现代林业生态工程领域的具体化。下面通过对现代林业生态工程与社区发展之间存在的矛盾、保护与发展的关系进行概括介绍，揭示其在未来的发展中应注意的问题。

（1）现代林业生态工程与社区发展之间的矛盾

中国是一个发展中的人口大国，社会经济发展对资源和环境的压力正变得越来越大。如何解决好发展与保护的关系，实现资源和环境可持续利用基础上的可持续发展，将是中国在今后所面临的一个世纪性的挑战。

在现实国情条件下，现代林业生态工程必须在发展和保护相协调的范围内寻找存在和发展的空间。在中国，以往在林业生态工程建设中采取的主要措施是应用政策和法律的手段，并通过保护机构，如各级林业主管部门进行强制性保护。不可否认，这种保护模式对现有生态工程建设区域内的生态环境起到了积极的作用，也是今后应长期采用的一种保护模式。但通过上述保护机构进行强制性保护存在两个较大的问题：一是成本较高。对建设区域国家每年要投入大量的资金，日常的运行和管理费用也需要大量的资金注入。在经济发展水平还较低的情况下，全面实施国家工程管理将受到经济的制约。在这种情况下，应更多地调动社会的力量，特别是广大农村乡镇所在社区对林业的积极参与，只有这样才能使林业生态工程成为一种社会行为，并取得广泛和长期的效果。二是通过行政管理的方式实施林业项目可能会使所在区域与社区发展的矛盾激化，林业工程实施将项目所在的社区作为主要干扰和破坏因素，而社区也视工程为阻碍社区经济发展的主要制约因素，矛盾的焦点就是自然资源的保护与利用。可以说，现代林业生态工程是为了国家乃至人类长远利益的伟大事业，是无可非议的，而社区发展也是社区的正当权利，是无可指责的，但目前的工程管理模式无法协调解决这个保护与发展的基本矛盾。因此，采取有效措施促进社区的可持续发展，对现代林业生态工程的积极参与，并使之受益于保护的成果，使现代林业生态工程与社区发展相互协调将是今后中国现代林业生态工程的主要发展方向。它也是将现代林业生态工程的长期利益与短期利益、局部利益与整体利益有机地结合在一起的最好形式，是现代林业生态工程可持续发展的具体体现。

（2）现代林业生态工程与社区发展的关系

如何协调经济发展与现代林业生态工程的关系已成为可持续发展主题的重要组成部分。社会经济发展与现代林业生态工程之间的矛盾是一个世界性的问题，在中国也不例外，在一些偏远农村这个矛盾表现得尤为突出。这些地方自然资源丰富，但却没有得到合理利用，或利用方式违背自然规律，造成贫穷的原因并没有得到根本的改变。在面临发展危机和财力有限的情况下，大多数地方政府虽然对林业生态工程有一定的认识和作出各种承诺，但实际投入却很少，这也是造成一些地区生态环境不断退化和资源遭到破坏的一个主要原因，而且这种趋势由于地方经济发展的利益驱动有进一步加剧的可能。从根本上说，保护与发展的矛盾主要体现在经济利益上，因此，分析发展与保护的关系也应主要从经济的角度进行。

从一般意义上说，林业生态工程是一种公益性的社会活动，为了自身的生存和发展，人们对林业生态工程将给予越来越高的重视。但对于工程区的农民来说，他们为了生存和发展则更重视直接利益。如果不能从中得到一定的收益，他们在自然资源使用及土地使用决策时，对林业生态工程就不会表现出多大的兴趣。事实也是如此，当地社区在林业生态工程和自然资源持续利用中得到的现实利益往往很少，潜在和长期的效益一般需要较长时间才能为当地人所认识。与此相反，林业生态工程给当地农民带来的发展制约却是十分明显的，特别是在短期内，农民承受着林业生态工程造成的许多不利影响，如资源使用和环境限制，以及退出耕地造林收入减少等，所以他们知道林业生态工程虽是为了整个人类的生存和发展，但在短期内产生的成本却使当地社区牺牲了一些发展的机会，使自身的经济发展和社会发展都受到一定的损失。

从系统论的角度分析，社区包含两个大的子系统，一个是当地的生态环境系统，另一个是当地的社区经济系统，这两个系统不是孤立和封闭的。从生态经济的角度看，这两个系统都以其特有的方式发挥着它们对系统的影响。当地社区的自然资源既是当地林业生态工程的重要组成部分，又是当地社区社会经济发展最基础的物质源泉，这就不可避免地使保护和发展在资源的利益取向上对立起来。只要世界上存在发展和保护的问题，它们之间的矛盾就是一个永恒的主题。

基于上述分析可以得出，如何协调整体和局部利益是解决现代林业生态工程与社区发展之间矛盾的一个关键。在很多地区，由于历史和地域的原因，其发展都是通过对自然资源进行粗放式的、过度的使用来实现的，如要他们放弃这种发展方式，采用更高的发展模式是勉为其难和不现实的。因而，在处理保护与发展的关系时，要公正和客观地认识社区的发展能力和发展需求。具体来说，解决现代林业生态工程与社区发展之间矛盾的可能途径主要有三条：一是通过政府行为，即通过一些特殊和优惠的发展政策来促进所在区域的社会经济发展，以弥补由于实施林业生态工程给当地带来的损失。由于缺乏成功的经验和成本较大等原因，目前采纳这种方式比较困难，但可以预计，政府行为将是在大范围和从根本上解决保护与发展之间矛盾的主要途径。二是在林业生态工程和其他相关发展活动中采用经济激励的方法，使当地的农民在林业生态工程和资源持续利用中能获得更多的经济收益，也就是说，要寻找一种途径，既能使当地社区从自然资源获得一定的经济利益，又不使资源退化，使保护和发展的利益在一定范围和程度内统一在一起，这是目前比较适合农村现状的途径，其原因是这种方式涉及面小、比较灵活、实效性较强、成本也较低。三是通过综合措施，即将政府行为、经济激励和允许社区对自然资源适度利用等方法结合在一起，使社区既能从林业生态工程中获取一定的直接收益，又能获得外部扶持及政策优惠，这条途径可以说是解决保护与发展矛盾的最佳选择，但它涉及的问题多、难度大，应是今后长期发展的目标。

（二）要实行工程项目管理

所谓工程项目管理，是指项目管理者为了实现工程项目目标，按照客观规律的要求，运用系统工程的观点、理论和方法，对执行中的工程项目的进展过程中各阶段工作进行计划、组织、控制、沟通和激励，以取得良好效益的各项活动的总称。

一个建设项目从概念的形成、立项申请、进行可行性研究分析、项目评估决策、市场定位、设计、项目的前期准备工作、开工准备、机电设备和主要材料的选型及采购、工程项目的组织实施、计划的制订、工期质量和投资控制，直到竣工验收、交付使用，经历了很多不可缺少的工作环节，其中任何一个环节的成功与否都直接影响工程项目的成败。而工程项目的管理实际是贯穿了工程项目的形成全过程，其管理对象是具体的建设项目，而管理的范围是项目的形成全过程。

建设项目一般都有一个比较明确的目标，但下列目标是共同的：有效地利用有限的资金和投资，用尽可能少的费用、尽可能快的速度和优良的工程质量建成工程项目，使其实现预定的功能交付使用，并取得预定的经济效益。

1. 工程项目管理的五大过程

①启动：批准一个项目或阶段，并且有意向往下进行的过程。

②计划：制定并改进项目目标，从各种预备方案中选择最好的方案，以实现所承担项目的目标。

③执行：协调人员和其他资源并实施项目计划。

④控制：通过定期采集执行情况数据，确定实施情况与计划的差异，便于随时采取相应的纠正措施，保证项目目标的实现。

⑤收尾：对项目的正式接收，达到项目有序的结束。

2. 工程项目管理的工作内容

工程项目管理的工作内容很多，但具体来讲主要有以下五个方面的职能。

①计划职能。将工程项目的预期目标进行筹划安排，对工程项目的全过程、全部目标和全部活动统统纳入计划的轨道，用一个动态的可分解的计划系统来协调控制整个项

目，以便提前揭露矛盾，使项目在合理的工期内以较低的造价高质量地协调有序地达到预期目标，因此工程项目的计划是龙头，同时计划也是管理。

②协调职能。对工程项目的不同阶段、不同环节，与之有关的不同部门、不同层次之间，虽然都各有自己的管理内容和管理办法，但他们之间的结合部往往是管理最薄弱的地方，需要有效的沟通和协调，而各种协调之中，人与人之间的协调又最为重要。协调职能使不同的阶段、不同环节、不同部门、不同层次之间通过统一指挥形成目标明确、步调一致的局面，同时通过协调使一些看似矛盾的工期、质量和造价之间的关系，时间、空间和资源利用之间的关系也得到了充分统一，所有这些对于复杂的工程项目管理来说无疑是非常重要的工作。

③组织职能。在熟悉工程项目形成过程及发展规律的基础上，通过部门分工、职责划分，明确职权，建立行之有效的规章制度，使工程项目的各阶段各环节各层次都有管理者分工负责，形成一个具有高效率的组织保证体系，以确保工程项目的各项目标的实现。这里特别强调的是，可以充分调动起每个管理者的工作热情和积极性，充分发挥每个管理者的工作能力和长处，以每个管理者完美的工作质量换取工程项目的各项目标的全面实现。

④控制职能。工程项目的控制主要体现在目标的提出和检查、目标的分解、合同的签订和执行，各种指标、定额和各种标准、规程、规范的贯彻执行，以及实施中的反馈和决策来实现的。

⑤监督职能。监督的主要依据是工程项目的合同、计划、规章制度、规范、规程和各种质量标准、工作标准等，有效的监督是实现工程项目各项目标的重要手段。

二、现代林业生态工程的管理机制

林业生态工程管理机制是系统工程，建立国际林业生态工程管理机制应包含组织管理、规划管理、工程管理、资金管理、项目监理、信息管理、激励机制、示范推广、人力资源管理、审计保障十大机制。

（一）组织管理机制

省、市、县、乡（镇）均成立项目领导组和项目管理办公室。项目领导组组长一般由政府主要领导或分管领导担任，林业和相关部门负责人为领导组成员，始终坚持把林业外资项目作为林业工程的重中之重抓紧抓实。项目领导组下设项目管理办公室，作为同级林业部门的内设机构，由林业部门分管负责人兼任项目管理办公室主任，设专职副主任，配备足够的专职和兼职管理人员，负责项目实施与管理工作。同时，项目领导组下设独立的项目监测中心，定期向项目领导组和项目办提供项目监测报告，及时发现施工中出现的问题并分析原因，建立项目数据库和图片资料档案，评价项目效益，提交项目可持续发展建议等。

（二）规划管理机制

按照批准的项目总体计划（执行计划），在参与式土地利用规划的基础上编制年度实施计划。从山场规划、营造的林种树种、技术措施方面尽可能地同农民讨论，并引导农民改变一些传统的不合理习惯，实行自下而上、多方参与的决策机制。参与式土地利用规划中可以根据山场、苗木、资金、劳力等实际情况进行调整，用“开放式”方法制订可操作的年度实施计划。项目技术人员召集村民会议、走访农户、踏查山场等，与农民一起对项目小班、树种、经营管理形式等进行协商，形成详细的图、表、卡等规划文件。

（三）工程管理机制

以县、乡（镇）为单位，实行项目行政负责人、技术负责人和施工负责人责任制，对项目全面推行质量优于数量，以质量考核实绩的质量管理制。为保证质量管理制的实行，上级领导组与下级领导组签订行政责任状，林业主管单位与负责山场地块的技术人员签订技术责任状，保证工程建设进度和质量。项目工程以山脉、水系、交通干线为主线，按区域治理、综合治理、集中治理的要求，合理布局，总体推进。工程建设大力推广和应用林业先进技术，坚持科技兴林，提倡多林种、多树种结合、乔灌草配套，防护林必须营造混交林。项目施工保护原有植被，并采取水土保持措施（坡改梯、谷坊、生物带等），禁止炼山和全垦整地，营建林区步道和防火林带，推广生物防治病虫措施，提高项目建设综合效益。推行合同管理机制，项目基层管理机构与农民签订项目施工合同，明确双方权利和义务，确保项目成功实施和可持续发展。项目的基建工程和车辆设备采购实行国际、国内招标或“三家”报价，项目执行机构成立议标委员会，选择信誉好、质量高、价格低、后期服务优的投标单位中标，签订工程建设或采购合同。

（四）资金管理机制

项目建设资金单设专用账户，实行专户管理、专款专用，县级配套资金进入省项目专户管理，认真落实配套资金，确保项目顺利进展，不打折扣。实行报账制和审计制。项目县预付工程建设费用，然后按照批准的项目工程建设成本，以合同、监测中心验收合格单、领款单、领料单等为依据，向省项目办申请报账。经审计后，省项目办给项目县核拨合格工程建设费用，再向国内外投资机构申请报账。项目接受国内外审计，包括账册、银行记录、项目林地、基建现场、农户领款领料、设备车辆等的审计。项目采用报账制和审计制，保证了项目任务的顺利完成、工程质量的提高和项目资金使用的安全。

（五）监测评估机制

项目监测中心对项目营林工程和非营林工程实行按进度全面跟踪监测制，选派一名技术过硬、态度认真的专职监测人员到每个项目县常年跟踪监测，在监测中使用GIS和GPS等先进技术。营林工程监测主要监测施工面积和位置、技术措施（整地措施、树种配置、栽植密度）、施工效果（成活率、保存率、抚育及生长情况等）。非营林工程监测主要由项目监测中心在工程完工时现场验收，检测工程规模、投资和施工质量。监测工作结束后，提交监测报告，包括监测方法、完成的项目内容及工作量、资金用量、主要经验与做法、监测结果分析与评价、问题与建议等，并附上相应的统计表和图纸等。

（六）信息管理机制

项目建立计算机数据库管理系统，连接 GIS 和 GPS，及时准确地掌握项目进展情况和实施成效，科学地进行数据汇总和分析。项目文件、图表卡、照片、录像、光盘等档案实行分级管理，建立项目专门档案室（柜），订立档案管理制度，确定专人负责立卷归档、查阅借还和资料保密等工作。

（七）激励惩戒机制

项目建立激励机制，对在项目规划管理、工程管理、资金管理、项目监测、档案管理中做出突出贡献的项目人员，给予通报表彰、奖金和证书，做到事事有人管、人人愿意做。在项目管理中出现错误的，要求及时纠正；出现重大过错的，视情节予以处分甚至调离项目队伍。

（八）示范推广机制

全面推广林业科学技术成果和成功的项目管理经验。全面总结精练外资项目的营造林技术、水土保持技术和参与式土地利用规划、合同制、报账制、评估监测以及审计、数字化管理等经验，应用于林业生产管理中。

（九）人力保障机制

根据林业生产与发展的技术需求，引进一批国外专家和科技成果，加大林业生产的科技含量。组织林业管理、技术人员到国外考察、培训、研修、参加国际会议等，开阔视野，提高人员素质，注重培养国际合作人才，为林业大发展积蓄潜力，扩大林业对外合作的领域，推进多种形式的合资合作，大力推进政府各部门间甚至民间的林业合作与交流。

（十）审计保障机制

省级审计部门按照外资项目规定的审计范围和审计程序，全面审查省及项目县的财务报表、总账和明细账，核对账表余额，抽查会计凭证，重点审查财务收支和财务报表的真实性；并审查项目建设资金的来源及运用，包括审核报账提款原始凭证，资金的入账、利息、兑换和拨付情况；对管理部门内部控制制度进行测试评价；定期向外方出具无保留意见的审计报告。外方根据项目实施进度，于项目中期和竣工期委派国际独立审计公司审计项目，检查省项目办所有资金账目，随机选择项目县全县项目财务收支和管理情况，检查设备采购和基建三家报价程序和文件，并深入项目建设现场和农户家中，进行施工质量检查和劳务费支付检查。

三、现代林业生态工程建设领域的新应用

林业是国民经济的基础产业，肩负着优化环境和促进发展的双重使命，不可避免地受到以新技术、新材料、新方法的影响，而且已渗透到林业生产的各个方面，对林业生

态建设的发展和功能的发挥起到了巨大的推动作用。林业生态建设的发展，事关经济、社会的可持续发展。林业新技术、新材料、新方法的进步是林业生态建设发展的关键技术支撑。

（一）信息技术

信息技术是新技术革命的核心技术与先导技术，代表了新技术革命的主流与方向。由于计算机的发明与电子技术的迅速发展，为整个信息技术的突破性进展开辟了道路。微电子技术、智能机技术、通信技术、光电子技术等重大成就，使得信息技术成为当代高技术最活跃的领域。由于信息技术具有高度的扩展性与渗透性、强大的纽带作用与催化作用、有效地节省资源与节约能源功能，不仅带动了生物技术、新材料技术、新能源技术、空间技术与海洋技术的突飞猛进，而且它自身也开拓出许多新方向、新领域、新用途，推动整个国民经济以至社会生活各个方面的彻底改变，为人类社会带来了最深刻、最广泛的信息革命。信息革命的直接目的和必然结果，是扩展与延长人类的信息功能，特别是智力功能，使人类认识世界和改造世界的能力发生了一个大的飞跃，使人类的劳动方式发生革命性的变化，开创人类智力解放的新时代。

自20世纪50年代美国率先将计算机引入林业以来，经过半个世纪，它从最初的科学运算工具发展到现在的综合信息管理和决策系统，促进林业的管理技术和研究手段发生了很大的变化。特别是近几年，计算机和数据通信技术的发展，为计算机的应用提供了强大的物质基础，极大地推动了计算机在林业上的应用向深层发展。现在，计算机已成为林业科研和生产各个领域的最新且最有力的手段和必备工具。

1. 信息采集和处理

（1）野外数据采集技术

林业上以往传统的野外调查都以纸为记录数据的媒介，它的缺点是易脏、易受损，数据核查困难。近年来，随着微电子技术的发展，国外市场上出现了一种野外电子数据装置（EDRs），它以直流电池为电源，微处理器控制，液晶屏幕显示，具有携带方便和容易操作的特点。利用EDRs在野外调查的同时即可将数据输入临时存储器，回来后，只需通过一根信号线就可将数据输入中心计算机的数据库中。若适当编程，EDRs还可在野外进行数据检查和预处理。目前，美国、英国和加拿大都生产EDRs，欧美许多国家都已在林业生产中运用。

（2）数据管理技术

收集的数据需要按一定的格式存放，才能方便管理和使用。因此，随着计算机技术发展起来的数据库技术，一出现就受到林业工作者的青睐，世界各国利用此技术研建了各种各样的林业数据库管理系统。

（3）数据统计分析

数据统计分析是计算机在林业中应用最早也是最普遍的领域。借助计算机结合数学统计方法，可以迅速地完成原始数据的统计分析，如分布特征、回归估计、差异显著性分析和相关分析等，特别是一些复杂的数学运算，如迭代、符号运算等，更能发挥计算机的优势。目前世界上发布的统计软件包有70多种，国外在林业上应用最多的有两种，即SAS和Mathematicso。SAS是美国SAS软件研究所研制的，是集数据管理、数据分析和信息处理于一体的应用软件系统。它于1976年商品化以来，就以其超凡的功能和可靠的技术支持著称于世。经过多年的发展，SAS在国际上被誉为数据分析的标准软件。而Mathematica是美国Wolfram公司研制的。与SAS相比，Mathcmaticae的特点是善于进行各种复杂运算，如符号运算、求近似解、解微分方程等。

2. 决策支持系统技术

决策支持系统（DSS）是多种新技术和方法高度集成化的软件包。它将计算机技术和各种决策方法（如线性规划、动态规划和系统工程等）相结合。针对实际问题，建立决策模型，进行多方案的决策优化。目前国外林业支持系统的研究和应用十分活跃，在苗圃管理、造林规划、天然更新、树木引种、间伐和采伐决策、木材运输和加工等方面都有成果涌现。最近，决策支持系统技术的发展已经有了新的动向，群体DSS、智能DSS、分布式的DSS已经出现，相信未来的决策支持系统将是一门高度综合的应用技术，将向着集成化、智能化的方向迈进，也将会给林业工作者带来更大的福音。

3. 人工智能技术

人工智能（AI）是处理知识的表达、自动获取及运用的一门新兴科学，它试图通过模仿诸如演绎、推理、语言和视觉辨别等人脑的行为，从而使计算机变得更为有用。AI有很多分支，在林业上应用最多的专家系统（ES）就是其中之一。专家系统是在知识水平上处理非结构化问题的有力工具。它能模仿专门领域里专家求解问题的能力，对复杂问题做专家水平的结论，广泛地总结了不同层面的知识和经验，使专家系统比任何一个人类专家更具权威性。因此，国外林业中专家系统的应用非常广泛。目前，国外开发的林业专家系统主要有林火管理专家系统、昆虫及野生动植物管理专家系统、森林经营规划专家系统、遥感专家系统等。人工智能技术的分支如机器人学、计算机视觉和模式识别、自然语言处理以及神经网络等技术在林业上的应用还处于研究试验阶段。但有倾向表明，随着计算机和信息技术的发展，人工智能将成为计算机应用的最广阔的领域。

4. 3S技术

3S是指遥感（RS）、地理信息系统（GIS）和全球定位系统（GPS），它们是随着电子、通信和计算机等尖端科学的发展而迅速崛起的高新技术，三者有着紧密的联系，在林业上应用广泛。

遥感是通过航空或航天传感器来获取信息的技术手段。利用遥感可以快速、廉价地得到地面物体的空间位置和属性数据。近年来，随着各种新型传感器的研制和应用，使得遥感特别是航天遥感有了飞速发展。遥感影像的分辨率大幅度提高，波谱范围不断扩大，特别是星载和机载成像雷达的出现，使遥感具有了多功能、多时相、全天候能力。在林业中遥感技术被用于土地利用和植被分类、森林面积和蓄积估算、土地沙化和侵蚀监测、森林病虫害和火灾监测等。

地理信息系统是以地理坐标为控制点，对空间数据和属性数据进行管理和分析的技术工具。它的特点是可以将空间特性和属性特征紧密地联系起来，进行交互方式的处理，结合各种地理分析模型进行区域分析和评价。林业中地理信息系统能够提供各种基础信息（地形、河流、道路等）和专业信息的空间分布，是安排各种森林作业如采伐抚育、更新造林等有力的决策工具。

全球定位系统是利用地球通信卫星发射的信息进行空中或地面的导航定位。它具有实时、全天候等特点，能及时准确地提供地面或空中目标的位置坐标，定位精度可达100 m至几毫米。林业中全球定位系统可用于遥感地面控制、伐区边界测量、森林调查样点的导航定位、森林灾害的评估等诸多方面。

三个系统各有侧重，互为补充。RS是GIS重要的数据源和数据更新手段，而GIS则是RS数据分析评价的有力工具；GPS为RS提供地面或空中控制，它的结果又可以直接作为G1S的数据源。因此，3S已经发展成为一门综合的技术，世界上许多国家在森林调查、规划、资源动态监测、森林灾害监测和损失估计、森林生态效益评价等诸多方面应用了3S技术，已经形成了一套成熟的技术体系。可以预期，随着计算机软硬件技术水平的不断提高，3S技术将不断完善，并与决策支持系统、人工智能技术、多媒体等技术相结合，成为一门高度集成的综合技术，开辟更广阔的应用领域。

5. 网络技术

计算机网络是计算机技术与通信技术结合的产物，它区别于其他计算机系统的两大特征是：分布处理和资源共享。它不仅改变了人们进行信息交流的方式，实现了资源共享，而且使计算机的应用进入了新的阶段，也将对林业生产管理和研究开发产生深远的影响。

（二）生物技术

生物技术是人类最古老的工程技术之一，又是当代的最新技术之一，古今之间既有着发展中的联系，又有着质的飞跃和差别。作为当代新技术革命的关键技术之一，生物技术包括四大工艺系统，即基因工程、细胞工程、酶工程和发酵工程。其中，基因工程和细胞工程是在不同水平上改造生物体，使之具有新的功能、新的性状甚或新改造的物种，因而它们是生物技术的基础，也是生物技术不断发展的两大技术源泉；而酶工程和发酵工程则是使上述新的生物体及其新的功能和新的性状企业化与商品化的工艺技术，所以它们是生物技术产生巨大社会、经济效益的两根重要支柱。在短短的20年间，生物技术在医药、化工、食品、农林牧、石油采矿、能源开发、环境保护等众多领域取得了一个又一个突破，产生一股史无前例的革命洪流，极大地改变着世界的经济面貌和人类的生活方式。生物技术对于21世纪的影响，就像物理学和化学对20世纪的影响那样巨大。

植物生物技术的快速发展也给林业带来了新的生机和希望。分子生物学技术和研究方法的更新和突破，使得林木物种研究工作出现勃勃生机。

1. 林木组培和无性快繁

林木组培和无性快繁技术对保存和开发利用林木物种具有特别重要的意义。由于林木生长周期长，繁殖力低，加上21世纪以来对工业用材及经济植物的需求量有增无减，单靠天然更新已远远不能满足需求。近几十年来，经过几代科学家的不懈努力，如今一大批林木、花卉和观赏植物可以通过组培技术和无性繁殖技术，实现大规模工厂化生产。这不仅解决了苗木供应问题，而且为长期保存和应用优质种源提供了重要手段，同时为林木基因工程、分子和发育机制的进一步探讨找到了突破口。尤其是过去一直被认为是难点的针叶树组培研究，如今也有了很大程度的突破。如组培生根、芽再生植株、体细胞胚诱导和成年树的器官幼化等。

2. 林木基因工程和细胞工程

林木转基因是一个比较活跃的研究领域。近几年来成功的物种不断增多，所用的目的基因也日趋广泛，最早成功的是杨树。到目前为止，有些项目开始或已经进入商品化操作阶段。在抗虫方面，有表达Bt基因的杨树、苹果、核桃、落叶松、花旗松、火炬松、云杉和表达蛋白酶抑制剂的杨树等。在抗细菌和真菌病害方面，有转特异抗性基因的松树、栋树和山杨、灰胡桃（黑窝病）等。在特殊材质需要方面，利用反义基因技术培育木质素低含量的杨树、桉树、灰胡桃和辐射松等。此外，抗旱、耐湿、抗暴、耐热、抗盐、耐碱等各种定向林木和植物正在被不断地培育出来，有效地拓展了林业的发展地域和空间。

3. 林木基因组图谱

利用遗传图谱寻找数量性状位点也成为近年的研究热点之一。一般认为，绝大多数重要经济性状和数量性状是由若干个微效基因的加性效应构成的。可以构建某些重要林木物种的遗传连锁图谱，然后根据其图谱，定位一些经济性状的数量位点，为林木优良性状的早期选择和分子辅助育种提供证据。目前，已经完成或正在进行遗传图谱构建的林木物种有杨树、柳树、桉树、栎树、云杉、落叶松、黑松、辐射松和花旗松等。主要经济性状定位的有林积、材重、生长量、光合率、开花期、生根率、纤维产量、木质素含量、抗逆性和抗病虫能力等。

4. 林木分子生理和发育

研究木本植物的发育机制和它们对环境的适应性，也由于相关基因分离和功能分析的深入进行而逐步开展起来，并取得了应用常规技术难以获得的技术进展，为林业生产和研究提供了可靠的依据。

（三）新材料技术

林业新材料技术研究从复合材料、功能材料、纳米材料、木材改性等方面探索。重点是林业生物资源纳米化、木材功能性改良和木基高分子复合材料、重组材料的开发利用，木材液化、竹藤纤维利用、抗旱造林材料、新品种选育等方面研究，攻克关键技术，扶持重点研究和开发工程。

（四）新方法推广

从林业生态建设方面来看，重点是加速稀土林用技术、除草剂技术、容器育苗、保水剂、ABT 生根粉、菌根造林、生物防火隔离带、水土保持技术、生物防火阻隔带技术等造林新方法的推广应用。这些新方法的推广和应用，将极大地促进林业生态工程建设发展。

第二节　林业可持续发展与森林可持续经营

一、林业可持续发展

（一）林业可持续发展的含义及目标

1. 林业可持续发展的含义

林业可持续发展是对森林生态系统在确保其生产力和可更新能力，以及森林生态系统的物种和生态多样性不受到损害前提下的林业实践活动。它通过综合开发培育和利用森林，发挥其多种功能，并且保护土壤、空气和水的质量，以及森林动植物的生存环境，既满足当前社会经济发展的需要，又不损害未来满足其需求能力的林业。可持续林业不仅从健康、完整的生态系统、生物多样性、良好的环境及主要林产品持续生产等诸多方面，反映现代森林的多重价值观，而且对区域乃至整个国家、全球的社会经济发展和生存环境的改善，都有着不可替代的作用，而且这种作用几乎渗透到人类生存时空的每一个领域。

2. 林业可持续发展的目标

林业可持续发展的目标，是由一个个具体的区域对林业发展的需求来决定的。一般来说，应当从森林所发挥的作用方面来考虑。而森林的作用受制于特定区域的社会意义和国民经济意义，就其作用来划分，主要体现在社会、经济与生态环境三个方面。

（1）林业可持续发展的社会目标

林业可持续发展的社会目标，强调满足人类基本需要和较高层次的社会文化要求，持续不断地提供林产品以满足社会需要，这是林业可持续发展的一个主要目标。作为社会经济大系统的林业产业，担负着为社会发展提供生活资料（燃料、食品等）与生产资料（原材料）的双重任务。随着全球范围内不可再生资源的不断消耗，森林作为主要的可再生资源，其满足人类社会物质需求的作用是不会消失的。人类对森林的社会、文化功能要求的不断提高，是社会经济发展的总趋势。满足人们对森林的多种需要和愿望，是林业的根本任务。在中国，林业可持续发展的特殊意义，还在于为广大山区农民提供就业机会与生存条件，为脱贫致富提供经济来源。

（2）林业可持续发展的经济目标

林业可持续发展的经济目标，主要关注于林业生产者的长期利益。这里必须明确的是，林业经济可持续性发展的主体是林业生产经营者。当前对经济利益实现方式的考察，主要还是通过为社会提供物质产品的形式，实现自身的利益，其中起主导作用的是林产品产量的持续产出。而林产品的产出，除了取决于林业生产力水平外，同时受到自然生态环境的制约，更受制于非林业部门的影响。林业经营者经营的森林生态系统所提供的环境产品，具有经济利益的外部特征，必然造成林业利益难以在市场条件下完全实现。面对这种情况，林业可持续发展的经济目标，必须有其他实现途径。最可行的方式，一是实行生态补偿；二是国家扶持。因此，林业持续发展的必要条件之一，是必须保障林业生产者的经济可持续性。

（3）林业可持续发展的生态环境目标

林业可持续发展的生态环境目标，关注的是森林生态系统的完整性和稳定性。通过退化生态系统的重建与已有森林生态系统的合理经营，保障森林生态系统在维护全球、国家、区域等不同层次上所发挥的环境服务功能的持续性。其中关键是无退化地使用林地和保护生物多样性，保持森林生态系统的生产力和可再生产能力以及长期健康。林业可持续发展的生态环境目标，不仅是保障林业自身社会经济可持续的基础，更重要的意义还在于持续发挥森林生态系统在维护全球生命保障系统中的重要性与不可替代性。可持续发展思想提出的主要背景是以水土流失、荒漠化、二氧化碳浓度增高、工业污染等为主的全球性环境问题，而森林生态系统的局部消失、退化是其中最关键的因素。因此，林业可持续发展的生态环境目标，从全人类根本利益来看，应当处于最重要地位，这也是森林问题成为全社会关注焦点的本质原因。

综上所述，林业可持续发展目标应当包括社会、经济、生态环境三个方面，其中社会与生态环境目标，体现的是全人类的利益，即可持续发展的社会经济，需要林业持续提供物质产品与生态环境服务功能。而作为人类群体中的林业生产经营者来说，不仅需要自身的实践活动所提供的产品服务，更要求其自身经济利益的持续性，这也是不同利益主体对林业问题构成不同态度的深刻原因。三大目标的统一，是林业可持续发展最理想的境界。但是，由于不同利益主体的存在，实践中三个目标常常处于矛盾之中。虽然全社会对林业重要性的认识，随着环境意识的提高在逐步深化，但至今仍没有建立起合理的利益分配机制，其结果使林业处于一种不利的发展环境。在林业内部，除自身不合理的经营活动所造成的困境外，更主要的是林业始终处于一种自我发展的封闭系统中，为了生存不得不砍伐森林。结果，不仅失去了自身发展的条件，也与社会要求相背离。可持续发展的提出，为重新认识林业以及重构林业与社会经济大系统之间合理关系提供了机遇。

（二）林业可持续发展的建议

1. 解放思想，更新观念，大胆改革旧体制和旧机制，使林业管理体制顺畅，机制灵活长期以来，中国经济发展一直是以粗放的外延发展为特征，即通过高投入、高消耗、高污染实现经济的较高增长。这和人们认识上的片面性与局限性有直接关系。因此，必须提高思想，统一认识，处理好当前利益和长远利益、局部利益和全局利益的关系，走可持续发展的道路，坚持资源开发和资源节约并重的方针，积极开发有利于环境保护和可持续发展的先进技术。

2. 加快林业改革步伐，建立既适应社会主义市场经济又反映林业特点的林业经济体制

当前，首先要转变政府职能，加强和改善对林业的领导，逐步建立有利于可持续发展的综合决策体系，按照区域化、社会化原则，合理设置林业生产管理组织，调整生产力布局，建立和完善森林资源产权制度，明确产权关系。其次是逐步推行森林资源有偿使用、转让和资源资产化管理，参照建立现代企业制度的做法，调整林业企事业组织，构建新的产业群体。同时，应加快研究建立可操作的森林资源与环境综合核算体系，使有关统计信息和林产品价格能够较准确地反映经济活动所引起的森林资源和环境变化。

3. 制定和完善可持续发展的政策体系和法制体系

第一，通过政策引导和调控、法律规范约束和行业标准规范，促进全社会参与林业建设，消除非可持续发展的各种因素。要综合运用经济、法律和必要的行政手段，强化林业管理。运用税收、金融、价格、投资等经济手段和产业政策，调整利益结构，保证林业投入和防止短期行为。

第二，开征生态税收，提高资源的利用率。由于现行税收体制的缺陷，使得自然资源与能源价格过低（鼓励了低效和浪费），而劳动力成本过高（抑制了就业的扩大）。在这种税收政策引导之下，其结果必须是企业特别注重提高劳动生产率，而不是重视提高能源和原材料的生产率，导致自然资源的过度利用和生态环境的加速退化。同时，劳动力资源的利用不足，出现严重的失业现象。通过征收生态税，将有助于经济发展的优先领域从提高劳动生产率转向提高能源和原材料的利用率。与此同时，削减劳动所得税（社会保障体系的资金来源），这样可以实现税收的转移，从而明显地扩大就业机会。

第三，逐步建立和完善保障林业可持续发展的政策体系、法律体系，建立促进林业可持续发展的综合决策机制。尤其要以法治林，在全社会营造良好的保护林业发展的法治环境。

4. 建立林业可持续发展的保障体系

林业的行业特点和社会性，使得林业的总体效益非常巨大，而直接经济效益在很多地方并不显著。中国亟须建立一套完整的林业可持续发展保障体系，其原因有三个方面：第一，人口数量众多，且人口素质相对不高；第二，国民经济的发展离不开林业基础产业的发展，并且森林资源相对短缺，中国人均森林占有量只有世界人均森林占有量的20%；第三，山地多，土地瘠薄，各种自然灾害频繁，且环境污染和生态破坏日益加剧。

林业可持续发展的保障体系包括政府调控（政策支持）、科技支持、资金支持、文

化支持、公众参与五个方面的内容。

5. 加强林业可持续发展的理论、方法及应用技术研究

首先，加强林业科技研究。当前，应尽快研究建立人工林集约经营技术体系，林业生态环境监测网络及其配套技术系统，研究开发森林资源综合高效利用技术和森林灾害预测、预报、预防和应急反应能力等技术，使林业可持续发展具有科学的理论基础和技术依据。其次，建立林业可持续发展试验示范区，开展林业可持续发展示范区建设。其目标是探索林业实现可持续发展的途径和措施，研究解决林业可持续发展中的重大理论和技术问题，为林业实现可持续发展提供理论依据和典型示范。

二、森林可持续经营

（一）森林可持续经营的内涵

1. 森林可持续经营的目的及意义

（1）林可持续经营的目的

新的历史条件下，为了顺应世界林业的发展趋势，根据中国社会经济发展、生态环境建设和自然资源保护对森林经营的现实需求，结合中国森林资源分布、结构以及森林经营现状，要切实推进中国森林可持续经营的发展进程，提高森林生态系统环境服务功能和森林产品生产能力。从森林与人类生存和发展相互依赖关系的角度来看，森林可持续经营的总体目标，是通过森林生态系统的科学管理和合理经营、维持森林生态系统的健康和活力、维护生物多样性及其生态过程来实现的，以此来满足社会经济发展过程中对森林产品及其环境服务功能的需求，保障和促进社会、经济、资源、环境的持续协调发展。

（2）森林可持续经营的意义

一是从宏观层面明确中国森林可持续经营的基本要求和重点领域，指出中国实现森林可持续经营的途径。二是为林业管理和科技部门探索森林经营管理的体制和机制，为调整和制定森林经营政策，完善森林经营规程，建立健全森林经营保障体系、支撑体系等提供理论指导和行为规范。

人类文明发展史证明，森林是人类文明的摇篮，森林繁茂，则文明兴旺。实现森林的可持续经营管理，关系到人类的生存和发展。因此，森林可持续经营具有十分重要的意义。

2. 森林可持续经营的含义与特征

（1）森林可持续经营的含义

随着森林问题的凸显，全球对森林问题的关注达到了空前的高度。国际上不少机构和学者纷纷指出森林可持续经营的重要性，提出要逐步开展森林的可持续经营，实现人与森林的和谐共存。国内外对森林可持续经营给出了多种解释。

联合国粮农组织对森林可持续经营的定义是：一种包括行政、经济、法律、社会、

技术以及科技等手段的行为，涉及天然林和人工林。它是有计划的各种人为干预措施，目的是保护和维持森林生态系统的各种功能。与此同时，通过发展具有社会、环境和经济价值的物种，来满足人类日益增长的物质和环境需要。从技术上讲，森林可持续经营是各种森林经营方案的编制和实施，从而调控森林目的产品的收获和永续利用，并且维持和提高森林的各种环境功能。

森林多种效益中包含非木材生产、净化水质、调节洪峰、污染物的吸收分解、养分的循环、土壤生成与保持、控制植物病虫害、提供动物生息地和避难场所、缓和自然干扰、调节局部与全球气候等。森林服务包括提供就业和舒适环境、保健、教育、游憩和文化等方面。

（2）森林可持续经营的特征

森林可持续经营，要求以一定的方式和强度管理、利用森林和林地，有效维持其生物多样性、生产力、更新能力和活力，确保现在和将来都能在经营单位、区域、国家和全球水平上发挥森林的生态、经济和社会综合效益，同时对其他的生态系统不造成危害。森林可持续经营的重点特征如下。

第一，林业必须服从和服务于国家经济社会可持续发展目标，不断满足经济社会发展和人民生活水平提高对森林物质产品和生态服务功能的需要。

第二，不仅强调森林的木材生产功能，更要注重森林生态系统整体功能的维持和提高。

第三，努力协调均衡相关利益群体，特别是林区居民的利益，促进参与式森林经营。

第四，完善森林经营支撑体系，加强机构、财政支持、法律法规、科研培训等体系建设，建立灵活的应急反应机制，以应对异常干旱年、严重森林火灾和林业有害生物等意外事件。

第五，强化对森林经营各环节的有效监管，切实维护森林生产力，确保森林效益持续发挥。

3．森林可持续经营的原则

森林可持续经营就是在维护森林生态系统的健康、活力、生产力、多样性和可持续性的前提下，结合人类的需要和环境的价值，通过生态途径达到科学经营森林的目的。森林可持续经营必须遵循以下几条基本原则。

第一，保持土地健康（通过恢复和维持土壤、空气、水、生物多样性和生态过程的完整小生），实现可持续的生态系统。

第二，在土地可持续能力的范围内，满足人们依赖森林生态系统得到食物、燃料、住所、生活和思想经历的需求。

第三，对社区、区域、国家乃至全球的社会和经济的健康持续发展做出贡献。

第四，寻求人类和森林资源之间和谐的途径，通过协调地区之间、世代之间和不同利益团体之间的利益关系，使森林的经营不仅满足当代人对森林产品和服务的需求，而且为后代人满足他们的需求提供保障。

4．森林可持续经营的指标与标准

标准是指用于评价森林可持续经营的条件或过程的类目。标准是由一系列定期监测以评价变化的相关指标所表示的特征。指标指的是标准的某一方面的度量（测量），可以测量或描述的定量或定性变量，并可定期地观测变化的趋势。

衡量是否达到森林可持续经营水平必须制定相应的审核标准，为了便于审核，各条标准下又制定相应的指标对标准进行描述。制定标准和指标不仅是衡量森林可持续经营本身所需要的，国际上普遍认为，标准还具有作为重要政策和信息的工具作用。标准与指标要具有反映事物本身特征的真实性，如反映森林特征和森林外部条件的真实性；要有明确的含义和可度量性，即标准与指标的明确性和可应用性；要有方便性，即尽可能采用已有的、为公众所熟悉的度量技术等；要成一个体系，即各项指标构成一个标准，几个标准构成一个整体衡量的体系；要有一定的灵活性，因为任一标准和指标，都有一定的时效性和变化趋势，即任何标准和指标都是在一定条件下、一定目标下采用的。这就要求人们在必要时要将其作为趋势来估量（历史的、现实的），不要根据一时的静态值来衡量。因此，指标变化的动态监测是国家水平评价森林可持续经营目标的基础。选用什么标准和指标也不是一成不变的，不同国家或同一国家在不同时期采用的标准和指标可能不同。

采用什么样的标准和指标是衡量一个国家和区域森林可持续经营水平的重要标志，也是研究和制定森林可持续经营和林业可持续发展战略的重要内容。就研究和实践现状来看，研究与协调行动是在三个层次上进行的。

第一层，国际组织立足于全球或大的地区所开展的指标协调行动。迄今为止，已有8个大的组织或团体开展这方面的研究和行动。它们分别是国际热带木材组织进程、赫尔辛基进程、蒙特利尔进程、塔拉波托倡议、非洲干旱区进程、近东进程、中美洲进程、非洲木材组织进程。

第二层，各个国家本着既从自己国家的实际出发，又与国际接轨的原则，分别制定各自国家森林可持续经营的标准与指标体系。目前已有新西兰、日本、俄罗斯、加拿大、美国、印度尼西亚等国家先后制定了国家级的标准与指标体系框架。就内容来看，基本上与国际进程中所提出的核心内容类似，同时反映出了由于各国国情、林情不同所带来的差异。

第三层，在各国家内部，根据地域差异和规律，进行区域级森林可持续经营标准的研究和实践。此层次标准和指标体系的研究是森林

（二）森林可持续经营的实现

1．森林可持续经营的目标

森林可持续经营的目标，可以按照森林的主导功能和作用分为社会目标、经济目标、环境目标、生态目标和四个方面。

（1）社会目标

长期以来，森林持续不断地提供多种林产品，满足人类在生存发展过程中对森林生

态系统中与衣食住行密切相关的多种林产品的需求是森林可持续经营的一个主要目标。森林可持续经营的社会目标，还包括为社会提供就业机会、增加收入、满足人的精神需求目标（如森林文化与森林美学、陶冶情操、教育、学术研究、宗教信仰、旅游观光等）。对于大多数发展中国家而言，森林可持续经营还具有发展经济、消除贫困的目标。

（2）经济目标

森林可持续经营的经济目标可从四个方面来考虑。

第一，获得多种林产品，带动林产工业发展，为国家或区域的社会、经济发展做出贡献。在一些发展中国家和地区以及森林资源丰富的国家，经营森林的主要目的就是为其他产业的发展提供原始积累，因此，林业是国家重要的经济部门。

第二，使森林经营者和森林资源管理部门获得持续的经济收益。没有坚实可靠的经济基础做保障，不从根本上改善经济条件，森林可持续经营是难以想象的。在森林生态系统环境允许的范围内，追求经济目标的最大化和应得收益，是改善林业经济条件的关键，忽视经济目标，森林可持续经营就会失去动力，而超越生态环境界限，一味追求自身的经济目标，则会丧失森林可持续经营的基础。

第三，促进和保障与森林生态系统密切相关的水利、旅游、渔业、运输、畜牧业等一大批产业的发展，提高相关产业经济效益的目标。

第四，提高国家、区域（流域）等不同空间尺度防灾减灾的实际效果。

（3）环境目标

森林可持续经营的环境目标取决于人类对森林环境功能、森林价值的认识程度。目前广泛认同的目标主要包括：水土保持、涵养水源、二氧化碳储存、改善气候、生物多样性保护、流域治理、荒漠化防治等。这些目标的实现可为人类社会的生存和发展提供适宜的和可利用的生态环境，为满足人民的精神、文化、宗教、教育、娱乐等多方面需求，提供良好的生态景观及其环境服务。

（4）生态目标

健康的森林生态系统是森林可持续经营的社会、经济、环境目标得以实现的基础和前提。可持续经营的生态目标体现了人类经营森林的意愿和目的。也就是说，人类经营森林的目的最终反映在森林的分布、数量、质量等许多方面。因此，可持续经营的生态目标，同时是森林经营思想的具体体现，反映了人类经营森林的生物、经济和社会的综合价值。值得注意的是，可持续经营的生态目标，不仅受特定区域社会经济发展水平的制约，而且受制于特定区域的自然生态环境条件。在实践中，对可持续经营的生态目标的具体界定，应根据经营森林的社会、经济、自然环境等综合背景来考虑，以满足社会经济发展过程中对森林的多种产品及其环境服务功能的需求。

2. 森林可持续经营机制

（1）影响森林可持续经营的环境

森林可持续经营的任务，就是要协调需求与限制之间的矛盾，寻求在区域自然、社会、经济条件支持下，符合区域及其更大空间尺度上生存和发展所需要的森林经营模式和途径。

第一，森林可持续经营的生物自然环境。生物自然环境是指森林经营过程中所依托的自然界（可资利用的多种自然资源和自然条件）。从生态学的观点看，生物与自然环境需要维持合理的生态关系，才能为森林生态系统的生长和发育以及森林生态系统完整性的维持提供适宜的环境。区域生物自然环境决定了现实与潜在的森林生态系统的基本结构、森林群落类型、生态过程特征、森林生态系统生产力、生物多样性丰富程度，影响并决定了特定区域森林生态系统的功能及其承载力，从根本上制约了森林生态系统促进和保障区域可持续发展的潜在作用。深入、系统地研究和掌握特定区域的生物自然环境，结合区域可持续发展对森林生态系统产品及其环境服务功能的需要，确定的森林可持续经营目标体系才能既符合生物自然环境特征，又最大限度地满足社会经济发展的需要。

第二，森林可持续经营的社会政治环境。社会政治环境是指影响森林可持续经营的社会政治要素，对森林的价值认定和政府、公众对发展林业的态度，政府对开展森林可持续经营工作的政策、法律法规的目标取向。

第三，森林可持续经营的经济技术环境。经济技术环境是指森林可持续经营过程中所依赖的经济条件与技术体系所构成的综合环境。

第四，森林可持续经营的市场环境。森林可持续经营的市场环境是指完善的林地产权制度与充分发育、运行规范的林业要素市场。

（2）森林可持续经营的调控机制

第一，政府宏观调控。政府有效的宏观调控是实现森林可持续经营目标的社会经济基础。森林可持续经营具有外部性特征，且受到自然生态环境条件的制约，政府不能仅局限于解决林业内部的微观管理，更要搞好整个国家的林业宏观调控，构建森林可持续经营宏观调控体系。通过有效的行政管理手段，建立和完善森林可持续经营的宏观条件，为林业发展提供坚实的基础。

市场经济条件下，政府宏观调控的具体任务是：制定林业发展战略和政策；制定森林可持续经营宏观调控目标；担负全国林业科教体系建设工作；制定全国森林可持续经营的法律、法规；培育和调控森林经营市场，制定市场规则，维护市场秩序；保护森林经营者利益；保护森林资源和生态环境。

当前需要调控、解决的是：林业投入不足与国家财政资金短缺之间的矛盾；剩余劳动力的大量存在与第二、第三产业吸纳能力不足之间的矛盾；林产品需求压力与资源保护之间的矛盾。

第二，综合决策与公众参与。

一是综合决策。综合决策既是一个探索的过程，又是一个参与的过程。探索指在制订综合决策之前，决策者会同专家对决策的目标和实际状况进行研究和评估，提出目标和运作手段，并随着政策的实施进行监督和修正；参与是指被实施政策的地区和产业的各利益群体和个人都将参与政策的讨论和政策的制定，以及政策的实施。森林可持续经营的综合决策就是要在对各种利益群体目标的协调中达到可持续发展的总目标。综合决策的政策框架必须与政府目前正在执行的其他政策有一个合理的、明确的关系，同时要处理好与其他合作伙伴的关系。

二是公众参与制度。社区实施的森林经营政策和林业生态工程项目须由当地人参与和表决。

三是政策与制度。政策植根于社会环境之中。制定政策必须对这个政策在社会政治经济环境中如何发挥作用有充分的估计和全面的了解。成功的政策应与它所处的环境建立动态的平衡。政策制定受制于国家宏观社会经济发展战略，政府的林业发展政策、森林经营政策源于一定时期政府确定的宏观发展战略和政府对特定时期具体情况的判断。政府的社会经济发展战略对森林可持续经营政策进行了角色定位，它影响着制定制度的基础、运行机制和社会利益结构，为森林可持续经营政策的选择划定了空间。森林可持续经营政策体系的制定，须满足三个原则：完整性原则、协调性原则、互补性原则。制度是以政策（特别是长期政策）为支撑的生产关系、产权制度、经营形式、组织类型以及收入分配原则等共同构成的综合体。完善的森林可持续经营制度是长期、稳定地进行森林可持续经营的一个基本前提，同时又是衡量发展程度的一个重要标志，有利于森林可持续经营的社会化服务体系建设。林业社会化服务体系指专门从事为森林经营提供服务的行业、部门和单位按社会化生产分工协作的要求所组成的服务系统。

（3）森林可持续经营的动力机制和激励与制约机制

森林可持续经营的动力机制是指推动森林可持续经营所必需的动力的产生机理，以及维持和改善这种作用机理的各种物质基础、经济关系、法律制度和组织措施等构成的综合系统。

构建森林可持续经营的激励与约束机制，就是要形成一种能够有效地将森林经营者个人的理性行为与社会的理性行为统一起来的机制，使森林经营者对利益的追求在一定的约束条件下作出有利于增进社会福利的选择，从而提高社会整体效益。

（4）调控保障手段的综合运用

森林可持续经营调控保障手段多种多样，按照性质的不同，可分为经济手段、技术手段、政策手段、行政手段和法律手段；按照作用的不同，可分为直接手段和间接手段；按照内容的不同，可分为财税政策、金融政策、投资政策、环境保护政策和资源政策等手段。

3. 森林可持续经营的途径

（1）森林区域化经营

地域分布规模的客观存在决定了区域森林可持续经营的自然环境基础，决定了潜在的森林生态系统的承载力和森林生态系统的结构、组成和功能。

森林可持续经营过程，要不断满足特定区域、特定时期社会经济发展对森林产品及其环境服务功能的多种需求。

森林可持续经营目标是由社会经济发展需求和自然资源环境基础共同决定的。森林可持续经营的实践，有赖于区域复合系统中相关部门的协调统一，有赖于政府行为、市场行为、公众行为的协调统一，这一切只有在区域可持续发展框架内才能找到答案。

（2）森林分类经营

森林分类经营是实现社会、经济、资源、环境持续协调发展的手段和具体途径。

由于社会经济发展水平的差异，特定区域产业结构的制约，不同区域和利益主体在社会经济发展过程中，对森林的主导需求是有差异的。此外，由于森林所处地理区位特征、林地生产力、森林结构、质量等森林生态系统本身差异性的客观存在，决定了森林经营者必须根据现实或潜在的森林资源所在地区的生态环境保护和社会、经济发展的需要，将现实或潜在的森林生态系统，按不同的经营目标进行分类和空间定位，并采取相应的技术、经济、行政和法律手段进行经营管理。森林分类经营涉及的内容包括如下三个方面。

第一，森林的分类明确分类对象、分类原则、分类指标体系、分类基本单元和划分方法等问题。

第二，经营主体的分类明确国有林、私有林经营主体的确立、经营主体权利与义务的规范、界定。

第三，理论与实践问题构建森林分类经营技术体系、管理机制、经济政策、林政管理法规、组织形式、管理制度、生态补偿、产权问题、政府宏观调控以及相应的保障体系等一系列涉及社会、政治、经济、文化、技术等领域，这是森林分类经营研究、实践的重点和核心。

森林分类经营的根本任务是要在类型划分的基础上，依据所确定的经营森林主导目标，采取相应的组织形式、经营形式、技术措施体系，建立相应的森林经营管理模式。其中各种类型经营主体的培育、组织形式的建立，经济上可行、社会上可接受、生态上合理的森林经营模式体系的构建，是分类经营由理论走向实践的关键。而可持续的森林分类经营技术体系的确定要在对现有技术进行合理组装的同时，进行相应的技术创新。

森林分类经营是包含社会、经济诸多因素的系统工程，它的最终落实还要配套有科学、合理的符合市场经济基本原则和可持续发展思想的法律法规、经济政策、管理机制、分配机制、投入机制，以及政府行为、公众行为、市场行为的规范化作保障。

（3）森林生态系统经营

森林生态系统经营即运用生态经济学原理，充分利用当地自然条件和自然资源，在促进林产品发展的同时，为人类发展创造最佳的生态环境。其本质特征是自然和人工森林生态系统的生态平衡，是森林经营生态化的体现。其行动步骤为：第一，改进传统的调查理论、方法和技术；第二，制定森林生态系统经营战略；第三，实施和监测森林生态系统经营战略；第四，确定森林生态系统经营的空间系统途径。

森林生态系统经营是合理利用和保护森林资源，实现森林可持续发展的有效途径，然而森林生态系统的复杂性和管理难度远远超出想象。由于人们对生态系统的功能及其变化规律认识不足，在森林生态系统经营实践上往往只注重短期利益和经济效益，而不是长期的可持续性收益。森林生态系统受到破坏所引起的环境问题具有滞后效应，人类只有进行科学的经营管理，才能避免由于失误带来的不可挽回的后果。

森林生态系统经营的目标，是森林经营管理思想的体现，反映了生物、经济和社会的综合价值。在实践中，对森林生态系统经营的可持续目标的界定，应根据森林经营的生态、经济和社会背景综合考虑。

（4）森林资源产业化经营

随着经济的发展，人们对森林资源的物质产品和环境服务的需求日益增大，依靠森林资源的自然再生产远不能解决森林资源短缺的问题，必须发展森林资源的社会再生产，增加投入来扩大森林资源再生产，提高森林资源的生产力、稳定性和持久性，扩展环境容量，以满足社会经济发展中对森林资源产品及其环境的需求。

作为一种社会分工，森林经营者需要在市场经济规律与自然规律双重制约下从事森林资源培育、保护和经营等工作，也就是森林资源产业化经营。

森林资源产业化经营分为森林产品资源产业化经营和森林环境资源产业化经营两个方面，其内容包括：第一，生态环境保护和治理专业化；第二，加大对森林资源产业的投入；第三，产业化经营；第四，建立合理的森林资源产业结构。

以市场为导向，以经济为纽带，以生态环境建设为主导，依托林副产品加工、销售以及森林生态旅游业等的发展，围绕区域性支柱产业，实行专业化生产、一体化经营、社会化服务、企业化管理，逐步形成森林培育、经营、保护和利用一体化的生产经营体系和利益共同体。

参考文献

[1][日] 采田勋 . 庭院树木养护百科 [M]. 张桐，译 . 沈阳：辽宁科学技术出版社，2023.

[2] 邹琳，隋晓裴，黄先宁 . 林业生态建设与病虫害防治 [M]. 沈阳：辽宁科学技术出版社，2023.

[3] 林秦文 . 中国常见植物识别丛书 (南方树木)[M]. 北京：中国林业出版社，2023.

[4] 朱强作 . 林业树木栽培与养护技术研究 [M]. 长春：吉林科学技术出版社，2023.

[5] 刘兴松，张培培，李俊主 . 果树栽培与绿色防控技术 [M]. 北京：中国农业科学技术出版社，2023.

[6] 李鲁涛，张伟锋，许晓东 . 果树高效栽培与病虫害绿色防控 [M]. 天津：天津科学技术出版社，2023.

[7] 张爽，潘伟 . 果树生产与管理 [M]. 北京：中国农业大学出版社，2023.

[8] 郭军成 . 林业主要有害生物防治技术 [M]. 西安：陕西科学技术出版社，2022.

[9] 张玉芹 . 森林营造技术 [M]. 重庆：重庆大学出版社，2022.

[10] 张爱生，吴艳 . 林业发展与植物保护研究 [M]. 长春：吉林科学技术出版社，2022.

[11] 陈建义，王永久，史瑞军 . 现代林业生态工程建设理论研究 [M]. 长春：吉林科学技术出版社，2022.

[12] 王法，穆静，封学德 . 园林景观设计与林业栽培 [M]. 长春：吉林科学技术出版社，2022.

[13] 李香菊，杨洋，刘卫强 . 园林景观设计与林业生态化建设 [M]. 长春：吉林科学技术出版社，2022.

[14] 张淼，刘世兰，肖庆涛 . 园林绿化工程与养护研究 [M]. 长春：吉林科学技术出版社，2022.

[15] 黄大国 . 林木种苗生产技能 [M]. 合肥：中国科学技术大学出版社，2022.
[16] 王志敏 . 中原优良林木树种资源调查及繁育 [M]. 郑州：黄河水利出版社，2022.
[17] 周小杏，吴继军 . 现代林业生态建设与治理模式创新 [M]. 哈尔滨：黑龙江教育出版社，2021.
[18] 肖国平 . 实现传统林业向现代林业转变 [M]. 北京：中国林业出版社，2021.
[19] 周运超，苟光前 . 特色林业产业发展实用指南 [M]. 贵阳：贵州人民出版社，2021.
[20] 蒋剑春 . 中国林业特色资源加工利用产业现状专论 [M]. 北京：中国林业出版社，2021.
[21] 吴保国，苏晓慧 . 现代林业信息技术与应用 [M]. 北京：科学出版社，2021.
[22] 卢文锋 . 林业有害生物防控指南 [M]. 北京：九州出版社，2021.
[23] 黄宗平，海有莲，杨玲 . 森林资源与林业可持续发展 [M]. 银川：宁夏人民出版社，2020.
[24] 孟文平，胡继平，贾刚 . 林业规划与资源管理 [M]. 长春：吉林科学技术出版社，2020.
[25] 徐培会，王瑶 . 林业资源管理与设计 [M]. 长春：吉林科学技术出版社，2020.
[26] 王瑶 . 森林培育与林业生态建设 [M]. 长春：吉林科学技术出版社，2020.
[27] 吴鸿 . 主要经济林树种生态高效栽培技术 [M]. 杭州：浙江科学技术出版社，2020.
[28] 陈翠俊，马燕，谷涛 . 现代园林景观设计与林业发展 [M]. 西安：陕西旅游出版社，2020.
[29] 李泰君 . 现代林业理论与生态工程建设 [M]. 北京：中国原子能出版社，2020.
[30] 杨国顺，成智涛 . 落叶果树栽培技术 [M]. 长沙：湖南科学技术出版社，2020.
[31] 刘慧纯 . 果树栽培实用新技术 [M]. 北京：化学工业出版社，2020.